システム線形代数

—工学系への応用—

谷野哲三
［著］

朝倉書店

ま　え　が　き

本書は，システム工学や制御工学，数理工学を専門とする学生，研究者のための線形代数の入門書である．理工学のあらゆる分野での線形代数の重要性は今更いうまでもないことであり，実際大学に入学するとほとんどすべての理工系学生は「線形代数」あるいは「行列と行列式」といった講義を受講することになっている．教科書としても

佐武一郎，『線型代数学』，裳華房 (1958)

齋藤正彦，『線型代数入門』，東京大学出版会 (1966)

などに代表される，実に息の長い良書が存在する．

しかしながら，一部の大学，学部を除けば上記のような教科書を十分理解し自分のものとしていく学生は極めて限られてしまう．このことを反映して，「よくわかる」とか「単位の取れる」とかいった文句を売り言葉にした本が見受けられるようになっている．確かにそれらの本にも，重要なポイントを抑えてあるという意味では評価するべき点もあるのかもしれない．しかし，そのような教科書で勉強した学生は，公式やテクニックを頭から覚えるだけで，実に皮相的な学習態度という悪癖を身につけてしまう．著者自身も講義の試験でルーチン的方法で解くことのできる問題には強い学生が比較的簡単な証明問題に対応できないことをしばしば目の当たりにしている．また証明を「覚える」ばかりで自分でやってみようとしない学生も増えてきている．世界の中で科学技術の進展を支えていく若手には自分の頭で考える努力をして欲しいと思う．

本書はこのような著者の思いを反映させて，論理的思考を助けるための線形代数の入門書として記述されている．ただし，工学部の学生の利用を考え，線形代数が実際のシステム工学や制御工学に関連していくのかを比較的簡単に学習

できるように後半にそれらの分野への応用を述べている．制御工学やオペレーションズ・リサーチの大家による線形代数の本としては，例えば

木村英紀，『線形代数』，東京大学出版会 (2003)

伊理正夫，『線形代数汎論』，朝倉書店 (2009)

などがある．当然本書でも参考にしたが，前者よりは数学的記述を重んじ，後者よりはコンパクトな内容にしたのが本書であるともいえる．

著者は以前，布川 昊・中山弘隆・谷野哲三，『線形代数と凸解析』，コロナ社 (1991) を出版している．ただし，自分自身が主に担当したのは凸解析の章である．この本の内容は今回も大いに参考になる点が多く，説明の道筋などで利用させていただいたところもある．このことをお断りしておくと同時に布川・中山の両先生には御礼を申し上げる．

具体的な本書の構成を簡単に述べる．本書は学部の専門課程の学生を想定して書かれている．そのため大学新入生の学ぶ行列・行列式の基礎知識は第 1 章の最初にまとめる程度にしてある．必要に応じて自分で補ってほしい．第 1 章では線形空間について述べている．線形代数の教科書ということで有限次元の線形空間，実際には主として Euclid 空間を扱っているが，多くの事項は無限次元の場合への拡張が可能であり，関数解析へとつながることを認識してほしい．また行列を有限次元線形空間から有限次元線形空間への線形写像として捉えることが有用と考えた記述をしている．第 2 章は固有値と Jordan 標準形を扱っている．固有値は工学部の学生にとって必修の事項であるが，行列と行列式の共通教育を受けてきた学生は固有方程式を解いて固有値を求める計算はできても（もちろんできないのはもっと困るが），その物理的意味をあまり考えていない．このあたりに配慮して行列の標準形の代表である Jordann 標準形について，単因子の概念も含めて説明している．第 3 章では線形方程式と線形不等式について論じている．線形方程式（1 次方程式）は行列の導入においても現れる最も基本的な方程式であるが，その基礎理論は極めて重要である．特に一般化逆行列，中でも Moore-Penrose の逆行列の概念は工学への応用で重要である．線形不等式は線形代数の本ではあまり取り上げられないことも多いが，凸多面体という最も基礎的な幾何概念と結びついており，その有用性は特に近年高まっていると思う．

第４章からは，線形代数のさまざまな分野への応用について述べる．工学部の学生にとっては自分の学んでいる数学的事項が専門科目へとどう繋がっていくかを認識しておくことは大いに意義があると考えている．第４章は最適化への応用を扱った．線形計画は第３章の線形不等式の理論と密接に関連している．対称行列については２次形式の最適化と関連付けてこの章で詳しく述べた．その他の最適化の基礎事項も線形代数の知識なしには理解できないことがわかってもらえると思う．第５章は現代制御理論と題して動的な線形システムについて考察した．安定性や可制御・可観測性といった基本概念が線形代数のテーマに他ならないことが明らかになる．第６章はグラフ・ネットワークへの応用を論じている．こういったテーマは幅広い工学的問題に繋がっており，線形代数の学習なしにそれが理解できないことも直ちにわかる．第７章は統計解析の話題に簡単に触れた．代表的なトピックに話を限定しているが，統計解析に線形代数の知識が不可欠なことはよく知られている．最後に第８章ではいささか著者の趣味もあって，社会工学的話題の代表でもあるゲーム理論を取り上げた．こういった分野へも工学者の参画は大いに期待されていると考えている．本書では線形空間のスカラー体としてほぼ実数体を中心にしたため，情報・通信工学，たとえば符号理論などへの応用が記載されていないのが心残りではある．

著者の遅筆もあって，本書の完成には思いのほかの日数を要してしまった．この間朝倉書店編集部には辛抱強く完成を待っていただいたことを厚く御礼申し上げる．また著者のこれまでの研究・教育人生でお世話になった方は数多くおられる．お名前をひとりひとり挙げると限りがなく，またどうしても大切なお名前を落としてしまう恐れもあることから敢えてここには記載しないが，それは決して感謝の気持ちを失しているわけではない．またこういった教科書を書く際には当然勤務先の同僚諸兄，学生諸君にも多くのものを負っている．また家庭内における妻裕子の助けも忘れてはいない．改めて著者を支えていただいたすべての方に謝意を表したい．

2013 年 1 月

谷野　哲三

目　次

1
線　形　空　間

1.1　行列と行列式

この本では，読者は実数を成分にもつ行列や行列式に関する計算などは基礎事項として修得済みであることを前提として話を進めていく．ただ，より一般化した形での基礎事項についてこの節で復習しておくことにする．詳しい説明や定理の証明は多くの成書に述べられているので省略する．

まずそのために，大雑把にいって加減乗除のできる集合である体を導入する．体の数学的定義は以下のとおりであるが，本書ではほとんど実数体 $\mathbf{R}$，まれに複素数体 $\mathbf{C}$ を扱うので，不慣れな読者はあまり厳密な点は気にしなくともよい．

定義 1.1　集合 $\boldsymbol{F}$ に

- 加法：$\alpha, \beta \in \boldsymbol{F}$ に対しそれらの和 $\alpha + \beta \in \boldsymbol{F}$ を定める．
- 乗法：$\alpha, \beta \in \boldsymbol{F}$ に対しそれらの積 $\alpha\beta \in \boldsymbol{F}$ を定める．

という 2 つの演算が定義されていて，以下の 1)～9) を満たすとき，$\boldsymbol{F}$ は体であるという．

1) $\alpha + \beta = \beta + \alpha, \forall\alpha, \beta \in \boldsymbol{F}$
2) $(\alpha + \beta) + \gamma = \alpha + (\beta + \gamma), \forall\alpha, \beta, \gamma \in \boldsymbol{F}$
3) 次の性質を満たす $0 \in \boldsymbol{F}$ が存在する：$\alpha + 0 = \alpha, \forall\alpha \in \boldsymbol{F}$
4) 各 $\alpha \in \boldsymbol{F}$ に対し，$\alpha + (-\alpha) = 0$ となる元 $-\alpha \in \boldsymbol{F}$ が存在する．
5) $\alpha\beta = \beta\alpha, \forall\alpha, \beta \in \boldsymbol{F}$
6) $(\alpha\beta)\gamma = \alpha(\beta\gamma), \forall\alpha, \beta, \gamma \in \boldsymbol{F}$

7) 次の性質を満たす $1 \in \boldsymbol{F}$ が存在する：$1\alpha = \alpha, \forall\alpha \in \boldsymbol{F}$

8) 各 $\alpha \in \boldsymbol{F}$，$\alpha \neq 0$ に対し，$\alpha(\alpha)^{-1} = 1$ となる元 $(\alpha)^{-1} \in \boldsymbol{F}$ が存在する．

9) $\alpha(\beta + \gamma) = \alpha\beta + \alpha\gamma, \forall\alpha, \beta, \gamma \in \boldsymbol{F}$

定義 1.2 $\boldsymbol{F}$ を体とする（読者は実数体か複素数体をイメージしておけばよい）．自然数 m, n に対し，mn 個の $\boldsymbol{F}$ の要素 a_{ij} $(i = 1, 2, \cdots, m; j = 1, 2, \cdots, n)$ を縦 m 行，横 n 列の長方形に並べたものを $m \times n$ 行列あるいは (m, n) 型行列といい，

$$A = \begin{bmatrix} a_{11} & a_{12} & \cdots & a_{1n} \\ a_{21} & a_{22} & \cdots & a_{2n} \\ \vdots & \vdots & & \vdots \\ a_{m1} & a_{m2} & \cdots & a_{mn} \end{bmatrix} \tag{1.1}$$

あるいは簡単に $A = [a_{ij}]$ で表す．a_{ij} のことを行列 A の第 (i, j) 成分という．$m = n$ のとき A は正方行列であるという．

特に体 $\boldsymbol{F} = \mathbf{R}$ のとき，すなわち成分がすべて実数である行列を実行列という．本書では主に実行列を扱う．

行列において，$m = 1$ の場合を行ベクトル，$n = 1$ の場合を列ベクトルという．したがって，$m \times n$ 行列は m 個の行ベクトルを縦に並べるかあるいは n 個の列ベクトルを横に並べてできているといえる．どの行（列）ベクトルかを明示したいときには第 i 行ベクトル（第 j 列ベクトル）という言い方をする．$m \times n$ 行列 $A = [a_{ij}]$ に対し，その (i, j) 成分を a_{ji} $(i = 1, 2, \cdots, n; j = 1, 2, \cdots, m)$ で与えた $n \times m$ 行列 $A^\top$ を A の**転置行列**という．複素行列の場合には (i, j) 成分を $\bar{a}_{ji}$（共役複素数）で与えた共役転置行列 A^* を考える．$m = n$ のとき A は（n 次の）**正方行列**であるといい，さらに $A^\top = A$ となる行列 A を**対称行列**，複素数成分の場合に $A^* = A$ となる行列を **Hermite 行列**という．

2 つの $m \times n$ 行列 $A = [a_{ij}], B = [b_{ij}]$ についてその和 $C = A + B = [c_{ij}]$ は $c_{ij} = a_{ij} + b_{ij}$ $(i = 1, 2, \cdots, m; j = 1, 2, \cdots, n)$ で定義される．また $\alpha \in \boldsymbol{F}$ とするとき，A の α 倍 $D = \alpha A = [d_{ij}]$ は $d_{ij} = \alpha a_{ij}$ $(i = 1, 2, \cdots, m; j = 1, 2, \cdots, n)$ で定義される．特に $(-1)A$ は $-A$ で表す．さらに，$l \times m$ 行列 A

と $m \times n$ 行列 B の積 $C = AB = [c_{ij}]$ は

$$c_{ij} = \sum_{k=1}^{m} a_{ik} b_{kj}, \quad i = 1, 2, \cdots, l; \quad j = 1, 2, \cdots, n \tag{1.2}$$

で定義される $l \times n$ 行列である．

すべての成分が $0 \in \boldsymbol{F}$ である行列を零行列といい，O で表す．また単位行列と呼ばれる $n \times n$ 正方行列 I_n（n を特に明示する必要がないときは単に I）は

$$I = \begin{bmatrix} 1 & 0 & \cdots & 0 \\ 0 & 1 & \cdots & 0 \\ \vdots & \vdots & & \vdots \\ 0 & 0 & \cdots & 1 \end{bmatrix} \tag{1.3}$$

で定義される．$n \times n$ 正方行列 $A = [a_{ij}]$ がそれぞれ

$$i \neq j \implies a_{ij} = 0 \tag{1.4}$$

$$i > j \implies a_{ij} = 0 \tag{1.5}$$

$$i < j \implies a_{ij} = 0 \tag{1.6}$$

を満たすとき，それぞれ**対角行列**，**上三角行列**，**下三角行列**であるという．単位行列はすべての対角成分が 1 の対角行列である．

注意 1.1 行列の積はたとえ A, B がともに $n \times n$ 正方行列どうしであっても可換ではない．例えば，

$$A = \begin{bmatrix} 1 & 1 \\ 0 & 1 \end{bmatrix}, \quad B = \begin{bmatrix} 1 & 0 \\ 1 & 1 \end{bmatrix}$$

に対し

$$AB = \begin{bmatrix} 2 & 1 \\ 1 & 1 \end{bmatrix}, \quad BA = \begin{bmatrix} 1 & 1 \\ 1 & 2 \end{bmatrix}$$

である．ただし，結合法則 $(AB)C = A(BC)$ は成り立つ．正方行列どうしの演算では通常の和や積以外にも

$$A \star B = \frac{1}{2}(AB + BA) \tag{1.7}$$

$$[A, B] = AB - BA \tag{1.8}$$

などが考えられている．これらは結合法則を満たさない．前者は可換則を満たす．後者は Lie 環につながり，Jacobi 律

$$[A, [B, C]] + [B, [C, A]] + [C, [A, B]] = O$$

を満たす．

$n \times n$ 正方行列 A に対し $XA = AX = I$ となる $n \times n$ 正方行列 X が存在するとき，A を正則行列という．また X を A の逆行列といい，A^{-1} と書く．このとき A^{-1} も正則で $(A^{-1})^{-1} = A$ である．2 つの $n \times n$ 正則行列 A, B に対し，AB も正則行列で，$(AB)^{-1} = B^{-1}A^{-1}$ である．すなわち $n \times n$ 正則行列全体の集合は行列の積を算法として群をなす．もちろん単位行列 I がこの群の単位元である．

集合 $\{1, 2, \cdots, n\}$ 上の全単射（17 ページの定義 1.11 参照）を n 文字の置換という．n 文字の置換全体 $\mathcal{S}_n$ は置換の積に関して群をなし，n 次対称群といわれる．n 文字の置換で 2 つの文字だけを交換し他は動かさないものを互換という．任意の置換は何個かの互換の積として表される．その表現は必ずしも一意ではないが，互換の個数が偶数であるか奇数であるかは一意に定まる．偶数（奇数）個の互換の積で表される置換を偶（奇）置換という．さらに置換 σ の符号 sgn σ を

$$\text{sgn } \sigma = \begin{cases} +1 & \sigma \text{が偶置換のとき} \\ -1 & \sigma \text{が奇置換のとき} \end{cases} \tag{1.9}$$

で定義する．

定義 1.3 $n \times n$ 正方行列 $A = [a_{ij}]$ に対し，その行列式 det A は

$$\det A = \sum_{\sigma \in \mathcal{S}_n} \text{sgn } \sigma \cdot a_{1\sigma(1)} a_{2\sigma(2)} \cdots a_{n\sigma(n)} \tag{1.10}$$

定義される．

定理 1.1 行列式は次の 3 つの性質をもつ関数として特徴付けられる．ただし

以下では第 i 列ベクトルを $\boldsymbol{a}_i$ と表している.

$$
\begin{aligned}
&1)\ \det I = 1\\
&2)\ \det [\boldsymbol{a}_1 \cdots \boldsymbol{a}_i \cdots \boldsymbol{a}_j \cdots \boldsymbol{a}_n] = -\det [\boldsymbol{a}_1 \cdots \boldsymbol{a}_j \cdots \boldsymbol{a}_i \cdots \boldsymbol{a}_n]\\
&3)\ \det [\boldsymbol{a}_1 \cdots \alpha \boldsymbol{a}_i + \beta \boldsymbol{a}_i' \cdots \boldsymbol{a}_n]\\
&\quad = \alpha \det [\boldsymbol{a}_1 \cdots \boldsymbol{a}_i \cdots \boldsymbol{a}_n] + \beta \det [\boldsymbol{a}_1 \cdots \boldsymbol{a}_i' \cdots \boldsymbol{a}_n]
\end{aligned}
\tag{1.11}
$$

定理 1.2 行列式に関して次の結果が成り立つ.

1) A を $n \times n$ 正方行列とすると, $\det A^\top = \det A$
2) A, B を 2 つの $n \times n$ 正方行列とすると, $\det AB = \det A \cdot \det B$
3) $i, j = 1, 2, \cdots, r$ に対し A_{ij} を $n_i \times n_j$ 行列とするとき, ブロック三角行列の行列式は対角ブロックの行列式の積に等しい. すなわち

$$
\det \begin{bmatrix} A_{11} & A_{12} & \cdots & A_{1r} \\ O & A_{22} & \cdots & A_{2r} \\ \vdots & \vdots & \ddots & \vdots \\ O & O & \cdots & A_{rr} \end{bmatrix} = \prod_{i=1}^{r} \det A_{ii} \tag{1.12}
$$

$n \times n$ 正方行列 A の第 i 行と第 j 列を取り去って得られる $(n-1) \times (n-1)$ 行列の行列式に符号 $(-1)^{i+j}$ をつけたものを A の (i, j) 余因子といい, Δ_{ij} で表す.

定理 1.3 $n \times n$ 行列 A の行列式について次のような展開式が成立する.

$$
\det A = a_{1j}\Delta_{1j} + a_{2j}\Delta_{2j} + \cdots + a_{nj}\Delta_{nj} \tag{1.13}
$$

$$
\det A = a_{i1}\Delta_{i1} + a_{i2}\Delta_{i2} + \cdots + a_{in}\Delta_{in} \tag{1.14}
$$

前者を第 j 列に関する展開, 後者を第 i 行に関する展開という.

定義 1.4 $n \times n$ 行列 A に対しその (i, j) 余因子 Δ_{ij} を (j, i)（添字の順序に注意）成分とする $n \times n$ 行列を A の余因子行列といい, $\mathrm{adj}\ A$ で表す.

定理 1.4 $n \times n$ 行列 A が正則であるためには, $\det A \neq 0$ となることが必要

十分である．このとき

$$(\mathrm{adj}\ A)A = A(\mathrm{adj}\ A) = (\det\ A)I_n \tag{1.15}$$

である．すなわち A の逆行列 A^{-1} の第 (i,j) 成分は $\Delta_{ji}/\det A$ で与えられる．

1.2 線形空間（ベクトル空間）

本節では線形構造をもつ集合，すなわち線形空間を対象にする．まずその定義を与えよう．

定義 1.5 $\boldsymbol{F}$ を体とする．集合 V に

- 加法：$\boldsymbol{x}, \boldsymbol{y} \in V$ に対しそれらの和 $\boldsymbol{x} + \boldsymbol{y} \in V$ を定める．
- スカラー乗法：$\boldsymbol{x} \in V$，$\alpha \in \boldsymbol{F}$ に対し，$\boldsymbol{x}$ のスカラー倍 $\alpha\boldsymbol{x} \in V$ を定める．

という 2 つの演算が定義されていて，以下の 1)〜8) を満たすとき，V は $\boldsymbol{F}$ 上の線形空間あるいはベクトル空間であるという．

1) $\boldsymbol{x} + \boldsymbol{y} = \boldsymbol{y} + \boldsymbol{x}, \forall \boldsymbol{x}, \boldsymbol{y} \in V$
2) $(\boldsymbol{x} + \boldsymbol{y}) + \boldsymbol{z} = \boldsymbol{x} + (\boldsymbol{y} + \boldsymbol{z}), \forall \boldsymbol{x}, \boldsymbol{y}, \boldsymbol{z} \in V$
3) 次の性質を満たす $\boldsymbol{0} \in V$ が存在する：$\boldsymbol{x} + \boldsymbol{0} = \boldsymbol{x}, \forall \boldsymbol{x} \in V$
4) 各 $\boldsymbol{x} \in V$ に対し，$\boldsymbol{x} + (-\boldsymbol{x}) = \boldsymbol{0}$ となる元 $-\boldsymbol{x} \in V$ が存在する．
5) $(\alpha\beta)\boldsymbol{x} = \alpha(\beta\boldsymbol{x}), \forall \boldsymbol{x} \in V, \forall \alpha, \beta \in \boldsymbol{F}$
6) $(\alpha + \beta)\boldsymbol{x} = \alpha\boldsymbol{x} + \beta\boldsymbol{x}, \forall \boldsymbol{x} \in V, \forall \alpha, \beta \in \boldsymbol{F}$
7) $\alpha(\boldsymbol{x} + \boldsymbol{y}) = \alpha\boldsymbol{x} + \alpha\boldsymbol{y}, \forall \boldsymbol{x}, \boldsymbol{y} \in V, \forall \alpha \in \boldsymbol{F}$
8) $1\boldsymbol{x} = \boldsymbol{x}, \forall \boldsymbol{x} \in V$

線形空間は物理学でよく現れる「方向」と「大きさ」をもった量であるベクトルの概念を一般化したものである．このこともあって線形空間 V の要素のことをベクトルということが多い．本書でもこの慣習に従う．また体 $\boldsymbol{F}$ についてとくに言及する必要がないときには，これを省略することも多い．以下には実数体 $\mathbf{R}$ 上の線形空間の例をいくつか挙げておくが，本書では最初の例である $\mathbf{R}^n$ を主に扱う．

例 1.1 線形空間の例（体はすべて $\mathbf{R}$）

1）実数の n 次元ベクトルの集合 $\mathbf{R}^n$

$$\boldsymbol{x} = \begin{bmatrix} x_1 \\ x_2 \\ \vdots \\ x_n \end{bmatrix}, \ \boldsymbol{y} = \begin{bmatrix} y_1 \\ y_2 \\ \vdots \\ y_n \end{bmatrix} \text{に対し,}$$

$$\boldsymbol{x} + \boldsymbol{y} = \begin{bmatrix} x_1 + y_1 \\ x_2 + y_2 \\ \vdots \\ x_n + y_n \end{bmatrix}, \ \alpha\boldsymbol{x} = \begin{bmatrix} \alpha x_1 \\ \alpha x_2 \\ \vdots \\ \alpha x_n \end{bmatrix}$$

2）無限実数列全体の集合 $\mathbf{R}^\infty$

$$\boldsymbol{a} = (a_1, a_2, \cdots), \boldsymbol{b} = (b_1, b_2, \cdots) \text{ に対し,}$$
$$\boldsymbol{a} + \boldsymbol{b} = (a_1 + b_1, a_2 + b_2, \cdots), \quad \alpha\boldsymbol{a} = (\alpha a_1, \alpha a_2, \cdots)$$

3）$m \times n$ 実行列全体の集合 $\mathcal{M}(m, n)$

$$A = [a_{ij}], B = [b_{ij}] \text{ に対し, } A + B = [a_{ij} + b_{ij}], \quad \alpha A = [\alpha a_{ij}]$$

4）区間 $[0, 1]$ 上で定義された連続な実数値関数の全体 $C[0, 1]$

$$x(t), y(t) \text{ に対し, } (x + y)(t) = x(t) + y(t), \quad (\alpha x)(t) = \alpha x(t)$$

構造をもった集合の部分集合が元の集合の構造をそのまま保持しているとき，それを部分 $\cdots$ と呼ぶのが通例である（例えば部分群や部分体など）．ただし，線形空間の場合は単に部分空間というのが普通である．

定義 1.6 線形空間 V の空でない部分集合 W が，V における和とスカラー倍の演算によって線形空間となるとき，W を V の**部分空間**あるいは**線形部分空間**という．

例 1.2 1）$\{\boldsymbol{x} = [x_1, x_2, \cdots, x_n]^\top \in \mathbf{R}^n | x_1 = 0\}$ は $\mathbf{R}^n$ の部分空間

2) 収束する実数列全体の集合 $\mathbf{c}$ は $\mathbf{R}^\infty$ の部分空間

3) 対称な $n \times n$ 行列の全体 $\mathcal{S}(n)$ は $\mathcal{M}(n,n)$ の部分空間

4) 区間 $[0,1]$ 上で定義された多項式関数全体の集合 $P[0,1]$ は $C[0,1]$ の部分空間

定理 1.5　線形空間 V の部分集合 W が V の部分空間になるためには，次の 2 つの条件が成り立つことが必要十分である.

1) $\boldsymbol{x}, \boldsymbol{y} \in W \Longrightarrow \boldsymbol{x} + \boldsymbol{y} \in W$

2) $\boldsymbol{x} \in W,\ \alpha \in \boldsymbol{F} \Longrightarrow \alpha\boldsymbol{x} \in W$

(証明)　部分空間の定義から明らかである. □

定理 1.6　W_1 と W_2 を線形空間 V の部分空間とするとき，$W_1 \cap W_2$ は W_1 と W_2 の両方に含まれる最大の部分空間になる.

(証明)　明らかである. □

定理 1.7　W_1 と W_2 を線形空間 V の部分空間とするとき，

$$W_1 + W_2 = \{\boldsymbol{x} \in V \mid \boldsymbol{x} = \boldsymbol{y} + \boldsymbol{z},\ \boldsymbol{y} \in W_1,\ \boldsymbol{z} \in W_2\} \tag{1.16}$$

は W_1 と W_2 の両方を含む最小の部分空間になる.

(証明)　$W_1 + W_2$ が W_1 と W_2 の両方を含む部分空間になることは明らかであるので，最小であることだけ示す. W を W_1 と W_2 の両方を含む任意の部分空間とし，$\boldsymbol{x} \in W_1 + W_2$ とする. $\boldsymbol{x} = \boldsymbol{y} + \boldsymbol{z}$ となる $\boldsymbol{y} \in W_1, \boldsymbol{z} \in W_2$ がとれるが，このとき $\boldsymbol{y}, \boldsymbol{z} \in W$ なので $\boldsymbol{y} + \boldsymbol{z} \in W$ である. よって $W_1 + W_2 \subseteq W$ が成り立つ. □

注意 1.2　$S \subseteq V$ とするとき，

$$\{\boldsymbol{x} = \alpha_1\boldsymbol{x}_1 + \alpha_2\boldsymbol{x}_2 + \cdots + \alpha_k\boldsymbol{x}_k \mid k \in \mathbf{N}, \boldsymbol{x}_i \in S, \alpha_i \in \boldsymbol{F}, \forall i = 1, 2, \cdots, k\} \tag{1.17}$$

を S によって生成される部分空間という. $W_1 + W_2$ は $W_1 \cup W_2$ によって生成される部分空間である.

定義 1.7 W_1 と W_2 を線形空間 V の 2 つの部分空間とする．V の任意のベクトル $\boldsymbol{x}$ が

$$\boldsymbol{x} = \boldsymbol{x}_1 + \boldsymbol{x}_2, \quad \boldsymbol{x}_1 \in W_1, \quad \boldsymbol{x}_2 \in W_2 \tag{1.18}$$

と一意的に表されるとき，V は W_1 と W_2 の**直和**であるといい，$V = W_1 \oplus W_2$ と表す．

定理 1.8 W_1 と W_2 を線形空間 V の 2 つの部分空間とする．$V = W_1 \oplus W_2$ となるための必要十分条件は

$$V = W_1 + W_2 \text{ かつ } W_1 \cap W_2 = \{\mathbf{0}\} \tag{1.19}$$

となることである．またこのとき，W_1 は W_2 の**補空間**であるという（当然，W_2 は W_1 の補空間である）．

（証明）（必要性）$V = W_1 + W_2$ が必要なことは明らか．$\boldsymbol{x} \in W_1 \cap W_2$，$\boldsymbol{x} \neq \mathbf{0}$ ならば $V \ni \mathbf{0} = \mathbf{0} + \mathbf{0} = \boldsymbol{x} + (-\boldsymbol{x})$ と 2 通りの分解を与えるので $V = W_1 \oplus W_2$ ではない．

（十分性）$W_1 \cap W_2 = \{\mathbf{0}\}$ なのに $\boldsymbol{x} \in V = W_1 + W_2$ が

$$\boldsymbol{x} = \boldsymbol{y} + \boldsymbol{z} = \boldsymbol{y}' + \boldsymbol{z}', \quad \boldsymbol{y}, \boldsymbol{y}' \in W_1, \quad \boldsymbol{z}, \boldsymbol{z}' \in W_2$$

と表されたとすると，$\boldsymbol{y} - \boldsymbol{y}' = \boldsymbol{z}' - \boldsymbol{z}$ であるが，$\boldsymbol{y} - \boldsymbol{y}' \in W_1, \boldsymbol{z}' - \boldsymbol{z} \in W_2$ なので $\boldsymbol{y} = \boldsymbol{y}', \boldsymbol{z} = \boldsymbol{z}'$ がしたがう．□

直和の概念は 3 つ以上の部分空間の場合へ自然に拡張される．すなわち，$W_1, W_2, \cdots, W_k$ がすべて V の部分空間であるとき，任意の $\boldsymbol{x} \in V$ が

$$\boldsymbol{x} = \boldsymbol{x}_1 + \boldsymbol{x}_2 + \cdots + \boldsymbol{x}_k, \quad \boldsymbol{x}_i \in W_i \ (i = 1, 2, \cdots, k) \tag{1.20}$$

と一意的に表されるなら，V は $W_1, \cdots, W_k$ の直和であるといい，

$$V = W_1 \oplus W_2 \oplus \cdots \oplus W_k \tag{1.21}$$

と書く．

1.3 1 次 独 立

体 $\boldsymbol{F}$ 上の線形空間 V の有限個のベクトル $\boldsymbol{x}_1, \boldsymbol{x}_2, \cdots, \boldsymbol{x}_k$ とスカラー $\alpha_1, \alpha_2, \cdots, \alpha_k$ を用いて作られる新しいベクトル

$$\alpha_1 \boldsymbol{x}_1 + \alpha_2 \boldsymbol{x}_2 + \cdots + \alpha_k \boldsymbol{x}_k \tag{1.22}$$

を $\boldsymbol{x}_1, \boldsymbol{x}_2, \cdots, \boldsymbol{x}_k$ の **1 次結合**あるいは**線形結合**という．また $\alpha_1, \alpha_2, \cdots, \alpha_k$ を自由に動かしたときの $\boldsymbol{x}_1, \boldsymbol{x}_2, \cdots, \boldsymbol{x}_k$ の 1 次結合の全体を

$$\mathrm{span}[\boldsymbol{x}_1, \boldsymbol{x}_2, \cdots, \boldsymbol{x}_k] = \left\{ \sum_{i=1}^{k} \alpha_i \boldsymbol{x}_i \mid \alpha_i \in \boldsymbol{F} \right\} \tag{1.23}$$

で表す．この集合が V の部分空間になることは明らかであり，$\boldsymbol{x}_1, \boldsymbol{x}_2, \cdots, \boldsymbol{x}_k$ によって**張られる**（あるいは**生成される**）部分空間という（8 ページの注意 1.2 参照）．

注意 1.3 上の 1 次結合では，スカラー $\alpha_1, \alpha_2, \cdots, \alpha_k$ に何の制限もついていない．もし

$$\alpha_1 \geq 0, \quad \alpha_2 \geq 0, \quad \cdots, \quad \alpha_k \geq 0 \tag{1.24}$$

という制限をつけた場合を $\boldsymbol{x}_1, \boldsymbol{x}_2, \cdots, \boldsymbol{x}_k$ の**非負 1 次（線形）結合**，

$$\alpha_1 + \alpha_2 + \cdots + \alpha_k = 1 \tag{1.25}$$

という制限をつけた場合を**アフィン結合**，さらにこの両方の制限

$$\alpha_1 \geq 0, \quad \alpha_2 \geq 0, \quad \cdots, \quad \alpha_k \geq 0, \quad \alpha_1 + \alpha_2 + \cdots + \alpha_k = 1 \tag{1.26}$$

をつけた場合を**凸結合**という．

定義 1.8 線形空間 V の有限個のベクトル $\boldsymbol{x}_1, \boldsymbol{x}_2, \cdots, \boldsymbol{x}_k$ について

$$\alpha_1 \boldsymbol{x}_1 + \alpha_2 \boldsymbol{x}_2 + \cdots + \alpha_k \boldsymbol{x}_k = \boldsymbol{0} \Rightarrow \alpha_1 = \alpha_2 = \cdots = \alpha_k = 0 \tag{1.27}$$

が成り立つとき，$\boldsymbol{x}_1, \boldsymbol{x}_2, \cdots, \boldsymbol{x}_k$ は **1 次独立**であるという．1 次独立でないとき，**1 次従属**であるという．

明らかなように，$\boldsymbol{x}_1, \boldsymbol{x}_2, \cdots, \boldsymbol{x}_k$ が1次従属であるということは，そのうちの1つ，例えば $\boldsymbol{x}_i$ が残りのベクトルの1次結合として

$$\boldsymbol{x}_i = \alpha_1 \boldsymbol{x}_1 + \cdots + \alpha_{i-1} \boldsymbol{x}_{i-1} + \alpha_{i+1} \boldsymbol{x}_{i+1} + \cdots + \alpha_k \boldsymbol{x}_k$$

と表されることと同値である．また $\boldsymbol{x}_1, \boldsymbol{x}_2 \cdots, \boldsymbol{x}_k$ が1次独立ならばそれらの一部分も1次独立であり，$\boldsymbol{x}_1, \boldsymbol{x}_2 \cdots, \boldsymbol{x}_k$ が1次従属ならばそれらを含むベクトルの集まりも1次従属である．

定義 1.9 線形空間 V において

1) $\boldsymbol{x}_1, \boldsymbol{x}_2, \cdots, \boldsymbol{x}_n$ は1次独立

2) $V = \mathrm{span}\,[\boldsymbol{x}_1, \boldsymbol{x}_2, \cdots, \boldsymbol{x}_n]$

であるとき，$\boldsymbol{x}_1, \boldsymbol{x}_2, \cdots, \boldsymbol{x}_n$ は V の基底であるという．

基底は本来全体空間を生成する1次独立なベクトルの集合として定義されるので，$\{\boldsymbol{x}_1, \boldsymbol{x}_2, \cdots, \boldsymbol{x}_n\}$ と書かれることも多いが，本書では表記の簡明さや最近の傾向も考えて単に $\boldsymbol{x}_1, \boldsymbol{x}_2, \cdots, \boldsymbol{x}_n$ と表す．$\boldsymbol{x}_1, \boldsymbol{x}_2, \cdots, \boldsymbol{x}_n$ が V の基底であるとき，V の任意のベクトル $\boldsymbol{x}$ は

$$\boldsymbol{x} = \alpha_1 \boldsymbol{x}_1 + \alpha_2 \boldsymbol{x}_2 + \cdots + \alpha_n \boldsymbol{x}_n$$

と一意的に表すことができる．実際，定義の条件2)からこのような表現が可能であるが，もし

$$\boldsymbol{x} = \alpha_1 \boldsymbol{x}_1 + \alpha_2 \boldsymbol{x}_2 + \cdots + \alpha_n \boldsymbol{x}_n = \beta_1 \boldsymbol{x}_1 + \beta_2 \boldsymbol{x}_2 + \cdots + \beta_n \boldsymbol{x}_n$$

と2通りの表現ができたとすると，

$$(\alpha_1 - \beta_1)\boldsymbol{x}_1 + (\alpha_2 - \beta_2)\boldsymbol{x}_2 + \cdots + (\alpha_n - \beta_n)\boldsymbol{x}_n = \boldsymbol{0}$$

となるが，これは定義の条件1)から

$$\alpha_1 = \beta_1, \quad \alpha_2 = \beta_2, \quad \cdots, \quad \alpha_n = \beta_n$$

を意味する．

線形空間に有限個のベクトルからなる基底を取ることができるとき，この空

間は有限次元であるといい，そうでないとき**無限次元**であるという．本書では主に有限次元の線形空間，特に $\mathbf{R}^n$ や $\mathbf{C}^n$ を扱うので基底を上記のように定義したが，実は基底の概念は無限次元空間にも適用できる．すなわち，線形空間 V の基底 S とは次の 2 つの条件を満たす V の部分集合である．

1）S の任意の有限個のベクトルは 1 次独立である．

2）V の任意の要素は S の適当な有限個の要素の 1 次結合で表される．

例えば，（$[0,1]$ 区間上の）多項式のなす線形空間 $P[0,1]$ において，$\{1, x, x^2, \cdots\}$ は基底である．

定理 1.9 $\boldsymbol{x}_1, \boldsymbol{x}_2, \cdots, \boldsymbol{x}_n$ を線形空間 V の基底とする．$\boldsymbol{y}_1, \boldsymbol{y}_2, \cdots, \boldsymbol{y}_m \in V$ で $m > n$ ならば，$\boldsymbol{y}_1, \boldsymbol{y}_2, \cdots, \boldsymbol{y}_m \in V$ は 1 次従属である．

（証明） $\boldsymbol{y}_1, \boldsymbol{y}_2, \cdots, \boldsymbol{y}_m \in V$ の中に $\mathbf{0}$ ベクトルがあれば最初から 1 次従属なのでそうでないと仮定する．$\boldsymbol{x}_1, \boldsymbol{x}_2, \cdots, \boldsymbol{x}_n$ が基底なので

$$\boldsymbol{y}_1 = \alpha_1 \boldsymbol{x}_1 + \alpha_2 \boldsymbol{x}_2 + \cdots + \alpha_n \boldsymbol{x}_n$$

と表せる．$\alpha_1, \alpha_2, \cdots, \alpha_n$ のすべては 0 でないので，$\alpha_1 \neq 0$ と仮定しても一般性を失わない．このとき

$$\boldsymbol{x}_1 = \frac{1}{\alpha_1}\boldsymbol{y}_1 - \frac{\alpha_2}{\alpha_1}\boldsymbol{x}_2 - \cdots - \frac{\alpha_n}{\alpha_1}\boldsymbol{x}_n$$

となる．したがって

$$\mathrm{span}\,[\boldsymbol{y}_1, \boldsymbol{x}_2, \cdots, \boldsymbol{x}_n] = \mathrm{span}\,[\boldsymbol{x}_1, \boldsymbol{x}_2, \cdots, \boldsymbol{x}_n]$$

が成り立つ．よって

$$\boldsymbol{y}_2 = \beta_1 \boldsymbol{y}_1 + \beta_2 \boldsymbol{x}_2 + \cdots + \beta_n \boldsymbol{x}_n$$

が成り立つ．$\beta_2 = \cdots = \beta_n = 0$ なら $\boldsymbol{y}_2$ と $\boldsymbol{y}_1$ が 1 次従属になる．そうでなければ先ほどと同様一般性を失うことなく $\beta_2 \neq 0$ と仮定してやれば

$$\boldsymbol{x}_2 = \frac{1}{\beta_2}\boldsymbol{y}_2 - \frac{\beta_1}{\beta_2}\boldsymbol{y}_1 - \frac{\beta_3}{\beta_2}\boldsymbol{x}_3 - \cdots - \frac{\beta_n}{\beta_2}\boldsymbol{x}_n$$

なので

$$\mathrm{span}\,[\boldsymbol{y}_1, \boldsymbol{y}_2, \boldsymbol{x}_3, \cdots, \boldsymbol{x}_n] = \mathrm{span}\,[\boldsymbol{y}_1, \boldsymbol{x}_2, \cdots, \boldsymbol{x}_n] = \mathrm{span}\,[\boldsymbol{x}_1, \boldsymbol{x}_2, \cdots, \boldsymbol{x}_n]$$

が成り立つ．これを続けるとある $r < n$ で $\boldsymbol{y}_1, \boldsymbol{y}_2, \cdots, \boldsymbol{y}_r$ が 1 次従属になるか

$$\mathrm{span}\,[\boldsymbol{y}_1, \boldsymbol{y}_2, \cdots, \boldsymbol{y}_n] = \mathrm{span}\,[\boldsymbol{x}_1, \boldsymbol{x}_2, \cdots, \boldsymbol{x}_n]$$

になる．後者の場合は $\boldsymbol{x}_1, \boldsymbol{x}_2, \cdots, \boldsymbol{x}_n$ が基底なので $\boldsymbol{y}_1, \boldsymbol{y}_2, \cdots, \boldsymbol{y}_{n+1}$ が 1 次従属になる．$m > n$ なのでいずれにしろ $\boldsymbol{y}_1, \boldsymbol{y}_2, \cdots, \boldsymbol{y}_m \in V$ は 1 次従属になる．□

系 1.1 有限次元線形空間 V の基底を構成するベクトルの個数は基底の取り方によらず一定である．

（証明） それぞれ m 個，n 個のベクトルからなる基底があったとすると上の定理から $m < n, m > n$ のいずれも成り立たないことがわかるので，$m = n$ である．□

定義 1.10 有限次元線形空間 V に対し，上の定理で定まる基底を構成するベクトルの個数を V の次元といい，$\dim V$ で表す．

例 1.3 $\mathbf{R}^n$ に

$$e_{ij} = \begin{cases} 1 & j = i \\ 0 & j \neq i \end{cases} \tag{1.28}$$

で定義される $\boldsymbol{e}_1, \boldsymbol{e}_2, \cdots, \boldsymbol{e}_n$ は $\mathbf{R}^n$ の基底をなす．これを標準基底という．もちろん $\dim \mathbf{R}^n = n$ である．$\boldsymbol{d}_1, \boldsymbol{d}_2, \cdots, \boldsymbol{d}_n$ を

$$d_{ij} = \begin{cases} 1 & j \leq i \\ 0 & j > i \end{cases} \tag{1.29}$$

としたときこれらも基底をなす．ちなみに $m \times n$ 実行列からなる線形空間 $\mathcal{M}(m, n)$ の次元は mn であり，例えば基底として

$$a_{kl}^{ij} = \begin{cases} 1 & k = i, l = j \\ 0 & \text{その他} \end{cases} \tag{1.30}$$

のような行列 $A^{ij} = [a_{kl}^{ij}]$ $(i = 1, \cdots, m; j = 1, \cdots, n)$ を取れる．無限実数列空間 $\mathbf{R}^\infty$ や連続関数空間 $C[0, 1]$ は無限次元である．

定理 1.10　n 次元線形空間 V において，$\boldsymbol{x}_1, \boldsymbol{x}_2, \cdots, \boldsymbol{x}_k$ $(k < n)$ が 1 次独立ならば，$n-k$ 個の V のベクトル $\boldsymbol{x}_{k+1}, \cdots, \boldsymbol{x}_n$ を付け加えて，$\boldsymbol{x}_1, \boldsymbol{x}_2, \cdots, \boldsymbol{x}_n$ が V の基底となるようにすることができる．

（証明）　$\dim V = n$ なので $\boldsymbol{x}_{k+1} \notin \mathrm{span}\,[\boldsymbol{x}_1, \boldsymbol{x}_2, \cdots, \boldsymbol{x}_k]$ となる $\boldsymbol{x}_{k+1} \in V$ をとることができる（そうでなければ $\boldsymbol{x}_1, \boldsymbol{x}_2, \cdots, \boldsymbol{x}_k$ が V の基底になってしまう）．このとき $\boldsymbol{x}_1, \boldsymbol{x}_2, \cdots, \boldsymbol{x}_k, \boldsymbol{x}_{k+1}$ は 1 次独立である．実際

$$\alpha_1 \boldsymbol{x}_1 + \cdots + \alpha_k \boldsymbol{x}_k + \alpha_{k+1} \boldsymbol{x}_{k+1} = \boldsymbol{0}$$

とすると $\boldsymbol{x}_{k+1}$ の取り方から $\alpha_{k+1} = 0$ である．すると $\boldsymbol{x}_1, \boldsymbol{x}_2, \cdots, \boldsymbol{x}_k$ の 1 次独立性から $\alpha_1 = \cdots = \alpha_k = 0$ となる．$k+1 = n$ なら証明は終了だし，そうでなければ $\boldsymbol{x}_{k+2} \notin \mathrm{span}\,[\boldsymbol{x}_1, \cdots, \boldsymbol{x}_k, \boldsymbol{x}_{k+1}]$ をとる．結局は $\boldsymbol{x}_1, \boldsymbol{x}_2, \cdots, \boldsymbol{x}_n$ が V の基底となるまで繰り返すことができる．□

定理 1.11　W_1, W_2 が有限次元線形空間 V の部分空間であるとき

1）$W_1 \subseteq W_2 \Longrightarrow \dim W_1 \leq \dim W_2$

2）$W_1 \subseteq W_2$，$\dim W_1 = \dim W_2 \Longrightarrow W_1 = W_2$

（証明）　1）上の定理から明らか．

2) $\dim W_1 = \dim W_2$ なら W_1 の基底が W_2 の基底にもなるので $W_1 = W_2$ である．□

定理 1.12　有限次元線形空間 V の部分空間 W_1, W_2 に対して

$$\dim\,(W_1 + W_2) = \dim W_1 + \dim W_2 - \dim\,(W_1 \cap W_2) \tag{1.31}$$

が成立する．

（証明）　$\dim W_1 \cap W_2 = d_0$，$\dim W_1 = d_0 + d_1$，$\dim W_2 = d_0 + d_2$ とする．$W_1 \cap W_2$ の基底を $\boldsymbol{x}_1, \cdots, \boldsymbol{x}_{d_0}$ とし，定理 1.10 からこれにそれぞれ d_1 個のベクトル $\boldsymbol{y}_1, \cdots, \boldsymbol{y}_{d_1}$，$d_2$ 個のベクトル $\boldsymbol{z}_1, \cdots, \boldsymbol{z}_{d_2}$ を付け加えて W_1，W_2 の基底をつくる．

$$\boldsymbol{x}_1, \quad \cdots, \quad \boldsymbol{x}_{d_0}, \quad \boldsymbol{y}_1, \quad \cdots, \quad \boldsymbol{y}_{d_1}, \quad \boldsymbol{z}_1, \quad \cdots, \quad \boldsymbol{z}_{d_2}$$

が全体で $W_1 + W_2$ の基底となることを示せば定理は成り立つ．まず

$$\text{span}\,[\boldsymbol{x}_1, \cdots, \boldsymbol{x}_{d_0}, \boldsymbol{y}_1, \cdots, \boldsymbol{y}_{d_1}, \boldsymbol{z}_1, \cdots, \boldsymbol{z}_{d_2}] = W_1 + W_2$$

となることは明らかであるから，これらのベクトルが 1 次独立であることを示せばよい．そこで

$$\sum_{i=1}^{d_0} \alpha_i \boldsymbol{x}_i + \sum_{j=1}^{d_1} \beta_j \boldsymbol{y}_j + \sum_{h=1}^{d_2} \gamma_h \boldsymbol{z}_h = \boldsymbol{0}$$

とする．

$$\sum_{i=1}^{d_0} \alpha_i \boldsymbol{x}_i + \sum_{j=1}^{d_1} \beta_j \boldsymbol{y}_j = -\sum_{h=1}^{d_2} \gamma_h \boldsymbol{z}_h$$

で，左辺は W_1 に属し右辺は W_2 に属すので，結局両辺とも $W_1 \cap W_2$ に属す．よって

$$-\sum_{h=1}^{d_2} \gamma_h \boldsymbol{z}_h = \sum_{i=1}^{d_0} \delta_i \boldsymbol{x}_i$$

と表せる．$\boldsymbol{x}_1, \cdots, \boldsymbol{x}_{d_0}, \boldsymbol{z}_1, \cdots, \boldsymbol{z}_{d_2}$ が W_2 の基底であることより，$\gamma_h = 0$ $(h = 1, \cdots, d_2)$，$\delta_i = 0$ $(i = 1, \cdots, d_0)$．よって

$$\sum_{i=1}^{d_0} \alpha_i \boldsymbol{x}_i + \sum_{j=1}^{d_1} \beta_j \boldsymbol{y}_j = \boldsymbol{0}$$

となる．$\boldsymbol{x}_1, \cdots, \boldsymbol{x}_{d_0}, \boldsymbol{y}_1, \cdots, \boldsymbol{y}_{d_1}$ が W_1 の基底であることから $\alpha_i = 0$ $(i = 1, \cdots, d_0)$，$\beta_j = 0$ $(j = 1, \cdots, d_1)$ が成り立つ．よって $\boldsymbol{x}_1, \cdots, \boldsymbol{x}_{d_0}, \boldsymbol{y}_1, \cdots, \boldsymbol{y}_{d_1}, \boldsymbol{z}_1, \cdots, \boldsymbol{z}_{d_2}$ が 1 次独立であることが示された．□

系 1.2　線形空間 V に対し，W_1 と W_2 を $V = W_1 + W_2$ を満たす 2 つの部分空間とする．次の 3 条件は同値である．

1）$V = W_1 \oplus W_2$

2）$W_1 \cap W_2 = \{\boldsymbol{0}\}$

3）$\dim V = \dim W_1 + \dim W_2$

（証明）　上の定理から 2)と 3)は同値である．また，1)と 2)が同値であることはすでに 9 ページの定理 1.8 に示されている．□

この系は 3 つ以上の部分空間の直和の場合に拡張できる．

定理 1.13 $W_1, W_2, \cdots, W_k$ が線形空間 V の部分空間で $V = W_1 + W_2 + \cdots + W_k$ であるとき，次の 3 条件は同値である．

1) $V = W_1 \oplus W_2 \oplus \cdots \oplus W_k$

2) $W_i \cap (W_1 + \cdots + W_{i-1} + W_{i+1} + \cdots + W_k) = \{\mathbf{0}\}$ $(i = 1, 2, \cdots, k)$

3) $\dim V = \dim W_1 + \dim W_2 + \cdots + \dim W_k$

（証明） k に関する数学的帰納法を用いて証明する．$k = 2$ のときはすでに示されている．$k > 2$ として $k - 1$ のときは成り立つと仮定する．以下

$$U_i = W_1 + \cdots + W_{i-1} + W_{i+1} + \cdots + W_k \ (i = 1, 2, \cdots, k)$$

とおく．まず 1)⇒3) を示す．

$$V = W_1 \oplus U_1$$
$$U_1 = W_2 \oplus \cdots \oplus W_k$$

が成り立つから，帰納法の仮定により

$$\dim V = \dim W_1 + \dim U_1 = \dim W_1 + \sum_{i=2}^{k} \dim W_i = \sum_{i=1}^{k} \dim W_i$$

次に 3)⇒2) を示す．$V = U_i + W_i$ であるから

$$\dim U_i \geq \dim V - \dim W_i = \sum_{j \neq i} \dim W_j$$

である．ところが $\dim U_i \leq \sum_{j \neq i} \dim W_j$ であるから

$$\dim V = \dim W_i + \dim U_i$$

が成り立つ．よって上の系から $W_i \cap U_i = \{\mathbf{0}\}$ が得られた．最後に 2)⇒1) を示す．ある $\boldsymbol{x} \in V$ が 2 通りに

$$\boldsymbol{x} = \sum_{i=1}^{k} \boldsymbol{x}_i = \sum_{i=1}^{k} \boldsymbol{x}'_i, \quad \boldsymbol{x}_i, \boldsymbol{x}'_i \in W_i \ (i = 1, 2, \cdots, k)$$

と表されたとする．このとき

$$\boldsymbol{x}_i - \boldsymbol{x}'_i = \sum_{j \neq i} (\boldsymbol{x}'_j - \boldsymbol{x}_j)$$

で左辺は W_i のベクトル，右辺は U_i のベクトルであるから 2) よりそれらは $\mathbf{0}$ に一致し，$\boldsymbol{x}_i - \boldsymbol{x}'_i = \mathbf{0}$ が成り立つ．上式で i は任意にとれたので，$\boldsymbol{x}$ の表現の一意性が示された．□

1.4　線形写像とその行列表現

まず写像について復習しておこう．

定義 1.11　集合 X から集合 Y への写像 f とは，各 $\boldsymbol{x} \in X$ に対しただ1つの $f(\boldsymbol{x}) \in Y$ を対応させる規則のことであり，$f : X \to Y$ で表す．

$$\mathrm{Im}\, f = f(X) = \{\boldsymbol{y} \in Y \mid \boldsymbol{y} = f(\boldsymbol{x}), \boldsymbol{x} \in X\} \tag{1.32}$$

を f による X の像といい，

$$f^{-1}(Y) = \{\boldsymbol{x} \in X \mid f(\boldsymbol{x}) \in Y\} \tag{1.33}$$

を f に関する Y の原像という．

1）$\mathrm{Im}\, f = Y$ であるとき，写像 f は**全射**（あるいは上への写像）であるという．

2）$\boldsymbol{x} \neq \boldsymbol{x}' \in X$ ならば $f(\boldsymbol{x}) \neq f(\boldsymbol{x}')$（対偶でいうと $f(\boldsymbol{x}) = f(\boldsymbol{x}')$ ならば $\boldsymbol{x} = \boldsymbol{x}'$）であるとき，写像 f は**単射**（あるいは1対1写像）であるという．

3）全射かつ単射であるとき，写像 f は**全単射**（あるいは1対1対応）であるという．

像，原像の表現は $R \subseteq X$, $S \subseteq Y$ に対しても適用される．すなわち

$$f(R) = \{\boldsymbol{y} \in Y \mid \boldsymbol{y} = f(\boldsymbol{x}), \boldsymbol{x} \in R\} \tag{1.34}$$

$$f^{-1}(S) = \{\boldsymbol{x} \in X \mid f(\boldsymbol{x}) \in S\} \tag{1.35}$$

定義 1.12　V, W を同じ体 $\boldsymbol{F}$ 上の2つの線形空間とする．写像 $f : V \to W$ が次の2つの条件を満たすとき，**線形写像**であるという．

1）$f(\boldsymbol{x} + \boldsymbol{y}) = f(\boldsymbol{x}) + f(\boldsymbol{y}),\ \forall \boldsymbol{x}, \boldsymbol{y} \in V$

2）$f(\alpha \boldsymbol{x}) = \alpha f(\boldsymbol{x}),\ \forall \boldsymbol{x} \in V, \forall \alpha \in \boldsymbol{F}$

特に $V = W$ の場合に線形写像のことを V 上の**線形変換**ということが多い.

すなわち線形写像とは，線形演算との順序交換が可能である（V で線形演算を施してから写像した結果が，先に写像してから線形演算を施した結果と常に一致する）ような写像である.

例 1.4 線形写像の例を挙げる.

1）$m \times n$ 実行列は $\mathbf{R}^n$ から $\mathbf{R}^m$ への線形写像である.

2）実数列 $(a_1, a_2, \cdots) \in \mathbf{R}^\infty$ に対し

$$b_n = a_{n+1} - a_n, \quad n = 1, 2, \cdots \tag{1.36}$$

で定義される階差数列 $\boldsymbol{b} = (b_1, b_2, \cdots) \in \mathbf{R}^\infty$ を対応させる写像は線形写像である．これは全射だが単射ではない.

3）$x(t) \in C[0,1]$ に対し $C[0,1]$ の

$$y(t) = \int_0^t x(s)ds, \quad t \in [0,1] \tag{1.37}$$

を対応させる写像は線形写像である（積分の線形性）．これは単射だが全射ではない．例えば，$y(t) = |t - \frac{1}{2}|$ に写る $x(t)$ は存在しない.

以下，この節では V, W を同じ体 $\boldsymbol{F}$ 上の 2 つの線形空間とする.

定理 1.14 $f : V \to W$ を線形写像とする.

1）V' を V の部分空間とすると，$f(V')$ は W の部分空間となる.

2）W' を W の部分空間とすると，$f^{-1}(W')$ は V の部分空間となる.

（証明） いずれも容易である．□

定理 1.15 線形写像 $f : V \to W$ に対しその核を

$$\text{Ker } f = \{\boldsymbol{x} \in V \mid f(\boldsymbol{x}) = \boldsymbol{0}\} \tag{1.38}$$

で定義すると，f が単射になるための必要十分条件は，$\text{Ker } f = \{\boldsymbol{0}\}$ となることである.

（証明） f が単射で $\boldsymbol{x} \in \mathrm{Ker}\ f$ とすると，$f(\boldsymbol{x}) = \mathbf{0} = f(\mathbf{0})$ より $\boldsymbol{x} = \mathbf{0}$ である．逆に $\mathrm{Ker}\ f = \{\mathbf{0}\}$ で $f(\boldsymbol{x}) = f(\boldsymbol{x}')$ とすると，$f(\boldsymbol{x} - \boldsymbol{x}') = \mathbf{0}$ より $\boldsymbol{x} - \boldsymbol{x}' = \mathbf{0}$ である．□

例 1.5 例 1.4, 2)の階差数列写像 f では，$\mathbf{0} = (0, 0, \cdots)$ に対し

$$\mathrm{Ker}\ f = \{(a, a, \cdots) \mid a \in \mathbf{R}\}$$

である．

定理 1.16（次元定理） 同じ体上の 2 つの有限次元線形空間 V, W と線形写像 $f : V \to W$ に対し

$$\dim\,(\mathrm{Im}\ f) + \dim\,(\mathrm{Ker}\ f) = \dim V \tag{1.39}$$

が成り立つ．

（証明） $\dim V = n$ とする．$\mathrm{Ker}\ f$ の基底を $\boldsymbol{x}_1, \boldsymbol{x}_2, \cdots, \boldsymbol{x}_r$ とし，定理 1.10 からこれに $\boldsymbol{x}_{r+1}, \cdots, \boldsymbol{x}_n$ を付け加えて $\boldsymbol{x}_1, \boldsymbol{x}_2, \cdots, \boldsymbol{x}_n$ が V の基底になるようにする．このとき，$f(\boldsymbol{x}_{r+1}), \cdots, f(\boldsymbol{x}_n)$ が $\mathrm{Im}\ f$ の基底になることを示せばよい．まず，$\mathrm{Im}\ f$ の任意の要素は，ある $\boldsymbol{x} \in V$ に対し $f(\boldsymbol{x})$ となる．$\boldsymbol{x}$ は適当なスカラー $\alpha_1, \alpha_2, \cdots, \alpha_n$ を用いて

$$\boldsymbol{x} = \alpha_1 \boldsymbol{x}_1 + \alpha_2 \boldsymbol{x}_2 + \cdots + \alpha_n \boldsymbol{x}_n$$

と表される．$\boldsymbol{x}_1, \boldsymbol{x}_2, \cdots, \boldsymbol{x}_r \in \mathrm{Ker}\ f$ に注意すると

$$f(\boldsymbol{x}) = \alpha_{r+1} f(\boldsymbol{x}_{r+1}) + \alpha_{r+2} f(\boldsymbol{x}_{r+2}) + \cdots + \alpha_n f(\boldsymbol{x}_n)$$

となる．すなわち $\mathrm{Im}\ f = \mathrm{span}\ [f(\boldsymbol{x}_{r+1}), \cdots, f(\boldsymbol{x}_n)]$ が成り立つ．次に

$$\alpha_{r+1} f(\boldsymbol{x}_{r+1}) + \alpha_{r+2} f(\boldsymbol{x}_{r+2}) + \cdots + \alpha_n f(\boldsymbol{x}_n) = \mathbf{0}$$

と仮定する．これから

$$\alpha_{r+1} \boldsymbol{x}_{r+1} + \alpha_{r+2} \boldsymbol{x}_{r+2} + \cdots + \alpha_n \boldsymbol{x}_n \in \mathrm{Ker}\ f$$

であることがわかる．したがってこのベクトルは $\mathrm{Ker}\ f$ の基底 $\boldsymbol{x}_1, \boldsymbol{x}_2, \cdots, \boldsymbol{x}_r$

を用いて

$$\alpha_{r+1}\boldsymbol{x}_{r+1} + \cdots + \alpha_n\boldsymbol{x}_n = -\alpha_1\boldsymbol{x}_1 - \alpha_2\boldsymbol{x}_2 - \cdots - \alpha_r\boldsymbol{x}_r$$

と表される．$\boldsymbol{x}_1, \boldsymbol{x}_2, \cdots, \boldsymbol{x}_n$ が V の基底であるから，$\alpha_{r+1} = \alpha_{r+2} = \cdots = \alpha_n = 0$ である．よって $f(\boldsymbol{x}_{r+1}), \cdots, f(\boldsymbol{x}_n)$ は 1 次独立で，$\mathrm{Im}\ f$ の基底となる．□

系 1.3　V を線形空間，f を V 上の線形変換とすると，f が全射であることと単射であることとは同値である．

（証明）　次元定理より

$$\dim\,(\mathrm{Im}\ f) + \dim\,(\mathrm{Ker}\ f) = \dim V \tag{1.40}$$

である．f が全射であることは $\dim\,(\mathrm{Im}\ f) = \dim V$ となることと同値であり，f が単射であることは $\dim(\mathrm{Ker}\ f) = 0$ であることと同値であるから，系が成り立つ．□

系 1.4　定理の条件下で V' を V の部分空間とすると

$$\dim\ f(V') = \dim\ V' - \dim\,(\mathrm{Ker}\ f \cap V') \tag{1.41}$$

（証明）　f の定義域を V' に制限した写像を考えればよい．□

定義 1.13　同じ体上の 2 つの線形空間 V, W に対し，V から W への全単射線形写像 f が存在するとき，V と W は同形であるといい，

$$V \cong W \tag{1.42}$$

と表す．またこの写像 f を V から W への同形写像という．

定理 1.17　体 $\boldsymbol{F}$ 上の任意の n 次元線形空間 V は，$\boldsymbol{F}^n$ と同形である．

（証明）　V の基底 $\boldsymbol{x}_1, \boldsymbol{x}_2, \cdots, \boldsymbol{x}_n$ を取ると，任意の $\boldsymbol{x} \in V$ は

$$\boldsymbol{x} = \alpha_1\boldsymbol{x}_1 + \alpha_2\boldsymbol{x}_2 + \cdots + \alpha_n\boldsymbol{x}_n$$

と表される．写像 f を $f(\boldsymbol{x}) = [\alpha_1\ \alpha_2\ \cdots\ \alpha_n]^\top$ で定義すると，f が V から $\boldsymbol{F}^n$ への同形写像になることは明らかである．□

基底 $\boldsymbol{x}_1, \boldsymbol{x}_2, \cdots, \boldsymbol{x}_n$ をもつ n 次元線形空間 V の各要素 $\boldsymbol{x} \in V$ に対し上の定理で与えられる $[\alpha_1\ \alpha_2\ \cdots\ \alpha_n]^\top$ のことを，この基底に関する $\boldsymbol{x}$ の座標という．

f を n 次元線形空間 V から m 次元線形空間 W への線形写像とし，$\boldsymbol{x}_1, \boldsymbol{x}_2, \cdots, \boldsymbol{x}_n$ と $\boldsymbol{y}_1, \boldsymbol{y}_2, \cdots, \boldsymbol{y}_m$ をそれぞれ V と W の基底とする．

$$f(\boldsymbol{x}_i) = a_{1i}\boldsymbol{y}_1 + a_{2i}\boldsymbol{y}_2 + \cdots + a_{mi}\boldsymbol{y}_m, \quad i = 1, 2, \cdots, n \tag{1.43}$$

と表されるものとする．基底 $\boldsymbol{x}_1, \boldsymbol{x}_2, \cdots, \boldsymbol{x}_n$ に関する $\boldsymbol{x}$ の座標を $[\alpha_1\ \alpha_2\ \cdots\ \alpha_n]^\top$，基底 $\boldsymbol{y}_1, \boldsymbol{y}_2, \cdots, \boldsymbol{y}_m$ に関する $f(\boldsymbol{x})$ の座標を $[\beta_1\ \beta_2\ \cdots\ \beta_m]^\top$ とすると

$$\begin{aligned} f(\boldsymbol{x}) &= f\left(\sum_{i=1}^{n} \alpha_i \boldsymbol{x}_i\right) = \sum_{i=1}^{n} \alpha_i f(\boldsymbol{x}_i) \\ &= \sum_{i=1}^{n} \alpha_i \left(\sum_{j=1}^{m} a_{ji}\boldsymbol{y}_j\right) = \sum_{j=1}^{m} \left(\sum_{i=1}^{n} a_{ji}\alpha_i\right) \boldsymbol{y}_j \end{aligned}$$

であるから

$$\beta_j = \sum_{i=1}^{n} a_{ji}\alpha_i, \quad j = 1, 2, \cdots, m$$

が成り立つ．すなわち

$$\begin{bmatrix} \beta_1 \\ \beta_2 \\ \vdots \\ \beta_m \end{bmatrix} = \begin{bmatrix} a_{11} & a_{12} & \cdots & a_{1n} \\ a_{21} & a_{22} & \cdots & a_{2n} \\ \vdots & \vdots & & \vdots \\ a_{m1} & a_{m2} & \cdots & a_{mn} \end{bmatrix} \begin{bmatrix} \alpha_1 \\ \alpha_2 \\ \vdots \\ \alpha_n \end{bmatrix} \tag{1.44}$$

が成り立つ．このように基底を定めることにより，n 次元線形空間から m 次元線形空間への線形写像 f は $m \times n$ 行列 $A = [a_{ij}]$ によって表現される．

例 1.6 すでに述べたように $m \times n$ 実行列 $A = [a_{ij}]$ は $\mathbf{R}^n$ から $\mathbf{R}^m$ への線形写像である．$\mathbf{R}^n, \mathbf{R}^m$ のいずれにおいても標準基底を取ると，この線形写像を表現する行列が A そのものになることは明らかである．

$m \times n$ 実行列 A を $\mathbf{R}^n$ から $\mathbf{R}^m$ への線形写像と考えて，その像と核を

$$\mathrm{Im}\ A = \{\boldsymbol{y} \in \mathbf{R}^m \mid \boldsymbol{y} = A\boldsymbol{x}, \boldsymbol{x} \in \mathbf{R}^n\} \tag{1.45}$$

$$\mathrm{Ker}\ A = \{\boldsymbol{x} \in \mathbf{R}^n \mid A\boldsymbol{x} = \mathbf{0}\} \tag{1.46}$$

で定義する.

定義 1.14 $m \times n$ 行列 A に対し，$\dim(\mathrm{Im}\ A)$ を A の階数（ランク）といい，$\mathrm{rank}\ A$ で表す.

注意 1.4 A の列ベクトルを $\boldsymbol{a}_1, \boldsymbol{a}_2, \cdots, \boldsymbol{a}_n$ とすると

$$A\boldsymbol{x} = x_1\boldsymbol{a}_1 + x_2\boldsymbol{a}_2 + \cdots + x_n\boldsymbol{a}_n$$

であるから，$\mathrm{rank}\ A$ は A の列ベクトルのうち 1 次独立なものの最大個数である. $n \times n$ 正方行列 A に対しては，定理 1.4，1.15，系 1.3 から

$$\det A \neq 0 \Longleftrightarrow A\text{ が正則} \Longleftrightarrow \mathrm{Ker}\ A = \{\mathbf{0}\} \Longleftrightarrow \mathrm{Im}\ A = \boldsymbol{R}^n \Longleftrightarrow \mathrm{rank}\ A = n$$

が成り立つ.

行列のランクに関する基本的結果をまとめておこう.

定理 1.18 A, B を $m \times n$ 行列とすると

$$\mathrm{rank}\ (A + B) \leq \mathrm{rank}\ A + \mathrm{rank}\ B \tag{1.47}$$

（証明） $\mathrm{Im}(A + B) \subseteq \mathrm{Im}\ A + \mathrm{Im}\ B$ より，14 ページの定理 1.12 から

$$\begin{aligned}\dim\ (\mathrm{Im}\ (A + B)) &\leq \dim\ (\mathrm{Im}\ A + \mathrm{Im}\ B) \\ &= \dim\ (\mathrm{Im}\ A) + \dim\ (\mathrm{Im}\ B) - \dim\ [(\mathrm{Im} A) \cap (\mathrm{Im}\ B)]\end{aligned}$$

となることより明らかである. □

定理 1.19 A を $l \times m$ 行列, B を $m \times n$ 行列とすると

$$\mathrm{rank}\ A + \mathrm{rank}\ B - m \leq \mathrm{rank}\ AB \leq \min(\mathrm{rank}\ A, \mathrm{rank}\ B) \tag{1.48}$$

（証明） $\mathrm{Im}\, AB = A\,(\mathrm{Im}\, B) \subseteq \mathrm{Im}\, A$ より，$\mathrm{rank}\, AB \le \mathrm{rank}\, A$．また 20 ページの系 1.4 より $\dim\,(\mathrm{Im}\, AB) \le \dim\,(\mathrm{Im}\, B)$ から $\mathrm{rank}\, AB \le \mathrm{rank}\, B$．さらに同じ系と定理 1.16 を用いると

$$\begin{aligned}\mathrm{rank}\, AB &= \dim\,(\mathrm{Im}\, AB) = \dim\,(A(\mathrm{Im}\, B))\\ &= \dim\,(\mathrm{Im}\, B) - \dim\,((\mathrm{Ker}\, A) \cap (\mathrm{Im}\, B))\\ &\ge \dim\,(\mathrm{Im}\, B) - \dim\,(\mathrm{Ker}\, A)\\ &= \mathrm{rank}\, B - (m - \dim\,(\mathrm{Im}\, A)) = \mathrm{rank}\, A + \mathrm{rank}\, B - m. \qquad \square\end{aligned}$$

定義 1.15 線形空間 V，その部分空間 W と V 上の線形変換 f（すなわち線形写像 $f : V \to V$）について，

$$f(W) \subseteq W,\ \text{すなわち任意の}\ \boldsymbol{x} \in W\ \text{に対し}\ f(\boldsymbol{x}) \in W \tag{1.49}$$

が成り立つとき，W は f の**不変部分空間**であるという．

定理 1.20 V を n 次元線形空間，f を V 上の線形変換，W を V の k 次元部分空間で f の不変部分空間とする．$\boldsymbol{x}_1, \cdots, \boldsymbol{x}_k$ を W の基底とし，さらにこれにベクトルを付け加えて $\boldsymbol{x}_1, \cdots, \boldsymbol{x}_k, \boldsymbol{x}_{k+1}, \cdots, \boldsymbol{x}_n$ を V の基底とする．このとき，f の基底 $\boldsymbol{x}_1, \cdots, \boldsymbol{x}_n$ に関する表現行列は

$$\begin{bmatrix} A_{11} & A_{12} \\ O & A_{22} \end{bmatrix} \tag{1.50}$$

の形になる．

（証明） $i = 1, 2, \cdots, k$ に対し $f(\boldsymbol{x}_i) \in W$，すなわち

$$f(\boldsymbol{x}_i) = a_{1i}\boldsymbol{x}_1 + a_{2i}\boldsymbol{x}_2 + \cdots + a_{ki}\boldsymbol{x}_k$$

の形に表されることから明らかである．□

上の定理 1.20 の状況でさらに V がともに f の不変部分空間である W, W' の直和で表されるなら，表現行列は

$$\begin{bmatrix} A_{11} & O \\ O & A_{22} \end{bmatrix}$$

の形になる.

$n \times n$ 行列 A を線形変換としてみると，先に定義した Ker A は $\mathbf{R}^n$ における A の不変部分空間（簡単に A 不変部分空間という）である．また Im A が A 不変部分空間であることも自明である.

1.5 線形空間における内積

和とスカラー倍の与えられた線形空間にさらに, 内積が定義されることがある.

定義 1.16 実数体上の線形空間 V の任意の $\boldsymbol{x}, \boldsymbol{y} \in V$ に対して実数値 $\langle \boldsymbol{x}, \boldsymbol{y} \rangle$ を対応させる関数 $\langle \cdot, \cdot \rangle$ が次の性質をもつとき，これを**内積**という.

1) $\langle \boldsymbol{x}, \boldsymbol{x} \rangle \geq 0, \forall \boldsymbol{x} \in V$ でかつ $\langle \boldsymbol{x}, \boldsymbol{x} \rangle = 0 \iff \boldsymbol{x} = \boldsymbol{0}$

2) $\langle \boldsymbol{x}, \boldsymbol{y} \rangle = \langle \boldsymbol{y}, \boldsymbol{x} \rangle, \forall \boldsymbol{x}, \boldsymbol{y} \in V$

3) $\langle \alpha\boldsymbol{x} + \beta\boldsymbol{y}, \boldsymbol{z} \rangle = \alpha\langle \boldsymbol{x}, \boldsymbol{z} \rangle + \beta\langle \boldsymbol{y}, \boldsymbol{z} \rangle, \forall \boldsymbol{x}, \boldsymbol{y}, \boldsymbol{z} \in V, \forall \alpha, \beta \in \mathbf{R}$

内積をもつ線形空間のことを**内積空間**という.

例 1.7（内積空間の例）

1) $\boldsymbol{x}, \boldsymbol{y} \in \mathbf{R}^n$ に対して

$$\langle \boldsymbol{x}, \boldsymbol{y} \rangle = \sum_{i=1}^{n} x_i y_i \tag{1.51}$$

は内積である．これを標準内積あるいは Euclid 内積という.

2) 区間 $[0, 1]$ 上の連続関数全体の空間 $C[0, 1]$ において，$x, y \in C[0, 1]$ に対し

$$\langle x, y \rangle = \int_0^1 x(t)y(t)dt \tag{1.52}$$

3) $n \times n$ 実対称行列全体の空間 $\mathcal{S}(n)$ において，$X = [x_{ij}], Y = [y_{ij}] \in \mathcal{S}(n)$ に対し

$$X \bullet Y = \text{trace } XY = \sum_{i=1}^{n} \sum_{j=1}^{n} x_{ij} y_{ij} \tag{1.53}$$

定理 1.21 内積空間 V のベクトル $\boldsymbol{x}_1, \boldsymbol{x}_2, \cdots, \boldsymbol{x}_m$ が 1 次独立であるために

は，その Gram 行列式

$$\det \begin{bmatrix} \langle \boldsymbol{x}_1, \boldsymbol{x}_1 \rangle & \langle \boldsymbol{x}_1, \boldsymbol{x}_2 \rangle & \cdots & \langle \boldsymbol{x}_1, \boldsymbol{x}_m \rangle \\ \langle \boldsymbol{x}_2, \boldsymbol{x}_1 \rangle & \langle \boldsymbol{x}_2, \boldsymbol{x}_2 \rangle & \cdots & \langle \boldsymbol{x}_2, \boldsymbol{x}_m \rangle \\ \vdots & \vdots & \ddots & \vdots \\ \langle \boldsymbol{x}_m, \boldsymbol{x}_1 \rangle & \langle \boldsymbol{x}_m, \boldsymbol{x}_2 \rangle & \cdots & \langle \boldsymbol{x}_m, \boldsymbol{x}_m \rangle \end{bmatrix} \neq 0 \tag{1.54}$$

となることが必要十分である．

（証明） $\boldsymbol{x}_1, \boldsymbol{x}_2, \cdots, \boldsymbol{x}_m$ が 1 次従属とすると

$$\alpha_1 \boldsymbol{x}_1 + \alpha_2 \boldsymbol{x}_2 + \cdots + \alpha_m \boldsymbol{x}_m = \boldsymbol{0}$$

となるすべてが 0 ではない $\alpha_1, \alpha_2, \cdots, \alpha_m$ が存在する．このとき

$$\begin{bmatrix} \langle \boldsymbol{x}_1, \boldsymbol{x}_1 \rangle & \langle \boldsymbol{x}_1, \boldsymbol{x}_2 \rangle & \cdots & \langle \boldsymbol{x}_1, \boldsymbol{x}_m \rangle \\ \vdots & \vdots & \ddots & \vdots \\ \langle \boldsymbol{x}_m, \boldsymbol{x}_1 \rangle & \langle \boldsymbol{x}_m, \boldsymbol{x}_2 \rangle & \cdots & \langle \boldsymbol{x}_m, \boldsymbol{x}_m \rangle \end{bmatrix} \begin{bmatrix} \alpha_1 \\ \vdots \\ \alpha_m \end{bmatrix}$$

$$= \begin{bmatrix} \langle \boldsymbol{x}_1, \sum_{i=1}^{m} \alpha_i \boldsymbol{x}_i \rangle \\ \vdots \\ \langle \boldsymbol{x}_m, \sum_{i=1}^{m} \alpha_i \boldsymbol{x}_i \rangle \end{bmatrix} = \begin{bmatrix} 0 \\ \vdots \\ 0 \end{bmatrix}$$

となるので注意 1.4 から

$$\det \begin{bmatrix} \langle \boldsymbol{x}_1, \boldsymbol{x}_1 \rangle & \langle \boldsymbol{x}_1, \boldsymbol{x}_2 \rangle & \cdots & \langle \boldsymbol{x}_1, \boldsymbol{x}_m \rangle \\ \vdots & \vdots & \ddots & \vdots \\ \langle \boldsymbol{x}_m, \boldsymbol{x}_1 \rangle & \langle \boldsymbol{x}_m, \boldsymbol{x}_2 \rangle & \cdots & \langle \boldsymbol{x}_m, \boldsymbol{x}_m \rangle \end{bmatrix} = 0$$

となる．逆にこの式が成り立つとすると，ある $\boldsymbol{0}$ でない $\boldsymbol{\alpha} \in \mathbf{R}^m$ に対して

$$[\alpha_1 \cdots \alpha_m] \begin{bmatrix} \langle \boldsymbol{x}_1, \boldsymbol{x}_1 \rangle & \langle \boldsymbol{x}_1, \boldsymbol{x}_2 \rangle & \cdots & \langle \boldsymbol{x}_1, \boldsymbol{x}_m \rangle \\ \vdots & \vdots & \ddots & \vdots \\ \langle \boldsymbol{x}_m, \boldsymbol{x}_1 \rangle & \langle \boldsymbol{x}_m, \boldsymbol{x}_2 \rangle & \cdots & \langle \boldsymbol{x}_m, \boldsymbol{x}_m \rangle \end{bmatrix} \begin{bmatrix} \alpha_1 \\ \vdots \\ \alpha_m \end{bmatrix}$$

$$= \left\langle \sum_{i=1}^{m} \alpha_i \boldsymbol{x}_i, \sum_{i=1}^{m} \alpha_i \boldsymbol{x}_i \right\rangle = 0$$

より，

$$\alpha_1 \boldsymbol{x}_1 + \alpha_2 \boldsymbol{x}_2 + \cdots + \alpha_m \boldsymbol{x}_m = \boldsymbol{0}$$

となり，$\boldsymbol{x}_1, \boldsymbol{x}_2, \cdots, \boldsymbol{x}_m$ は 1 次従属である． □

定義 1.17 内積 $\langle \cdot, \cdot \rangle$ の与えられた線形空間 V の 2 つのベクトル $\boldsymbol{x}, \boldsymbol{y}$ が $\langle \boldsymbol{x}, \boldsymbol{y} \rangle = 0$ を満たすとき，それらは**直交**するという．

定理 1.22 内積空間 V の $\boldsymbol{0}$ でないベクトル $\boldsymbol{x}_1, \boldsymbol{x}_2, \cdots, \boldsymbol{x}_k$ が互いに直交するとき，それらは 1 次独立である．

（証明） 線形の関係

$$\alpha_1 \boldsymbol{x}_1 + \alpha_2 \boldsymbol{x}_2 + \cdots + \alpha_k \boldsymbol{x}_k = \boldsymbol{0}$$

があれば，これと $\boldsymbol{x}_i$ との内積を取れば $\alpha_i = 0$ が直ちに従う（$i = 1, 2, \cdots, k$）．

□

内積を用いるとベクトルの長さに相当するノルムを考えることができる．

定義 1.18 線形空間 V の各要素 $\boldsymbol{x}$ に次の性質を満足する実数 $\|\boldsymbol{x}\|$ が割り当てられているとき，$\|\boldsymbol{x}\|$ をベクトル $\boldsymbol{x}$ の**ノルム**という．

1） $\|\boldsymbol{x}\| \geq 0, \forall \boldsymbol{x} \in V$ でかつ $\|\boldsymbol{x}\| = 0 \iff \boldsymbol{x} = \boldsymbol{0}$

2） $\|\alpha \boldsymbol{x}\| = |\alpha| \|\boldsymbol{x}\|$

3） $\|\boldsymbol{x} + \boldsymbol{y}\| \leq \|\boldsymbol{x}\| + \|\boldsymbol{y}\|$ （三角不等式）

ノルムをもつ線形空間のことを**ノルム空間**という．

定理 1.23 内積 $\langle \cdot, \cdot \rangle$ の与えられた線形空間 V において，各 $\boldsymbol{x} \in V$ に対し

$$\|\boldsymbol{x}\| = \sqrt{\langle \boldsymbol{x}, \boldsymbol{x} \rangle} \tag{1.55}$$

とすると $\|\boldsymbol{x}\|$ は $\boldsymbol{x}$ のノルムを与える．したがって内積空間はその内積から誘導されるノルムをもつノルム空間になる．

（証明） $\|\boldsymbol{x}\| = \sqrt{\langle \boldsymbol{x}, \boldsymbol{x} \rangle}$ がノルムの性質 1), 2) を満たすことは明らか．3) を満たすことは後述の Schwarz の不等式で示される． □

注意 1.5 ノルムは内積から誘導されるものばかりではない．実際 $\mathbf{R}^n$ には上の定理で示された，Euclid 内積から誘導される **Euclid ノルム**

$$\|\boldsymbol{x}\|_2 = \sqrt{\sum_{i=1}^{n} x_i^2} \tag{1.56}$$

以外にもより一般的に $p \geq 1$ に対し

$$\|\boldsymbol{x}\|_p = \left(\sum_{i=1}^{n} |x_i|^p \right)^{1/p} \tag{1.57}$$

で定義されるノルムが考えられる．$p = 2$ の場合が Euclid ノルムである．また上の式で $p \to \infty$ とした場合の極限に相当する無限大ノルム

$$\|\boldsymbol{x}\|_\infty = \max_{i=1,\cdots,n} |x_i| \tag{1.58}$$

も存在する．また例 1.1 に示したように，$m \times n$ 行列の全体 $\mathcal{M}(m, n)$ は線形空間となるが，そこには

$$\|A\| = \max_{\boldsymbol{x} \neq \boldsymbol{0}} \frac{\|A\boldsymbol{x}\|}{\|\boldsymbol{x}\|} = \max_{\|\boldsymbol{x}\|=1} \|A\boldsymbol{x}\| \tag{1.59}$$

によってノルムを導入することができる．

定理 1.24 内積空間 V の任意の 2 つのベクトル $\boldsymbol{x}, \boldsymbol{y}$ に対し

$$|\langle \boldsymbol{x}, \boldsymbol{y} \rangle| \leq \|\boldsymbol{x}\| \|\boldsymbol{y}\| \tag{1.60}$$

が成り立つ．この不等式を **Schwarz** の不等式という．

（証明） スカラー α に関する 2 次式

$$g(\alpha) = \|\alpha\boldsymbol{x} - \boldsymbol{y}\|^2 = \alpha^2 \|\boldsymbol{x}\|^2 - 2\alpha \langle \boldsymbol{x}, \boldsymbol{y} \rangle + \|\boldsymbol{y}\|^2$$

がすべての α に対して非負であることから，その判別式を考えればよい． □

定義 1.19 内積空間 V のベクトル $\boldsymbol{u}_1, \boldsymbol{u}_2, \cdots, \boldsymbol{u}_k$ が

$$\langle \boldsymbol{u}_i, \boldsymbol{u}_j \rangle = \delta_{ij} = \begin{cases} 1 & i = j \\ 0 & i \neq j \end{cases} \tag{1.61}$$

を満足するとき，$\boldsymbol{u}_1, \boldsymbol{u}_2, \cdots, \boldsymbol{u}_k$ は V の**正規直交系**であるという．すなわち互いに直交する長さ 1 のベクトルからなる集合が正規直交系である．特に $k = \dim V$ であるときそれらは**正規直交基底**であるという．

定理 1.25 n 次元内積空間 V において $\boldsymbol{x}_1, \boldsymbol{x}_2, \cdots, \boldsymbol{x}_n$ がその基底であるとき，これらから次の **Schmidt** の方法で正規直交基底を作ることができる．

$$\begin{aligned} \boldsymbol{u}_1 &= \frac{\boldsymbol{x}_1}{\|\boldsymbol{x}_1\|} \\ \boldsymbol{v}_i &= \boldsymbol{x}_i - \sum_{j=1}^{i-1} \langle \boldsymbol{x}_i, \boldsymbol{u}_j \rangle \boldsymbol{u}_j, \quad \boldsymbol{u}_i = \frac{\boldsymbol{v}_i}{\|\boldsymbol{v}_i\|}, \quad i = 2, \cdots, n \end{aligned} \tag{1.62}$$

（証明） このようにして作った $\boldsymbol{u}_1, \boldsymbol{u}_2, \cdots, \boldsymbol{u}_n$ が正規直交基底であることは容易に確認できる．□

例 1.8 $\mathbf{R}^n$ の標準基底 $\boldsymbol{e}_1, \boldsymbol{e}_2, \cdots, \boldsymbol{e}_n$ は正規直交基底である．例 1.3 で与えた $\boldsymbol{d}_1, \boldsymbol{d}_2, \cdots, \boldsymbol{d}_n$ から Schmidt の方法で正規直交基底を作ると $\boldsymbol{e}_1, \boldsymbol{e}_2, \cdots, \boldsymbol{e}_n$ が得られる．

定理 1.26 内積空間 V に正規直交系 $\boldsymbol{u}_1, \boldsymbol{u}_2, \cdots, \boldsymbol{u}_r$ が与えられたとき，任意の $\boldsymbol{x} \in V$ に対し

$$\sum_{i=1}^{r} |\langle \boldsymbol{x}, \boldsymbol{u}_i \rangle|^2 \leq \|\boldsymbol{x}\|^2 \tag{1.63}$$

が成り立つ（**Bessel** の不等式）．$r = n = \dim V$ のときには等号が成り立つ．逆に $\|\boldsymbol{u}_i\| = 1$ $(i = 1, 2, \cdots, n)$ を満たす $\boldsymbol{u}_1, \boldsymbol{u}_2, \cdots, \boldsymbol{u}_n$ が

$$\sum_{i=1}^{n} |\langle \boldsymbol{x}, \boldsymbol{u}_i \rangle|^2 = \|\boldsymbol{x}\|^2, \quad \forall \boldsymbol{x} \in V \tag{1.64}$$

を満たすならば，それらは V の正規直交基底である．

（証明） 定理 1.10 と上の定理 1.25 からわかるように，$\boldsymbol{u}_1, \boldsymbol{u}_2, \cdots, \boldsymbol{u}_r$ に $\boldsymbol{u}_{r+1}, \cdots, \boldsymbol{u}_n$ を付け加えて，$\boldsymbol{u}_1, \boldsymbol{u}_2, \cdots, \boldsymbol{u}_n$ が V の正規直交基底になるようにすることができる．このとき任意の $\boldsymbol{x} \in V$ は $\boldsymbol{x} = \sum_{i=1}^{n} \alpha_i \boldsymbol{u}_i$ と表すことができるが，これと各 $\boldsymbol{u}_i$ との内積を考えれば，$\alpha_i = \langle \boldsymbol{x}, \boldsymbol{u}_i \rangle$ を得る．よって

$$\|\boldsymbol{x}\|^2 = \langle \boldsymbol{x}, \boldsymbol{x} \rangle = \sum_{i=1}^{n} |\langle \boldsymbol{x}, \boldsymbol{u}_i \rangle|^2 \geq \sum_{i=1}^{r} |\langle \boldsymbol{x}, \boldsymbol{u}_i \rangle|^2$$

逆に等式 (1.64) が成り立つなら，$\boldsymbol{x} = \boldsymbol{u}_i$ ととることにより

$$|\langle \boldsymbol{u}_i, \boldsymbol{u}_i \rangle|^2 + \sum_{j \neq i} |\langle \boldsymbol{u}_i, \boldsymbol{u}_j \rangle|^2 = |\langle \boldsymbol{u}_i, \boldsymbol{u}_i \rangle|^2$$

となるので，$\langle \boldsymbol{u}_i, \boldsymbol{u}_j \rangle = \delta_{ij}$ となることがわかる． □

注意 1.6 上の定理の証明の中でも示されているように，$\boldsymbol{u}_1, \boldsymbol{u}_2, \cdots, \boldsymbol{u}_n$ を V の正規直交基底とすると，任意の $\boldsymbol{x} \in V$ は

$$\boldsymbol{x} = \sum_{i=1}^{n} \langle \boldsymbol{x}, \boldsymbol{u}_i \rangle \boldsymbol{u}_i \tag{1.65}$$

と表すことができる．

定義 1.20 内積空間 V の部分空間に対し，W のすべてのベクトルと直交するようなベクトルの集合

$$W^{\perp} = \{\boldsymbol{x} \in V \mid \langle \boldsymbol{x}, \boldsymbol{y} \rangle = 0, \forall \boldsymbol{y} \in W\} \tag{1.66}$$

を W の**直交補空間**という．

$W^{\perp}$ が部分空間になることは明らかである．このことと次の定理から直交補空間という名称が正当なものであることがわかる．

定理 1.27 V を内積空間，W をその部分空間とすると

$$V = W \oplus W^{\perp} \tag{1.67}$$

が成り立つ．

（証明） まず $\boldsymbol{x} \in W \cap W^{\perp}$ とすると $\langle \boldsymbol{x}, \boldsymbol{x} \rangle = 0$ となるから，$\boldsymbol{x} = \boldsymbol{0}$，すなわち $W \cap W^{\perp} = \{\boldsymbol{0}\}$ である．次に $\dim W = r$ とし，$\boldsymbol{u}_1, \cdots, \boldsymbol{u}_r$ を W の正規直交基底とする．任意の $\boldsymbol{x} \in V$ に対し，

$$\boldsymbol{x}_1 = \sum_{i=1}^{r} \langle \boldsymbol{x}, \boldsymbol{u}_i \rangle \boldsymbol{u}_i, \quad \boldsymbol{x}_2 = \boldsymbol{x} - \boldsymbol{x}_1$$

とする．$\boldsymbol{x}_1 \in W$ であり，

$$\langle \boldsymbol{x}_2, \boldsymbol{u}_i \rangle = \langle \boldsymbol{x}, \boldsymbol{u}_i \rangle - \langle \boldsymbol{x}_1, \boldsymbol{u}_i \rangle = 0, \quad i = 1, 2, \cdots, r$$

であるから $\boldsymbol{x}_2 \in W^{\perp}$ が成り立つ．よって定理 1.8 から $V = W \oplus W^{\perp}$ が成り立つ． □

直交補空間に関しては次のような性質が成り立つ.

定理 1.28 V を内積空間, W_1, W_2 をその部分空間とすると

1) $(W_1^\perp)^\perp = W_1$

2) $W_1 \subseteq W_2 \iff W_1^\perp \supseteq W_2^\perp$

3) $(W_1 + W_2)^\perp = W_1^\perp \cap W_2^\perp$

4) $(W_1 \cap W_2)^\perp = W_1^\perp + W_2^\perp$

(証明) 1) $W_1 \subseteq (W_1^\perp)^\perp$ なることは定義から明らか. 定理 1.27 と系 1.2 より

$$\dim\,(W_1^\perp)^\perp = \dim\,V - \dim\,W_1^\perp = n - (n - \dim\,W_1) = \dim\,W_1$$

したがって $W_1 = (W_1^\perp)^\perp$ である.

2) 定義から明らか.

3) $W_1 + W_2 \supseteq W_1, W_2$ より $(W_1 + W_2)^\perp \subseteq W_1^\perp \cap W_2^\perp$. 逆に $\boldsymbol{y} \in W_1^\perp \cap W_2^\perp$ とすると任意の $\boldsymbol{x} = \boldsymbol{x}_1 + \boldsymbol{x}_2$, $\boldsymbol{x}_1 \in W_1$, $\boldsymbol{x}_2 \in W_2$ に対し

$$\langle \boldsymbol{x}, \boldsymbol{y} \rangle = \langle \boldsymbol{x}_1, \boldsymbol{y} \rangle + \langle \boldsymbol{x}_2, \boldsymbol{y} \rangle = 0$$

であるから, $\boldsymbol{y} \in (W_1 + W_2)^\perp$ となる.

4) 3)で W_1 として $W_1^\perp$, W_2 として $W_2^\perp$ を取ればよい. □

A を $m \times n$ 実行列とすると, その転置行列は $n \times m$ の実行列となりこれも線形写像である. $\mathbf{R}^n$ と $\mathbf{R}^m$ に Euclid 内積を考えると, $\boldsymbol{x} \in \mathbf{R}^n$ と $\boldsymbol{y} \in \mathbf{R}^m$ に対し

$$\langle A\boldsymbol{x}, \boldsymbol{y} \rangle = \sum_{i=1}^{m} \left(\sum_{j=1}^{n} a_{ij} x_j \right) y_i = \sum_{j=1}^{n} \left(\sum_{i=1}^{m} a_{ij} y_i \right) x_j = \langle \boldsymbol{x}, A^\top \boldsymbol{y} \rangle \qquad (1.68)$$

が成り立つ. ここで最左辺の内積は $\mathbf{R}^m$ における Euclid 内積で最右辺における内積は $\mathbf{R}^n$ における Euclid 内積である. このことから $A, A^\top$ の像や核の間に以下のような非常に重要な関係が成り立つ.

定理 1.29 A を $m \times n$ 実行列とすると, Ker A と Im $A^\top$ は互いに $\mathbf{R}^n$ における直交補空間である. 同様に Ker $A^\top$ と Im A は互いに $\mathbf{R}^m$ における直交補

空間である.

(証明)　$(\mathrm{Im}\ A^\top)^\perp = \mathrm{Ker}\ A$ であることを示す.

$$\langle A\boldsymbol{x}, \boldsymbol{y}\rangle = \langle \boldsymbol{x}, A^\top \boldsymbol{y}\rangle, \quad \forall \boldsymbol{x} \in \mathbf{R}^n, \quad \forall \boldsymbol{y} \in \mathbf{R}^m$$

であることに注意すると

$$\boldsymbol{x} \in \mathrm{Ker}\ A \iff A\boldsymbol{x} = \boldsymbol{0} \iff \langle A\boldsymbol{x}, \boldsymbol{y}\rangle = 0, \forall \boldsymbol{y} \in \mathbf{R}^m$$
$$\boldsymbol{x} \in (\mathrm{Im}\ A^\top)^\perp \iff \langle \boldsymbol{x}, A^\top \boldsymbol{y}\rangle = 0, \forall \boldsymbol{y} \in \mathbf{R}^m$$

であるから，結論が従う．後半は A と $A^\top$ を置き換えれば同様に示すことができる．□

系 1.5　$m \times n$ 実行列 A の定義域を $\mathrm{Im}\ A^\top$ に制限すると，これは $\mathrm{Im}\ A$ を値域にもつ全単射である．同様に $A^\top$ の定義域を $\mathrm{Im}\ A$ に制限すると，$\mathrm{Im}\ A^\top$ を値域にもつ全単射になる.

(証明)　A の定義域を $\mathrm{Im}\ A^\top$ に制限した線形写像を $\tilde{A}$ とすると，$\mathrm{Im}\ \tilde{A} = \mathrm{Im}\ A$ であることは明らか．すなわち全射である．定理から $\mathrm{Ker}\ \tilde{A} = \{\boldsymbol{0}\}$ であるから，単射にもなる．後半も同様にして示せる．□

系 1.6　$m \times n$ 実行列 A に対し

$$\mathrm{rank}\ A^\top = \mathrm{rank}\ A \tag{1.69}$$

(証明)　定理から

$$\mathrm{rank}\ A^\top = \dim\ (\mathrm{Im}\ A^\top) = n - \dim\ (\mathrm{Ker}\ A)$$

一方で次元定理により

$$\mathrm{rank}\ A = \dim\ (\mathrm{Im}\ A) = n - \dim\ (\mathrm{Ker}\ A)$$

よって $\mathrm{rank}\ A^\top = \mathrm{rank}\ A$. □

1.6　等長変換と直交行列

内積空間での線形写像では，内積の値が保存される場合がある．それが等長写像と呼ばれるものである.

定義 1.21 内積空間 V から内積空間 W への線形写像 $f : V \to W$ は

$$\langle f(\boldsymbol{x}), f(\boldsymbol{y})\rangle = \langle \boldsymbol{x}, \boldsymbol{y}\rangle, \quad \forall \boldsymbol{x}, \boldsymbol{y} \in V \tag{1.70}$$

を満たすとき等長写像であるといわれる．特に $V = W$ のときは V 上の等長変換であるといわれる．

注意 1.7 上の定義式の左辺と右辺の内積はそれぞれ W, V におけるものであり，当然一般には異なったものである．ただし式を見やすいものにするため同じ記号を用いている．

定理 1.30 f を内積空間 V から内積空間 W への等長写像とすると

$$\|f(\boldsymbol{x})\| = \|\boldsymbol{x}\|, \quad \forall \boldsymbol{x} \in V \tag{1.71}$$

が成り立つ．逆も成り立つ（したがって，この式を等長写像の定義に用いてもよいことになるし，実際その方が直観的である）．

（証明） 等長写像に対して上式が成り立つことは明らかである．逆は任意の $\boldsymbol{x}, \boldsymbol{y} \in V$ に対し

$$\|f(\boldsymbol{x}) + f(\boldsymbol{y})\| = \|f(\boldsymbol{x} + \boldsymbol{y})\| = \|\boldsymbol{x} + \boldsymbol{y}\|$$

から両辺を 2 乗して比較すれば示される．□

系 1.7 f を内積空間 V から内積空間 W への等長写像とすると，f は単射である．特に $\dim V = \dim W$ ならば，f は同形写像である．

（証明） もし $f(\boldsymbol{x}) = \boldsymbol{0}$ ならば $\|\boldsymbol{x}\| = \|f(\boldsymbol{x})\| = 0$，すなわち $\mathrm{Ker}\, f = \{\boldsymbol{0}\}$ となることから明らかである（定理 1.15 参照）．□

定理 1.31 f を内積空間 V 上の等長変換とする．$\boldsymbol{x}_1, \boldsymbol{x}_2, \cdots, \boldsymbol{x}_n$ を V の正規直交基底とすると，$f(\boldsymbol{x}_1), f(\boldsymbol{x}_2), \cdots, f(\boldsymbol{x}_n)$ も正規直交基底になる．

（証明） $\langle f(\boldsymbol{x}_i), f(\boldsymbol{x}_j)\rangle = \langle \boldsymbol{x}_i, \boldsymbol{x}_j\rangle = \delta_{ij}$ より明らかである．□

では，特に $\mathbf{R}^n$ 上の線形変換である $n \times n$ 実行列 A が等長変換になるのは

どのようなときであろうか．任意の $\boldsymbol{x} \in \mathbf{R}^n$ に対し $\|A\boldsymbol{x}\| = \|\boldsymbol{x}\|$ の両辺を 2 乗すると

$$\boldsymbol{x}^\top(A^\top A - I)\boldsymbol{x} = 0$$

が得られる．これから $A^\top A = I$ となる．

定義 1.22 $n \times n$ 実行列 A は，

$$A^\top A = I \tag{1.72}$$

を満たすとき，**直交行列**であるといわれる．なお，A が複素行列の場合には

$$A^* A = I \tag{1.73}$$

を満たすとき**ユニタリ行列**であるといわれる（A^* は共役転置行列）．

等長変換を表現する行列が直交行列であるという言い方もできる．

例 1.9 直交行列の代表的な例として回転がある．2 次元ではベクトル $\boldsymbol{x} \in \mathbf{R}^2$ を反時計回りに θ だけ回転するには，行列

$$\begin{bmatrix} \cos\theta & -\sin\theta \\ \sin\theta & \cos\theta \end{bmatrix} \tag{1.74}$$

を左から掛ければよいことは容易にわかる．これが直交行列であることは明らかである．

例 1.10 各行，各列に 1 に等しい成分が 1 つだけあり，他の成分はすべて 0 であるような正方行列を置換行列という．置換行列は次のような性質をもつ．

1）置換行列は直交行列である．

2）置換行列の転置も置換行列である．

3）置換行列の積は置換行列である．

1.7 射影と射影行列

定義 1.23 線形空間 V に対し，U, W は V の部分空間でお互いに補空間になっている，すなわち $V = U \oplus W$ であるとする．各 $\boldsymbol{x} \in V$ は

$$\boldsymbol{x} = \boldsymbol{y} + \boldsymbol{z}, \quad \boldsymbol{y} \in U, \quad \boldsymbol{z} \in W$$

と一意的な分解が可能である．このとき各 $\boldsymbol{x} \in V$ に上の分解の $\boldsymbol{y} \in U$ を対応させる線形変換 $f : V \to V$ を W に沿っての U 上への**射影作用素**あるいは簡単に**射影**という．

注意 1.8 射影が実際に線形変換であることは明らかである．また，恒等変換を I としたとき $I - f$ は U に沿っての W 上への射影となる．

射影 f を考えると $f^2(= f \circ f) = f$ になることは明らかである．実はこの逆も次のような形で成り立つので，射影の定義を $f^2 = f$ で与えることもある．

定理 1.32 線形空間 V 上の線形変換 f が $f^2 = f$ を満たすとき，以下が成り立ち，f は $\mathrm{Ker}\, f$ に沿っての $\mathrm{Im}\, f$ 上への射影である．

1) $\mathrm{Ker}\, f = \mathrm{Im}\,(I - f)$

2) $\mathrm{Im}\, f = \mathrm{Ker}\,(I - f)$

3) $\mathrm{V} = \mathrm{Im}\, f \oplus \mathrm{Ker}\, f$

（証明） 1) $\boldsymbol{x} \in \mathrm{Ker}\, f$ とすると $\boldsymbol{x} = \boldsymbol{x} - f(\boldsymbol{x}) = (I - f)(\boldsymbol{x})$．よって $\boldsymbol{x} \in \mathrm{Im}\,(I - f)$．逆に $\boldsymbol{x} \in \mathrm{Im}\,(I - f)$ とすると，ある $\boldsymbol{y} \in V$ に対し $\boldsymbol{x} = \boldsymbol{y} - f(\boldsymbol{y})$．よって $f(\boldsymbol{x}) = f(\boldsymbol{y}) - f(f(\boldsymbol{y})) = f(\boldsymbol{y}) - f(\boldsymbol{y}) = \boldsymbol{0}$．よって $\boldsymbol{x} \in \mathrm{Ker}\, f$ である．

2) 1)と同様に示すことができる．

3) 任意の $\boldsymbol{x} \in V$ に対し $\boldsymbol{x} = f(\boldsymbol{x}) + (I - f)(\boldsymbol{x})$ であるから 1)の結果に注意すると

$$V = \mathrm{Im}\ f + \mathrm{Ker}\ f$$

である．今 $\boldsymbol{x} \in \mathrm{Im}\ f \cap \mathrm{Ker}\ f$ とすると，ある $\boldsymbol{y} \in V$ に対し $\boldsymbol{x} = f(\boldsymbol{y})$ であるから，

$$\boldsymbol{0} = f(\boldsymbol{x}) = f(f(\boldsymbol{y})) = f(\boldsymbol{y}) = \boldsymbol{x}$$

となる．これより V= $\mathrm{Im}\ f \oplus \mathrm{Ker}\ f$ が成り立つ（定理 1.8 参照）．□

特に V が内積空間の場合 $W = U^{\perp}$ に取ることができる．この場合 $U^{\perp}$ に沿っての U 上への射影を正射影あるいは直交射影という．

特に $V = \mathbf{R}^n$ の場合を考えると射影行列の概念が定義できる．射影行列を P で表すと $f^2 = f$ に対応する性質が $P^2 = P$ であり，正射影の場合には $P^{\top} = P$ が成り立つ．実際

$$\boldsymbol{x} = \boldsymbol{x}_1 + \boldsymbol{x}_2, \quad \boldsymbol{x}_1 \in U, \quad \boldsymbol{x}_2 \in U^{\perp}$$
$$\boldsymbol{y} = \boldsymbol{y}_1 + \boldsymbol{y}_2, \quad \boldsymbol{y}_1 \in U, \quad \boldsymbol{y}_2 \in U^{\perp}$$

とすると，

$$\langle \boldsymbol{x}, P\boldsymbol{y} \rangle = \langle \boldsymbol{x}_1 + \boldsymbol{x}_2, \boldsymbol{y}_1 \rangle = \langle \boldsymbol{x}_1, \boldsymbol{y}_1 \rangle = \langle \boldsymbol{x}_1, \boldsymbol{y}_1 + \boldsymbol{y}_2 \rangle = \langle P\boldsymbol{x}, \boldsymbol{y} \rangle = \langle \boldsymbol{x}, P^{\top}\boldsymbol{y} \rangle$$

が成り立つので $P = P^{\top}$ である．逆に $P = P^{\top}$ とすると，任意の $\boldsymbol{x} \in \mathbf{R}^n$ に対し

$$\langle P\boldsymbol{x}, \boldsymbol{x} - P\boldsymbol{x} \rangle = \langle P\boldsymbol{x}, \boldsymbol{x} \rangle - \langle P^{\top}P\boldsymbol{x}, \boldsymbol{x} \rangle = \langle P\boldsymbol{x}, \boldsymbol{x} \rangle - \langle P^2\boldsymbol{x}, \boldsymbol{x} \rangle = 0$$

である．

定義 1.24　$n \times n$ 行列 P が $P^2 = P$ を満たす場合射影行列であるという．さらに $P^{\top} = P$ が成り立つ場合直交射影行列（あるいは正射影行列）であるという．

定理 1.33　P が $\mathbf{R}^n$ の部分空間 W への正射影行列であれば，任意の $\boldsymbol{x} \in \mathbf{R}^n$ と任意の $\boldsymbol{y} \in W$ に対し

$$\|\boldsymbol{x} - P\boldsymbol{x}\| \leq \|\boldsymbol{x} - \boldsymbol{y}\| \tag{1.75}$$

が成り立つ.

(証明) $\boldsymbol{y} \in W$ に対し $P\boldsymbol{y} = \boldsymbol{y}$ であることに注意すると

$$\langle \boldsymbol{x} - P\boldsymbol{x}, \boldsymbol{y} - P\boldsymbol{x} \rangle = \langle (I-P)\boldsymbol{x}, P(\boldsymbol{y}-\boldsymbol{x}) \rangle = \langle \boldsymbol{x}, (P-P^2)(\boldsymbol{y}-\boldsymbol{x}) \rangle = 0$$

よって

$$\begin{aligned} \|\boldsymbol{x}-\boldsymbol{y}\|^2 &= \|\boldsymbol{x} - P\boldsymbol{x} - (\boldsymbol{y} - P\boldsymbol{x})\|^2 \\ &= \|\boldsymbol{x} - P\boldsymbol{x}\|^2 + \|\boldsymbol{y} - P\boldsymbol{x}\|^2 \geq \|\boldsymbol{x} - P\boldsymbol{x}\|^2 \ \square \end{aligned}$$

注意 1.9 P が W への正射影行列であれば, $I-P$ は $W^\perp$ への正射影行列である. 実際 $\boldsymbol{x} = \boldsymbol{x}_1 + \boldsymbol{x}_2$, $\boldsymbol{x}_1 \in W$, $\boldsymbol{x}_2 \in W^\perp$ に対し

$$(I-P)\boldsymbol{x} = \boldsymbol{x}_1 + \boldsymbol{x}_2 - P\boldsymbol{x}_1 - P\boldsymbol{x}_2 = \boldsymbol{x}_1 + \boldsymbol{x}_2 - \boldsymbol{x}_1 - \boldsymbol{0} = \boldsymbol{x}_2$$

注意 1.10 $W \subset \mathbf{R}^n$ で $n \times m$ 行列 A が, $\mathrm{Im}\ A = W$, $\mathrm{rank}\ A = m$ を満たすとき, W 上への正射影行列は

$$P = A(A^\top A)^{-1} A^\top \tag{1.76}$$

で与えられる. 実際, $\boldsymbol{x} \in W$ に対してはある $\boldsymbol{y} \in \mathbf{R}^m$ に対して $\boldsymbol{x} = A\boldsymbol{y}$ なので

$$P\boldsymbol{x} = A(A^\top A)^{-1} A^\top A\boldsymbol{y} = A\boldsymbol{y} = \boldsymbol{x}$$

であり, 一方 $\boldsymbol{x} \in (\mathrm{Im}\ A)^\perp = \mathrm{Ker}\ A^\top$ に対しては明らかに $P\boldsymbol{x} = \boldsymbol{0}$ である.

例 1.11 簡単な例として $\mathbf{R}^3$ において $W = \mathrm{span}\,[\,[1\ 1\ 0]^\top, [0\ 0\ 1]^\top\,]$ 上への射影行列は

$$P = \begin{bmatrix} 1 & 0 \\ 1 & 0 \\ 0 & 1 \end{bmatrix} \left(\begin{bmatrix} 1 & 1 & 0 \\ 0 & 0 & 1 \end{bmatrix} \begin{bmatrix} 1 & 0 \\ 1 & 0 \\ 0 & 1 \end{bmatrix} \right)^{-1} \begin{bmatrix} 1 & 1 & 0 \\ 0 & 0 & 1 \end{bmatrix}$$

$$= \begin{bmatrix} \frac{1}{2} & \frac{1}{2} & 0 \\ \frac{1}{2} & \frac{1}{2} & 0 \\ 0 & 0 & 1 \end{bmatrix}$$

で与えられる.

1.8　第 1 章のまとめと参考書

この章では，線形空間（ベクトル空間）に関する基礎事項をまとめた．システム工学や制御工学においては，対象を記述するのにその特性や状態を多くは有限次元の線形空間の要素として捉える．特性に対する線形の作用や状態の線形の動きは，線形写像として捉えた行列をかけることで表現される．このようなスタンスは写像の概念を重要視した布川・中山・谷野[2)]の姿勢をさらに進めたものである．

線形代数の教科書は非常に多くのものが出版されている．定評のある佐竹[18)]，齋藤[17)]，松坂[14)] に加えて今世紀に入ってからもそれぞれ特徴のある良著がいくつか見られるので以下に挙げてある．比較的初等的な内容でわかりやすいのは三宅[15)] がある．経済学を学ぶひとたちへと銘うっているが小山の 4 冊[10〜13)] は分量も豊富なだけに説明が丁寧になされている．また制御工学やシステム理論を専門とする児玉・須田[9)]，木村[8)]，太田[16)] などは，本書で抜け落ちている部分をカバーしており，制御理論をより専門的に学ぼうと思う人たちには大いに参考になると思う．また OR の分野でも高名な伊理の著書[4〜6)] は数値解析の観点からの内容が豊富であり，特に最新のものは一読を薦めたい．

文　　献

1)　新井仁之，『線形代数』，日本評論社 (2006)
2)　布川 昊・中山弘隆・谷野哲三，『線形代数と凸解析』，コロナ社 (1991)
3)　長谷川浩司，『線型代数』，日本評論社 (2004)
4)　伊理正夫，『線形代数 I・II』，岩波講座応用数学，岩波書店 (1994)
5)　伊理正夫，『線形代数汎論』，朝倉書店 (2009)
6)　伊理正夫，韓 太舜，『線形代数』，教育出版 (1977)
7)　川久保勝夫，『線形代数学』，日本評論社 (1999)
8)　木村英紀，『線形代数』，東京大学出版会 (2003)
9)　児玉慎三・須田信英，『システム制御のためのマトリクス理論』，計測自動制御学会 (1978)
10)　小山昭雄，『線型代数の基礎　上』，新装版 経済数学教室，岩波書店 (2010)
11)　小山昭雄，『線型代数の基礎　下』，新装版 経済数学教室，岩波書店 (2010)

12) 小山昭雄,『線型代数と位相　上』, 新装版 経済数学教室, 岩波書店 (2010)
13) 小山昭雄,『線型代数と位相　下』, 新装版 経済数学教室, 岩波書店 (2010)
14) 松坂和夫,『線形代数入門』, 岩波書店 (1980)
15) 三宅敏恒,『線形代数学』, 培風館 (2008)
16) 太田快人,『システム制御のための数学 (1) 線形代数編』, コロナ社 (2000)
17) 齋藤正彦,『線型代数入門』, 東京大学出版会 (1966)
18) 佐武一郎,『線型代数学』, 裳華房 (1958)
19) 砂田利一,『行列と行列式』, 岩波講座現代数学への入門, 岩波書店 (1996)

2

固有値とJordan標準形

2.1　固有値と固有ベクトル

線形代数において固有値，固有ベクトルの重要性は極めて大きいものがある．本書の後半の各章においても，システム工学，制御工学の分野でその果たす役割のいくつかを紹介する予定である．

まず固有値と固有ベクトルの定義を与えよう．

定義 2.1　A を $n \times n$ 行列とするとき，$\mathbf{0}$ でない n 次元ベクトル $\boldsymbol{x}$ とスカラー λ に関して

$$A\boldsymbol{x} = \lambda\boldsymbol{x} \tag{2.1}$$

が成り立つとき，λ を行列 A の固有値，$\boldsymbol{x}$ を対応する固有ベクトルという．

注意 2.1　ベクトル $\boldsymbol{x}$ に線形変換 A を施したときに，その結果が $\boldsymbol{x}$ をスカラー倍したものになるとき，$\boldsymbol{x}$ のことを固有ベクトルといい，そのスカラーのことを固有値という．したがって，より一般に体 $\boldsymbol{F}$ 上の線形空間 V と V 上の線形変換 f を考えたとき

$$f(\boldsymbol{x}) = \lambda\boldsymbol{x}, \quad \lambda \in \boldsymbol{F}, \quad \boldsymbol{x} \neq \mathbf{0} \in V \tag{2.2}$$

が成り立てば，λ，$\boldsymbol{x}$ をそれぞれ f の固有値，固有ベクトルという．

固有値，固有ベクトルの定義式は $\boldsymbol{x} \in \mathrm{Ker}\ (\lambda I - A)$ と書くことができる．

したがって，λ が固有値になるためには，$\mathrm{Ker}\ (\lambda I - A) \neq \{\mathbf{0}\}$ であることが必要十分である．行列式を用いるとこの条件は

$$\varphi_A(\lambda) = \det\ (\lambda I - A) = 0 \tag{2.3}$$

と同値である．行列 $\lambda I - A$ を A の特性行列，上の方程式を**特性方程式**と呼び，その根を**特性根**という．また λ に関する多項式 φ_A のことを A の**特性多項式**あるいは**固有多項式**という．この用語を用いると固有値は特性根になる．ただこの逆には問題がある．というのは，例えば実行列を考えた場合特性多項式は実係数の多項式になるが，その根（つまり特性根）は必ずしも実数とは限らず一般に複素数になる（このことを「実数体は代数的に閉じていない」という）からである．この点に注意すると次の定理が成り立つ．

定理 2.1 実数 λ が実行列 A の固有値になるための必要十分条件は，λ が A の実数特性根になることである．複素行列の場合には（複素）固有値と特性根は完全に同じものである．

例 2.1 行列

$$A = \begin{bmatrix} 1 & 1 \\ -1 & 1 \end{bmatrix}$$

を考えれば，特性方程式は

$$\varphi_A(\lambda) = (\lambda - 1)^2 + 1 = 0$$

となるので，特性根は $1 \pm i$ である．したがって実数の固有値は存在しない．複素数の範囲で考えると $1 \pm i$ が固有値になり，対応する固有ベクトルは $\begin{bmatrix} 1 \\ \pm i \end{bmatrix}$ である（複号同順）．

上のことに注意して，本章では行列 A は実正方行列とするが，固有値，固有ベクトルは複素数の範囲で考えることにする．このとき $n \times n$ 行列 A の特性多項式は，相異なる固有値を $\lambda_1, \lambda_2, \cdots, \lambda_p$ とすると

$$\varphi_A(\lambda) = (\lambda - \lambda_1)^{\nu_1}(\lambda - \lambda_2)^{\nu_2} \cdots (\lambda - \lambda_p)^{\nu_p} \tag{2.4}$$

の形になる．もちろん φ_A は λ の n 次多項式であるから $\nu_1+\nu_2+\cdots+\nu_p=n$ である．

定義 2.2 $n\times n$ 行列 A の固有値 λ_i に対し，$E_A(\lambda_i)=\mathrm{Ker}\ (A-\lambda_i I)$ を対応する**固有空間**といい，その次元 $\mu_i=\dim E_A(\lambda_i)$ を λ_i の**幾何的重複度**という．これに対し，特性多項式の項 $(\lambda-\lambda_i)^{\nu_i}$ の次数 ν_i を λ_i の**代数的重複度**という．空間 $F_A(\lambda_i)=\mathrm{Ker}\ (A-\lambda_i I)^{\nu_i}$ を λ_i に対応する**一般化固有空間**という．

注意 2.2 定義から明らかなように

$$E_A(\lambda_i)\subseteq F_A(\lambda_i),\quad i=1,2,\cdots,p \tag{2.5}$$

である．

定義 2.3 $n\times n$ 行列 A, A' に対し正則な $n\times n$ 行列 T が存在して

$$A'=T^{-1}AT \tag{2.6}$$

が成り立つとき，A と A' は**相似**であるという．記号では $A\sim A'$ と書く．

注意 2.3 行列の相似という関係 $\sim$ は同値関係になる，すなわち

1）反射律：$A\sim A$

2）対称律：$A\sim B\Longrightarrow B\sim A$

3）推移律：$A\sim B,\ B\sim C\Longrightarrow A\sim C$

を満足することは容易にわかる．

定理 2.2 2 つの相似な行列の固有値は完全に一致する．

（証明） $A\sim A'$ とすると，特性多項式が

$$\begin{aligned}\det\ (\lambda I-A')&=\det\ (\lambda I-T^{-1}AT)=\det\ T^{-1}(\lambda I-A)T\\&=\det\ (T^{-1})\cdot\det\ (\lambda I-A)\cdot\det\ T=\det\ (\lambda I-A)\end{aligned}$$

となることより自明である．□

定理 2.3 正方行列 A の相異なる固有値に対する固有ベクトルは 1 次独立である．

（証明） A の相異なる固有値を $\lambda_1, \lambda_2, \cdots, \lambda_p$ とし，対応する固有ベクトルを $\boldsymbol{x}_1, \boldsymbol{x}_2, \cdots, \boldsymbol{x}_p$ とする．このうち 1 次独立なものの最大個数を $q < p$ とし，一般性を失うことなく，$\boldsymbol{x}_1, \boldsymbol{x}_2, \cdots, \boldsymbol{x}_q$ は 1 次独立だが $\boldsymbol{x}_1, \boldsymbol{x}_2, \cdots, \boldsymbol{x}_q, \boldsymbol{x}_{q+1}$ は 1 次独立でないとする．このとき

$$\boldsymbol{x}_{q+1} = \alpha_1 \boldsymbol{x}_1 + \alpha_2 \boldsymbol{x}_2 + \cdots + \alpha_q \boldsymbol{x}_q$$

と表せる．この式の両辺に左から A を施すと，

$$\lambda_{q+1} \boldsymbol{x}_{q+1} = \alpha_1 \lambda_1 \boldsymbol{x}_1 + \alpha_2 \lambda_2 \boldsymbol{x}_2 + \cdots + \alpha_q \lambda_q \boldsymbol{x}_q$$

となる．一方元の式に λ_{q+1} を掛ければ

$$\lambda_{q+1} \boldsymbol{x}_{q+1} = \alpha_1 \lambda_{q+1} \boldsymbol{x}_1 + \alpha_2 \lambda_{q+1} \boldsymbol{x}_2 + \cdots + \alpha_q \lambda_{q+1} \boldsymbol{x}_q$$

$\boldsymbol{x}_1, \boldsymbol{x}_2, \cdots, \boldsymbol{x}_q$ は 1 次独立であるので，$\alpha_i \lambda_i = \alpha_i \lambda_{q+1} (i = 1, 2, \cdots, q)$ が成り立つ．少なくとも 1 つの $\alpha_i \neq 0$ が成り立つので，$\lambda_{q+1} = \lambda_i$ となるが，これは相異なる固有値という仮定に矛盾する．よって $q = p$，すなわち固有ベクトル $\boldsymbol{x}_1, \boldsymbol{x}_2, \cdots, \boldsymbol{x}_p$ は 1 次独立である．□

系 2.1 $n \times n$ 行列 A の固有値がすべて相異なるとき，A はそれらの固有値を対角成分にもつ対角行列に相似である．

（証明） A の固有値を $\lambda_1, \lambda_2, \cdots, \lambda_n$ とし，対応する固有ベクトルを $\boldsymbol{x}_1, \boldsymbol{x}_2, \cdots, \boldsymbol{x}_n$ とする．$\boldsymbol{x}_1, \boldsymbol{x}_2, \cdots, \boldsymbol{x}_n$ は 1 次独立なのでそれらを列ベクトルにもつ行列 $T = [\boldsymbol{x}_1 \ \boldsymbol{x}_2 \ \cdots \ \boldsymbol{x}_n]$ は正則である．このとき

$$\begin{aligned} AT &= A \, [\boldsymbol{x}_1 \ \boldsymbol{x}_2 \ \cdots \ \boldsymbol{x}_n] = [\lambda_1 \boldsymbol{x}_1 \ \lambda_2 \boldsymbol{x}_2 \ \cdots \ \lambda_n \boldsymbol{x}_n] \\ &= [\boldsymbol{x}_1 \ \boldsymbol{x}_2 \ \cdots \ \boldsymbol{x}_n] \begin{bmatrix} \lambda_1 & \cdots & 0 \\ \vdots & \ddots & \vdots \\ 0 & \cdots & \lambda_n \end{bmatrix} \end{aligned} \tag{2.7}$$

となるので，この両辺に左から T^{-1} を掛ければよい．□

例 2.2 Fibonacci 数列は

$$f_0 = 0, \quad f_1 = 1, \quad f_{k+2} = f_{k+1} + f_k \ (k = 0, 1, 2, \cdots) \tag{2.8}$$

によって定まるが，これを差分方程式

$$\begin{bmatrix} f_{k+2} \\ f_{k+1} \end{bmatrix} = \begin{bmatrix} 1 & 1 \\ 1 & 0 \end{bmatrix} \begin{bmatrix} f_{k+1} \\ f_k \end{bmatrix} \tag{2.9}$$

によって表すことができる．行列 $A = \begin{bmatrix} 1 & 1 \\ 1 & 0 \end{bmatrix}$ の固有値は，$\lambda_1 = \dfrac{1+\sqrt{5}}{2}$，$\lambda_2 = \dfrac{1-\sqrt{5}}{2}$ で，対応する固有ベクトルは $\boldsymbol{x}_1 = \begin{bmatrix} \lambda_1 \\ 1 \end{bmatrix}$, $\boldsymbol{x}_2 = \begin{bmatrix} \lambda_2 \\ 1 \end{bmatrix}$ となる．今 $T = \begin{bmatrix} \lambda_1 & \lambda_2 \\ 1 & 1 \end{bmatrix}$, $\begin{bmatrix} f_{k+1} \\ f_k \end{bmatrix} = T\boldsymbol{g}^k$ とおくと，$\boldsymbol{g}^0 = \dfrac{1}{\sqrt{5}} \begin{bmatrix} 1 \\ -1 \end{bmatrix}$ で

$$\boldsymbol{g}^{k+1} = T^{-1} \begin{bmatrix} 1 & 1 \\ 1 & 0 \end{bmatrix} T\boldsymbol{g}^k = \begin{bmatrix} \lambda_1 & 0 \\ 0 & \lambda_2 \end{bmatrix} \boldsymbol{g}^k$$

より

$$\boldsymbol{g}^k = \frac{1}{\sqrt{5}} \begin{bmatrix} \lambda_1^k \\ -\lambda_2^k \end{bmatrix}$$

となる．したがって

$$f_k = \frac{1}{\sqrt{5}} \left[\left(\frac{1+\sqrt{5}}{2} \right)^k - \left(\frac{1-\sqrt{5}}{2} \right)^k \right] \tag{2.10}$$

が得られる．

定理 2.4 正方行列 A の固有値 λ に対応する固有空間 $E_A(\lambda)$，一般化固有空間 $F_A(\lambda)$ は A 不変部分空間である．

（証明） 一般化固有空間の場合を示しておく．固有空間の場合もまったく同様に示すことができる．$\boldsymbol{x} \in F_A(\lambda)$ とすると，$(A - \lambda I)^\nu \boldsymbol{x} = \boldsymbol{0}$ であるから

$$(A - \lambda I)^\nu A\boldsymbol{x} = (A - \lambda I)^\nu (A - \lambda I)\boldsymbol{x} = (A - \lambda I)(A - \lambda I)^\nu \boldsymbol{x} = \boldsymbol{0}$$

よって $A\boldsymbol{x} \in F_A(\lambda)$ である．□

固有値の値の範囲に関しては，例えば特性方程式の根と係数の関係から，λ^{n-1} の項の係数と定数項に着目すれば直ちに次の結果が成り立つ．

定理 2.5 $n \times n$ 行列 $A = [a_{ij}]$ の固有値を重複を許して $\lambda_1, \lambda_2, \cdots, \lambda_n$ とすると

$$\sum_{i=1}^{n} \lambda_i = \text{trace } A = \sum_{i=1}^{n} a_{ii} \tag{2.11}$$

$$\prod_{i=1}^{n} \lambda_i = \det A \tag{2.12}$$

が成り立つ．

定義 2.4 A の固有値の集合を A のスペクトルといい，固有値の絶対値の最大のものを $\rho(A)$ で表し，A のスペクトル半径という．

定理 2.6 行列 A のスペクトル半径は次の不等式を満たす．

$$\rho(A) \leq \|A\| = \max_{\boldsymbol{x} \in \mathbf{C}^n} \frac{\|A\boldsymbol{x}\|}{\|\boldsymbol{x}\|} = \max_{\|\boldsymbol{x}\|=1} \|A\boldsymbol{x}\| \tag{2.13}$$

（証明） $\rho(A) = |\lambda_k| = \max_{i=1,2,\cdots,n} |\lambda_i|$ とし λ_k に対応する固有ベクトルを $\boldsymbol{x}_k$ とすると

$$\rho(A) = \frac{\|A\boldsymbol{x}_k\|}{\|\boldsymbol{x}_k\|} \leq \|A\|$$

が従う．□

対角行列に対しては固有値はもちろん対角成分と一致する．一般の行列に対しても固有値の存在範囲は対角成分に大きく支配される．それが次の定理である．

定理 2.7（**Gershgorin の定理**） $n \times n$ 行列 $A = [a_{ij}]$ に対し

$$C_i = \{z \in \mathbf{C} \mid |z - a_{ii}| \leq r_i\}, \quad r_i = \sum_{j \neq i} |a_{ij}|, \quad i = 1, 2, \cdots, n \tag{2.14}$$

とする．A の任意の固有値 λ はいずれかの C_i の中にある．

(証明) A の固有値 λ と対応する固有ベクトル $\boldsymbol{x} = [x_1, \cdots, x_n]^\top$ を取る．固有値の定義から

$$\sum_{j=1}^{n} a_{ij} x_j = \lambda x_i, \quad i = 1, 2, \cdots, n$$

である．$\boldsymbol{x} \neq \mathbf{0}$ に注意して $|x_k| = \max_j |x_j| > 0$ とおくと，上式より

$$(\lambda - a_{kk}) x_k = \sum_{j \neq k} a_{kj} x_j$$

よって

$$|\lambda - a_{kk}| \leq \sum_{j \neq k} |a_{kj}| \frac{|x_j|}{|x_k|} \leq \sum_{j \neq k} |a_{kj}| = r_k$$

を得る．これは $\lambda \in C_k$ を意味する．□

2.2 一般化固有空間への分解

今後行列の多項式を扱うので，多項式について必要な事項をまとめておく．変数 λ に関しスカラー $a_0, a_1, \cdots, a_n$ を係数にもつ

$$f(\lambda) = \sum_{i=0}^{n} a_0 \lambda^n + a_1 \lambda^{n-1} + \cdots + a_n \tag{2.15}$$

を**多項式**という．$a_0 \neq 0$ のとき n を多項式の次数といい，$\deg f(\lambda)$ で表す．多項式全体 $K[\lambda]$ は，$f(\lambda) = \sum_{i=0}^{n} a_i \lambda^{n-i}$，$g(\lambda) = \sum_{i=0}^{n} b_i \lambda^{n-i}$ に対し

$$f(\lambda) + g(\lambda) = \sum_{i=0}^{n} (a_i + b_i) \lambda^{n-i} \tag{2.16}$$

$$f(\lambda) g(\lambda) = \sum_{i=0}^{2n} c_i \lambda^{2n-i}, \quad c_i = \sum_{j+k=i} a_j b_k \tag{2.17}$$

によって加法，乗法が定義できる．加法に対応する減法は可能であるが乗法に対応する除法は（多項式の範囲では）不可能なので，$K[\lambda]$ は代数学的には環になる．

多項式 $f(\lambda), g(\lambda)$ で $\deg f(\lambda) > \deg g(\lambda)$ のとき，多項式 $q(\lambda), r(\lambda)$ が存在して

$$f(\lambda) = g(\lambda)q(\lambda) + r(\lambda) \tag{2.18}$$

と表すことができる．$q(\lambda), r(\lambda)$ をそれぞれ $f(\lambda)$ を $g(\lambda)$ で割ったときの商および余りという．$\deg r(\lambda) < \deg g(\lambda)$ になる．ここで $r(\lambda) = 0$ になる，すなわち多項式 $q(\lambda)$ が存在して

$$f(\lambda) = g(\lambda)q(\lambda) \tag{2.19}$$

となるとき，$f(\lambda)$ は $g(\lambda)$ で割り切れるといい，$g(\lambda)$ を $f(\lambda)$ の約数，$f(\lambda)$ を $g(\lambda)$ の倍数という．$f_1(\lambda), f_2(\lambda), \cdots, f_m(\lambda)$ すべての約数を公約数といい，そのうち次数の最も大きい多項式を $f_1(\lambda), f_2(\lambda), \cdots, f_m(\lambda)$ の**最大公約数**という．また $f_1(\lambda), f_2(\lambda), \cdots, f_m(\lambda)$ すべての倍数となっている多項式を公倍数といい，そのうち最小次数のものを $f_1(\lambda), f_2(\lambda), \cdots, f_m(\lambda)$ の最小公倍数という．$f_1(\lambda), f_2(\lambda), \cdots, f_m(\lambda)$ の最大公約数が定数であるとき，$f_1(\lambda), f_2(\lambda), \cdots, f_m(\lambda)$ は**互いに素**であるという．

補題 2.1 $d(\lambda)$ が $f_1(\lambda), f_2(\lambda), \cdots, f_m(\lambda)$ の最大公約数ならば

$$f_1(\lambda)h_1(\lambda) + f_2(\lambda)h_2(\lambda) + \cdots + f_m(\lambda)h_m(\lambda) = d(\lambda) \tag{2.20}$$

となるような多項式 $h_1(\lambda), h_2(\lambda), \cdots, h_m(\lambda)$ が存在する．

系 2.2 $f_1(\lambda), f_2(\lambda), \cdots, f_m(\lambda)$ が互いに素であるためには

$$f_1(\lambda)h_1(\lambda) + f_2(\lambda)h_2(\lambda) + \cdots + f_m(\lambda)h_m(\lambda) = 1 \tag{2.21}$$

となるような多項式 $h_1(\lambda), h_2(\lambda), \cdots, h_m(\lambda)$ が存在することが必要十分である．

さて，1 変数 λ の多項式

$$f(\lambda) = a_0\lambda^p + a_1\lambda^{p-1} + \cdots + a_{p-1}\lambda + a_p$$

を考え，その λ に $n \times n$ 行列 A を代入した形の

$$f(A) = a_0 A^p + a_1 A^{p-1} + \cdots + a_{p-1} A + a_p I$$

を考えると，これは $n \times n$ 行列を与える．このときある多項式 f に対して，$f(A) = O$（ゼロ行列）となることはあるのだろうか？　実は，f として特性多項式 φ_A をとると $\varphi_A(A) = O$ が成り立つのである．実際このことは次のように示すことができる．

定理 2.8（**Cayley-Hamilton の定理**）　行列 A の特性多項式を φ_A とすると，$\varphi_A(A) = O$ が成り立つ．

（証明）　行列 $\lambda I - A$ の余因子行列を adj $(\lambda I - A)$ とすると

$$(\lambda I - A) \text{ adj } (\lambda I - A) = \det (\lambda I - A) I = \varphi_A(\lambda) I$$

余因子行列の定義から各要素は λ の高々 $n-1$ 次の多項式になるので

$$\text{adj } (\lambda I - A) = B_0 \lambda^{n-1} + B_1 \lambda^{n-2} + \cdots + B_{n-2} \lambda + B_{n-1}$$

と書ける．これを用いて

$$\varphi_A(\lambda) = \lambda^n + c_1 \lambda^{n-1} + \cdots + c_{n-1} \lambda + c_n$$

と係数比較すると

$$\begin{aligned} B_0 &= I \\ -AB_0 + B_1 &= c_1 I \\ \vdots &= \vdots \\ -AB_{n-2} + B_{n-1} &= c_{n-1} I \\ -AB_{n-1} &= c_n I \end{aligned}$$

を得る．両辺にそれぞれ $A^n, A^{n-1}, \cdots, A, I$ を掛けて加えると $\varphi_A(A) = O$ を得る．□

補題 2.2　$f_1(\lambda), f_2(\lambda), \cdots, f_p(\lambda)$ はそのうちのどの 2 つも互いに素な多項式とする．$f(\lambda) = f_1(\lambda)\ f_2(\lambda) \cdots f_p(\lambda)$ とおいたとき，$n \times n$ 行列 A に対し $f(A) = O$ が成り立つならば全体空間 V($\mathbf{R}^n$ あるいは $\mathbf{C}^n$) は

$$V = \mathrm{Ker}\ f_1(A) \oplus \mathrm{Ker}\ f_2(A) \oplus \cdots \mathrm{Ker}\ f_p(A) \tag{2.22}$$

と直和分解される．

（証明） $g_i(\lambda) = f(\lambda)/f_i(\lambda)\ (i = 1, 2, \cdots, p)$ とおくと，$f_1(\lambda), f_2(\lambda), \cdots, f_p(\lambda)$ のどの 2 つも互いに素であることから，$g_1(\lambda), g_2(\lambda), \cdots, g_p(\lambda)$ は互いに素である．よって系 2.2 により

$$h_1(\lambda)g_1(\lambda) + h_2(\lambda)g_2(\lambda) + \cdots + h_p(\lambda)g_p(\lambda) = 1$$

を満たす $h_1(\lambda), h_2(\lambda), \cdots, h_p(\lambda)$ が存在する．

$$P_i = h_i(A)g_i(A), \quad i = 1, 2, \cdots, p$$

と定義すると

$$(P_1 + P_2 + \cdots + P_p)\boldsymbol{x} = \boldsymbol{x}$$
$$P_iP_j = \delta_{ij}P_i$$

が成り立つ．実際，最初の式は P_i の定義から明らかである．第 2 式は，まず $i \neq j$ のとき，$f(\lambda)$ が $g_i(\lambda)g_j(\lambda)$ を割り切ることより $g_i(A)g_j(A) = O$ となることに注意すると

$$P_iP_j = h_i(A)h_j(A)g_i(A)g_j(A) = O$$

が成り立つ．さらにこれから

$$P_i = P_i(P_1 + P_2 + \cdots + P_p) = P_i^2$$

も示される．したがって V は Im P_i の直和に分解される．後は Im P_i = Ker $f_i(A)$ であることを示せばよい．まず $\boldsymbol{x} \in \mathrm{Im}\ P_i$，すなわち $\boldsymbol{x} = P_i\boldsymbol{y}$，$\boldsymbol{y} \in V$ とすると

$$f_i(A)\boldsymbol{x} = f_i(A)h_i(A)g_i(A)\boldsymbol{y} = h_i(A)f(A)\boldsymbol{y} = \boldsymbol{0}$$

よって $\boldsymbol{x} \in \mathrm{Ker}\ f_i(A)$ である．逆に $\boldsymbol{x} \in \mathrm{Ker}\ f_i(A)$ とすると，$j \neq i$ に対し

$$P_j\boldsymbol{x} = h_j(A)g_j(A)\boldsymbol{x} = h_j(A)\prod_{k \neq i,j} f_k(A)f_i(A)\boldsymbol{x} = \boldsymbol{0}$$

となる．よって

$$\boldsymbol{x} = (P_1 + P_2 + \cdots + P_p)\boldsymbol{x} = P_i\boldsymbol{x} \in \mathrm{Im}\ P_i$$

である．□

定理 2.9 $n \times n$ 行列 A の特性多項式が相異なる固有値 $\lambda_1, \lambda_2, \cdots, \lambda_p$ に対し

$$\varphi_A(\lambda) = (\lambda - \lambda_1)^{\nu_1}(\lambda - \lambda_2)^{\nu_2} \cdots (\lambda - \lambda_p)^{\nu_p} \tag{2.23}$$

となるとき，V は

$$V = F_A(\lambda_1) \oplus F_A(\lambda_2) \oplus \cdots \oplus F_A(\lambda_p) \tag{2.24}$$

と直和分解される．またこのとき $\dim F_A(\lambda_i) = \nu_i \ (i = 1, 2, \cdots, p)$ が成り立つ．

（証明） $f_i(\lambda) = (\lambda - \lambda_i)^{\nu_i} \ (i = 1, 2, \cdots, p)$ とおくと Cayley-Hamilton の定理に注意すれば，上の補題から直ちに式 (2.24) が従う．次に $\nu_i' = \dim F_A(\lambda_i)$ が ν_i に等しいことを示す．各 $F_A(\lambda_i)$ が A 不変部分空間である（定理 2.4）から，V の基底を適当にとれば定理 1.20 およびその下に説明したように

$$A \sim \begin{bmatrix} A_1 & & O \\ & \ddots & \\ O & & A_p \end{bmatrix}$$

となる．ここで A_i は $\nu_i' \times \nu_i'$ の正方行列である．$F_A(\lambda_i)$ の定義から $(A_i - \lambda_i I)^{\nu_i} = O$ で A_i の固有値は λ_i のみであることに注意すると，$\varphi_{A_i}(\lambda) = (\lambda - \lambda_i)^{\nu_i'}$ が成り立つ．よって

$$\varphi_A(\lambda) = \prod_{i=1}^{p} \varphi_{A_i}(\lambda) = \prod_{i=1}^{p} (\lambda - \lambda_i)^{\nu_i'}$$

となり，式 (2.23) と比較すれば $\nu_i' = \nu_i$ が得られる．□

2.3 最小多項式

A を $n \times n$ 行列とする．$\boldsymbol{x} \neq \boldsymbol{0} \in V$ に対し $\boldsymbol{x} \in \mathrm{Ker}\ f(A)$ すなわち $f(A)\boldsymbol{x} = \boldsymbol{0}$ となる多項式 $f(\lambda)$ を $\boldsymbol{x}$ の A に関する消去多項式といい，そのうち最小次数で最高次の係数が 1 であるものを $\boldsymbol{x}$ の A に関する**最小消去多項式**といい，$\psi_{A,\boldsymbol{x}}(\lambda)$ で表す．$\psi_{A,\boldsymbol{x}}(\lambda)$ の次数を k とすると，Cayley-Hamilton の定理か

ら当然 $\varphi_A(A)\boldsymbol{x} = \boldsymbol{0}$ となるので，$k \leq n$ である．このとき $\boldsymbol{x}, A\boldsymbol{x}, \cdots, A^{k-1}\boldsymbol{x}$ は 1 次独立である．実際もしそれらが 1 次従属ならば

$$\alpha_0 A^{k-1}\boldsymbol{x} + \alpha_1 A^{k-2}\boldsymbol{x} + \cdots + \alpha_{k-2}A\boldsymbol{x} + \alpha_{k-1}\boldsymbol{x} = \boldsymbol{0}$$

となる全部はゼロでない $\alpha_0, \alpha_1, \cdots, \alpha_{k-1}$ が存在するので

$$f(\lambda) = \alpha_0\lambda^{k-1} + \alpha_1\lambda^{k-2} + \cdots + \alpha_{k-2}\lambda + \alpha_{k-1}$$

に対し $f(A)\boldsymbol{x} = \boldsymbol{0}$ となり $\boldsymbol{x}$ の最小消去多項式の次数が k であることに矛盾する．

$\boldsymbol{x} \neq \boldsymbol{0}$ に対してその最小消去多項式は一意に定まり，$\boldsymbol{x}$ のすべての消去多項式（特性多項式も含まれる）を割り切る．実際 $g(\lambda)$ を $\boldsymbol{x}$ の A に関する消去多項式とし

$$g(\lambda) = q(\lambda)\psi_{A,\boldsymbol{x}}(\lambda) + r(\lambda)$$

とすると $g(A)\boldsymbol{x} = \psi_{A,\boldsymbol{x}}(A)\boldsymbol{x} = \boldsymbol{0}$ より $r(A)\boldsymbol{x} = \boldsymbol{0}$ となるが，$r(\lambda)$ の次数が $\psi_{A,\boldsymbol{x}}(\lambda)$ の次数より小さいことから $r(\lambda) = 0$ でなければならない．

さて，V のすべてのベクトル $\boldsymbol{x} \neq \boldsymbol{0}$ の A に関する消去多項式でかつ次数が最小で最高次の係数が 1 のものを A の**最小多項式**という．より簡単にいうと，A の最小多項式 $\psi_A(\lambda)$ は $f(A) = O$ となる多項式 f のうちで次数が最小で最高次の係数が 1 のものである．前と同様に Cayley-Hamilton の定理により $\varphi_A(A) = O$ であるから，最小多項式 $\psi_A(\lambda)$ は特性多項式 $\varphi_A(\lambda)$ を割り切る．すなわち

$$\varphi_A(\lambda) = (\lambda - \lambda_1)^{\nu_1}(\lambda - \lambda_2)^{\nu_2}\cdots(\lambda - \lambda_p)^{\nu_p} \tag{2.25}$$

であれば，

$$\psi_A(\lambda) = (\lambda - \lambda_1)^{\mu_1}(\lambda - \lambda_2)^{\mu_2}\cdots(\lambda - \lambda_p)^{\mu_p} \tag{2.26}$$

$$\mu_i \in \{1, 2, \cdots, \nu_i\}, \quad i = 1, 2, \cdots, p \tag{2.27}$$

が成り立つ．なおこのとき一般化固有空間について

$$F_A(\lambda_i) = \mathrm{Ker}\ (A - \lambda_i I)^{\mu_i} \tag{2.28}$$

が成り立つ．また最小消去多項式 $\psi_{A,\boldsymbol{x}}(\lambda)$ が最小多項式 $\psi_A(\lambda)$ と一致するベクトル $\boldsymbol{x}$ が存在する．

例 2.3 次の 3 つの行列の特性多項式はいずれも $(\lambda-2)^3$ になり，2 を 3 重の固有値としてもつが，最小多項式が異なる．

$$A = \begin{bmatrix} 2 & 0 & 0 \\ 0 & 2 & 0 \\ 0 & 0 & 2 \end{bmatrix}, \quad \psi_A(\lambda) = \lambda - 2, \qquad \dim E_A(2) = 3$$

$$B = \begin{bmatrix} 2 & 1 & 0 \\ 0 & 2 & 0 \\ 0 & 0 & 2 \end{bmatrix}, \quad \psi_B(\lambda) = (\lambda - 2)^2, \quad \dim E_B(2) = 2$$

$$C = \begin{bmatrix} 2 & 1 & 0 \\ 0 & 2 & 1 \\ 0 & 0 & 2 \end{bmatrix}, \quad \psi_C(\lambda) = (\lambda - 2)^3, \quad \dim E_C(2) = 1$$

このように最小多項式を考えることで，特性多項式だけではわからない行列の構造が見えてくる．

さて，A と A' が相似，すなわち正則な行列 T により $A' = T^{-1}AT$ であるとすると，多項式 $f(\lambda)$ が $f(A) = O$ を満たすと $f(A') = T^{-1}f(A)T = O$ となるので，次の結果がしたがう．

定理 2.10 $n \times n$ 行列 A と A' が相似ならばそれらの最小多項式は一致する．

注意 2.4 正則な正方行列 A の最小多項式を

$$\psi_A(\lambda) = \lambda^k + a_1\lambda^{k-1} + \cdots + a_{k-1}\lambda + a_k$$

とすると

$$A^k + a_1A^{k-1} + \cdots + a_{k-1}A + a_kI = O$$

である．今もし $a_k = 0$ と仮定すると，A が正則であることから A^{-1} を両辺に掛けると

$$A^{k-1} + a_1A^{k-2} + \cdots + a_{k-1}I = O$$

となるが，これは $\psi_A(\lambda)$ が最小多項式であることに矛盾する．よって $a_k \neq 0$ であり，

$$A^{-1} = -a_k^{-1}(A^{k-1} + a_1 A^{k-2} + \cdots + a_{k-1} I) \tag{2.29}$$

と A の逆行列が A の $k-1$ 次の多項式で表される.

定理 2.11 $n \times n$ 行列 A の最小多項式が特性多項式と一致するとき，すなわち

$$\psi_A(\lambda) = \varphi_A(\lambda) = \lambda^n + a_1\lambda^{n-1} + \cdots + a_{n-1}\lambda + a_n \tag{2.30}$$

となるとき A は次の行列に相似である.

$$\begin{bmatrix} 0 & 1 & 0 & \cdots & 0 \\ 0 & 0 & 1 & \cdots & 0 \\ \vdots & \vdots & \vdots & & \vdots \\ 0 & 0 & 0 & \ddots & 1 \\ -a_n & -a_{n-1} & -a_{n-2} & \cdots & -a_1 \end{bmatrix} \tag{2.31}$$

この形の行列を随伴形という.

（証明） 最小消去多項式が $\psi_A(\lambda)$ と一致するベクトル $\boldsymbol{x}$ を考える．このとき $\boldsymbol{x}, A\boldsymbol{x}, \cdots, A^{n-1}\boldsymbol{x}$ が 1 次独立であることはこの節の最初で説明した.

$$\begin{aligned} f_0(\lambda) &= \varphi_A(\lambda) = \lambda^n + a_1\lambda^{n-1} + \cdots + a_{n-1}\lambda + a_n \\ f_i(\lambda) &= (f_{i-1}(\lambda) - f_{i-1}(0))/\lambda = \lambda^{n-i} + a_1\lambda^{n-i-1} + \cdots + a_{n-i}, \\ & \qquad\qquad i = 1, 2, \cdots, n; a_0 = 1 \end{aligned}$$

とおくと，$f_i(\lambda)$ は $n-i$ 次の多項式で $f_n(\lambda) = 1$ になる．ベクトル

$$\boldsymbol{t}_i = f_i(A)\boldsymbol{x}, \quad i = 1, 2, \cdots, n$$

とおくと，$\boldsymbol{t}_1, \boldsymbol{t}_2, \cdots, \boldsymbol{t}_n$ は 1 次独立である．実際

$$\beta_1\boldsymbol{t}_1 + \beta_2\boldsymbol{t}_2 + \cdots + \beta_n\boldsymbol{t}_n = 0$$

とすると

$$\beta_1 A^{n-1}\boldsymbol{x} + (\beta_1 a_1 + \beta_2)A^{n-2}\boldsymbol{x} + \cdots + (\beta_1 a_{n-1} + \cdots + \beta_{n-1}a_1 + \beta_n)\boldsymbol{x} = \boldsymbol{0}$$

となるので，$\beta_1 = \beta_2 = \cdots = \beta_n = 0$ が得られる．$f_i(\lambda)$ の構成法から

$$f_{i-1}(\lambda) = \lambda f_i(\lambda) + a_{n-i+1}$$

であるから，$f_0(A) = \varphi_A(A) = O$ に注意すると

$$\begin{aligned}
&\boldsymbol{0} = A\boldsymbol{t}_1 + a_n\boldsymbol{t}_n \\
&\boldsymbol{t}_i = A\boldsymbol{t}_{i+1} + a_{n-i}\boldsymbol{t}_n,\ i = 1, 2, \cdots, n-1 \\
&\boldsymbol{t}_n = \boldsymbol{x}
\end{aligned}$$

を得る．よって

$$A\left[\boldsymbol{t}_1\ \boldsymbol{t}_2\ \cdots\ \boldsymbol{t}_n\right] = \left[\boldsymbol{t}_1\ \boldsymbol{t}_2\ \cdots\ \boldsymbol{t}_n\right]\begin{bmatrix} 0 & 1 & 0 & \cdots & 0 \\ 0 & 0 & 1 & \cdots & 0 \\ \vdots & \vdots & \vdots & & \vdots \\ 0 & 0 & 0 & \ddots & 1 \\ -a_n & -a_{n-1} & -a_{n-2} & \cdots & -a_1 \end{bmatrix}$$

となる．□

例 2.4 例 2.3 の行列の中では，C だけが随伴形

$$\begin{bmatrix} 0 & 1 & 0 \\ 0 & 0 & 1 \\ 8 & -12 & 6 \end{bmatrix}$$

に相似である．

さて，2.1 節で相似な行列では特性多項式，したがって固有値が完全に一致することを示した．またこの節で見たように最小多項式も一致する．では，逆に特性多項式だけでなく最小多項式まで一致すれば行列は相似であろうか？実はこの疑問に対する答えは否定的であることと，相似な行列の完全な特徴づけを次の 2.4 節で示そう．

2.4 Jordan 標準形

さてこれまで，$n \times n$ 行列 A に対しその相異なる固有値を $\lambda_1, \lambda_2, \cdots, \lambda_p$ とするとき，次の 2 つの事実が成り立つことを説明した．

- 全体空間 V は一般化固有空間 $F_A(\lambda_i)$ $(i = 1, 2, \cdots, p)$ の直和である（定理 2.9）．V としては固有値が実数のみか複素数を含むかに応じて $\mathbf{R}^n$ か $\mathbf{C}^n$ を考える．
- 各 $F_A(\lambda_i)$ は A 不変部分空間である（定理 2.4）．

この節ではこれらのことに基づいた，行列 A の相似変換について考えていく．

各 A 不変部分空間 $F_A(\lambda_i)$ $(i = 1, 2, \cdots, p)$ に ν_i 個の基底 $\boldsymbol{x}_1^i, \boldsymbol{x}_2^i, \cdots, \boldsymbol{x}_{\nu_i}^i$ をとると，それらの全体

$$\boldsymbol{x}_1^i, \quad \boldsymbol{x}_2^i, \quad \cdots, \quad \boldsymbol{x}_{\nu_i}^i, \quad i = 1, 2, \cdots, p$$

は全空間 V の基底をなす．これらを列ベクトルにもつ $n \times n$ 行列を X とすると，もちろん X は正則である．しかも

$$A\boldsymbol{x}_j^i \in F_A(\lambda_i), \quad j = 1, 2, \cdots, \nu_i, \quad i = 1, 2, \cdots, p$$

である．したがって

$$AX = X \begin{bmatrix} A_1 & O & \cdots & O \\ O & A_2 & \cdots & O \\ \vdots & \vdots & \ddots & \vdots \\ O & O & \cdots & A_p \end{bmatrix} \tag{2.32}$$

と A を X を用いた相似変換によって固有値に対応したブロックをもつブロック対角行列にすることができる．特に A の固有値がすべて相異なるときにはこれらのブロックはすべて 1×1 で全体が対角行列になる．

では，$F_A(\lambda_i)$ にどのような基底を取ればよいのか，そのとき各 A_i はどのような形になるのかを以下で考察していく．そこで表記の簡明のために添え字の i を省略して，λ を A の固有値，その代数的重複度を ν とする．このとき部分空間の列

$$\text{Ker}\,(A - \lambda I) \subseteq \text{Ker}\,(A - \lambda I)^2 \subseteq \cdots \subseteq \text{Ker}\,(A - \lambda I)^\nu \tag{2.33}$$

を考える．$\dim\,(\text{Ker}\,(A - \lambda I)^\nu) = \nu$ に注意する．

木村[2)] に倣い，まず 2 つの特別な場合から始める．最初に

$$\dim\,(\text{Ker}\,(A - \lambda I)) = \nu \tag{2.34}$$

の場合を考える．この場合はもちろん

$$\mathrm{Ker}\,(A-\lambda I)=\mathrm{Ker}\,(A-\lambda I)^2=\cdots=\mathrm{Ker}\,(A-\lambda I)^\nu \tag{2.35}$$

である．$\mathrm{Ker}\,(A-\lambda I)$ 内に ν 個の $\mathrm{Ker}\,(A-\lambda I)^\nu$ の基底ベクトル $\boldsymbol{x}_1,\boldsymbol{x}_2,\cdots,\boldsymbol{x}_\nu$ を取ることができ，$X=[\boldsymbol{x}_1,\boldsymbol{x}_2,\cdots,\boldsymbol{x}_\nu]$ とすると

$$AX=X\begin{bmatrix}\lambda & 0 & \cdots & 0\\ 0 & \lambda & \cdots & 0\\ \vdots & \vdots & \ddots & 0\\ 0 & 0 & \cdots & \lambda\end{bmatrix} \tag{2.36}$$

となる．すなわち固有値 λ に対応する部分は $\nu\times\nu$ 対角行列になる．

次に，

$$\begin{aligned}&\dim\,(\mathrm{Ker}\,(A-\lambda I))=1\\ &\dim\,(\mathrm{Ker}\,(A-\lambda I)^{i+1})=\dim\,(\mathrm{Ker}\,(A-\lambda I)^{i})+1,\quad i=1,\cdots,\nu-1\end{aligned} \tag{2.37}$$

の場合を考える．この場合 $\boldsymbol{x}_\nu\neq\boldsymbol{0}\in\mathrm{Ker}\,(A-\lambda I)^\nu\backslash\ \mathrm{Ker}\,(A-\lambda I)^{\nu-1}$ をとることができる．以下

$$\boldsymbol{x}_i=(A-\lambda I)\boldsymbol{x}_{i+1},\quad i=\nu-1,\cdots,2,1 \tag{2.38}$$

とすると

$$\boldsymbol{x}_i\in\mathrm{Ker}\,(A-\lambda I)^i,\quad i=1,2,\cdots,\nu \tag{2.39}$$

が成り立つ．しかも $\boldsymbol{x}_1,\boldsymbol{x}_2,\cdots,\boldsymbol{x}_\nu$ は 1 次独立である．実際

$$\alpha_1\boldsymbol{x}_1+\alpha_2\boldsymbol{x}_2+\cdots+\alpha_\nu\boldsymbol{x}_\nu=\boldsymbol{0}$$

とすると両辺に $(A-\lambda I)^{\nu-1}$ を左から掛けると $\alpha_\nu=0$ が示される．この項がなくなったものに $(A-\lambda I)^{\nu-2}$ を左から掛けると今度は $\alpha_{\nu-1}=0$ が得られる．以下これを繰り返せばすべての $\alpha_i=0$ が示される．そこで $X=[\boldsymbol{x}_1,\boldsymbol{x}_2,\cdots,\boldsymbol{x}_\nu]$ とすると

$$AX = X \begin{bmatrix} \lambda & 1 & 0 & \cdots & 0 \\ 0 & \lambda & 1 & \cdots & 0 \\ \vdots & \vdots & \vdots & \ddots & 0 \\ 0 & 0 & 0 & \cdots & 1 \\ 0 & 0 & 0 & \cdots & \lambda \end{bmatrix} \tag{2.40}$$

となる．この $\nu \times \nu$ 行列

$$J(\lambda, \nu) = \begin{bmatrix} \lambda & 1 & 0 & \cdots & 0 \\ 0 & \lambda & 1 & \cdots & 0 \\ \vdots & \vdots & \vdots & \ddots & 0 \\ 0 & 0 & 0 & \cdots & 1 \\ 0 & 0 & 0 & \cdots & \lambda \end{bmatrix} \tag{2.41}$$

を固有値 λ に対応する ν 次の **Jordan 細胞**という．

では，一般の場合はどうなるであろうか．

$$\begin{aligned} l_1 &= \dim\ (\mathrm{Ker}\ (A - \lambda I)) = \dim\ E_A(\lambda) \\ l_i &= \dim\ (\mathrm{Ker}\ (A - \lambda I)^i) - \dim\ (\mathrm{Ker}\ (A - \lambda I)^{i-1}), \quad i = 2, 3, \cdots, \nu \end{aligned} \tag{2.42}$$

とすると 1 次独立な固有ベクトルは l_1 個あるので固有値 λ に対応する Jordan 細胞は $l_1 = \dim\ E_A(\lambda)$ 個存在する．もちろん

$$l_1 + l_2 + \cdots + l_\nu = \nu$$

が成り立つ．上で述べた 2 つの特別な場合では，それぞれ $l_1 = \nu, l_2 = \cdots = l_\nu = 0$，および $l_1 = l_2 = \cdots = l_\nu = 1$ である．このとき

$$m_j = |\{i \mid l_i \geq j\}|, \quad j = 1, 2, \cdots, l_1 \tag{2.43}$$

とする．ここで集合 C に対し $|C|$ はその要素数を表す．

$$m_1 + m_2 + \cdots + m_{l_1} = \nu$$

で，m_j $(j = 1, 2, \cdots, l_1)$ 次の Jordan 細胞が存在する．上で述べた 2 つの特別な場合では，それぞれ $m_1 = m_2 = \cdots = m_\nu = 1$，および $m_1 = \nu$ である．以上をまとめると次の結果が成り立つ．

定理 2.12 $n \times n$ 行列 A はその **Jordan** 標準形に相似である．Jordan 標準形はその相異なる固有値に対応するブロック（大きさはその代数的次元）からなるブロック対角行列である．1 つの固有値 λ に対応するブロックはさらに

$$J(\lambda, m_1), \quad J(\lambda, m_2), \quad \cdots, \quad J(\lambda, m_{\dim\ E_A(\lambda)}) \tag{2.44}$$

と，その幾何的次元数の Jordan 細胞からなるブロック対角形になる．

例 2.5 例 2.3 の 3 つの行列では

$$\begin{aligned}
&A: \quad \nu = 3, \quad l_1 = 3, \quad l_2 = l_3 = 0, \quad m_1 = m_2 = m_3 = 1 \\
&B: \quad \nu = 2, \quad l_1 = 2, \quad l_2 = 1, \quad l_3 = 0, \quad m_1 = 2, \quad m_2 = 1 \\
&C: \quad \nu = 1, \quad l_1 = l_2 = l_3 = 1, \quad m_1 = 3
\end{aligned}$$

となっている．

注意 2.5 Jordan 細胞 $J(\hat{\lambda}, k)$ 自身の特性多項式と最小多項式はともに $(\lambda - \hat{\lambda})^k$ になる．したがって，行列 A の固有値 $\lambda_i (i = 1, 2, \cdots, p)$ の Jordan 細胞の中で最大次数のものが k_i 次であるとすると，A の最小多項式は

$$\psi_A(\lambda) = \prod_{i=1}^{p} (\lambda - \lambda_i)^{k_i}$$

で与えられる．

注意 2.6 A と A' が相似な行列，すなわち $A' = T^{-1}AT$（T は正則行列）とするともちろん固有値，特性多項式，最小多項式が一致する．さらに

$$\boldsymbol{x} \in \mathrm{Ker}\ (A - \lambda I)^k \iff T^{-1}\boldsymbol{x} \in \mathrm{Ker}\ (A' - \lambda I)^k \tag{2.45}$$

も成り立つので A と A' の Jordan 標準形は一致する．特性多項式と最小多項式が一致しただけでは，Jordan 標準形は一致せず，行列が相似であるとはいえないことは次の 2 つの行列を見ればわかる．

$$A = \begin{bmatrix} \hat{\lambda} & 1 & 0 & 0 \\ 0 & \hat{\lambda} & 0 & 0 \\ 0 & 0 & \hat{\lambda} & 1 \\ 0 & 0 & 0 & \hat{\lambda} \end{bmatrix}, \quad B = \begin{bmatrix} \hat{\lambda} & 0 & 0 & 0 \\ 0 & \hat{\lambda} & 0 & 0 \\ 0 & 0 & \hat{\lambda} & 1 \\ 0 & 0 & 0 & \hat{\lambda} \end{bmatrix}$$

これらの行列に対して

$$\varphi_A(\lambda) = \varphi_B(\lambda) = (\lambda - \hat{\lambda})^4, \quad \psi_A(\lambda) = \psi_B(\lambda) = (\lambda - \hat{\lambda})^2$$

である．

注意 2.7 Jordan 標準形が対角行列となる場合を考えれば，$n \times n$ 行列 A に関する次の 3 つの条件が同値であることがわかる．

1）A は対角行列に相似である．

2）A の最小多項式 $\psi_A(\lambda)$ は重根をもたない．すなわち $\psi_A(\lambda) = \prod_{i=1}^{p}(\lambda - \lambda_i)$

3）全体空間 V は固有空間の和に分解される．すなわち

$$V = E_A(\lambda_1) \oplus E_A(\lambda_2) \oplus \cdots \oplus E_A(\lambda_p)$$

2.5 単　因　子

この節では，別の視点からこれまでの結果を眺めてみる．1 変数 λ の多項式を成分とする $n \times n$ 行列 $A(\lambda), B(\lambda), \cdots$ を考える．このような行列に対しても和，差，積は通常の数行列の場合と同様に定義できる．さらに，正則性に対応する可逆性の概念も考えられる．

定義 2.5 $n \times n$ 行列 $A(\lambda)$ に対し

$$A(\lambda)B(\lambda) = B(\lambda)A(\lambda) = I \tag{2.46}$$

となる $n \times n$ 行列 $B(\lambda)$ が存在するとき，$A(\lambda)$ を可逆行列といい，$B(\lambda)$ を $A(\lambda)$ の逆行列といい $A(\lambda)^{-1}$ で表す．

逆行列の一意性は数行列の場合と同様に示せる．また次の定理に示すように，可逆性は行列式の値で判定をすることができる．

定理 2.13 $n \times n$ 行列 $A(\lambda)$ が可逆であるための必要十分条件は，$\det A(\lambda)$ が

0 でない実数になることである．

（証明）　$A(\lambda)$ が可逆ならば

$$\det A(\lambda)\ \det A(\lambda)^{-1} = \det I = 1$$

である．$\det A(\lambda)$ も $\det A(\lambda)^{-1}$ もともに多項式だから，$\det A(\lambda)$ は実数でなければならない．

逆に $\det A(\lambda) = c \neq 0$ とすると

$$\mathrm{adj}\ A(\lambda)\ A(\lambda) = A(\lambda)\mathrm{adj}\ A(\lambda) = \det A(\lambda)\ I = cI$$

である．これは c^{-1} adj $A(\lambda)$ が $A(\lambda)$ の逆行列になることを示しており，$A(\lambda)$ は可逆行列である．□

さて，このような行列に対する次の 3 つの操作を左基本変形という．

（L1）2 つの行を入れ換える．

（L2）1 つの行に 0 でない数 c を掛ける．

（L3）1 つの行に多項式 $f(\lambda)$ を掛けて他の行に加える．

これらはそれぞれ次のような行列を左から掛けることに相当する．

$$\begin{bmatrix} 1 & \cdots & 0 & \cdots & 0 & \cdots & 0 \\ \vdots & \ddots & \vdots & & \vdots & & \vdots \\ 0 & \cdots & 0 & \cdots & 1 & \cdots & 0 \\ \vdots & & \vdots & \ddots & \vdots & & \vdots \\ 0 & \cdots & 1 & \cdots & 0 & \cdots & 0 \\ \vdots & & \vdots & & \vdots & \ddots & \vdots \\ 0 & \cdots & 0 & \cdots & 0 & \cdots & 1 \end{bmatrix}, \quad \begin{bmatrix} 1 & \cdots & 0 & \cdots & 0 \\ \vdots & \ddots & \vdots & & \vdots \\ 0 & \cdots & c & \cdots & 0 \\ \vdots & & \vdots & \ddots & \vdots \\ 0 & \cdots & 0 & \cdots & 1 \end{bmatrix},$$

$$\begin{bmatrix} 1 & \cdots & 0 & \cdots & 0 & \cdots & 0 \\ \vdots & \ddots & \vdots & & \vdots & & \vdots \\ 0 & \cdots & 1 & \cdots & f(\lambda) & \cdots & 0 \\ \vdots & & \vdots & \ddots & \vdots & & \vdots \\ 0 & \cdots & 0 & \cdots & 1 & \cdots & 0 \\ \vdots & & \vdots & & \vdots & \ddots & \vdots \\ 0 & \cdots & 0 & \cdots & 0 & \cdots & 1 \end{bmatrix}$$

この3つの操作において行とあるのを列としたものを（R1），（R2），（R3）とし，**右基本変形**という．左右の基本変形を総称して単に**基本変形**という．また基本変形の操作を表す行列を**基本行列**という．

定義 2.6 行列 $A(\lambda)$ に有限回（0回を含む）の基本変形を施して $B(\lambda)$ が得られるとき，$A(\lambda)$ と $B(\lambda)$ は**対等**であるといい，$A(\lambda) \sim B(\lambda)$ で表す．

注意 2.8 明らかに「対等 $\sim$」は同値関係である．

定理 2.14 任意の $n \times n$ 行列 $A(\lambda)$ は次のような標準形（対角行列）に対等である．

$$\begin{bmatrix} e_1(\lambda) & 0 & \cdots & 0 & 0 & \cdots & 0 \\ 0 & e_2(\lambda) & \cdots & 0 & 0 & \cdots & 0 \\ \vdots & \vdots & \ddots & \vdots & \vdots & & \vdots \\ 0 & 0 & \cdots & e_r(\lambda) & 0 & \cdots & 0 \\ 0 & 0 & \cdots & 0 & 0 & \cdots & 0 \\ \vdots & \vdots & & \vdots & \vdots & \ddots & \vdots \\ 0 & 0 & \cdots & 0 & 0 & \cdots & 0 \end{bmatrix} \tag{2.47}$$

ただし，$0 \leq r \leq n$ であり，$e_1(\lambda), e_2(\lambda), \cdots, e_r(\lambda)$ は次の条件を満たす．

1) $e_i(\lambda)$ は最高次係数が1の多項式である．

2) $e_i(\lambda)$ は $e_{i-1}(\lambda)$ で割り切れる．

さらにこの標準形は $A(\lambda)$ によって一意に定まる.

(証明) 標準形の一意性は後の定理 2.16 で示されるので，それ以外の部分についての n に関する数学的帰納法によって証明する．$n=1$ ならば明らかであるから $n>1$ とし $n-1$ 次 λ 行列はすべて標準形に対等であると仮定する．いくつかのステップに分けて証明する.

1) $A(\lambda)=O$ ならば $A(\lambda)$ 自身が標準形であるから，$A(\lambda)\neq O$ とする．$A(\lambda)$ と対等な行列で $(1,1)$ 成分が 0 でないものが少なくとも 1 つ存在するので，そのような行列のうちで $(1,1)$ 成分の λ に関する次数が最低のものを 1 つ選ぶ．その行列の第 1 行を $(1,1)$ 成分の最高次係数で割ると，$A(\lambda)$ と対等な行列

$$B(\lambda)=\begin{bmatrix} e_1(\lambda) & b_{12}(\lambda) & \cdots & b_{1n}(\lambda) \\ b_{21}(\lambda) & b_{22}(\lambda) & \cdots & b_{2n}(\lambda) \\ \vdots & \vdots & \ddots & \vdots \\ b_{n1}(\lambda) & b_{n2}(\lambda) & \cdots & b_{nn}(\lambda) \end{bmatrix} \tag{2.48}$$

が得られる．ここで $e_1(\lambda)$ の最高次係数は 1 である.

2) $B(\lambda)$ の第 1 行および第 1 列の成分はすべて $e_1(\lambda)$ で割り切れる．実際，もし第 1 行の成分 $b_{1j}(\lambda)$ $(j\neq 1)$ が $e_1(\lambda)$ で割り切れないと仮定すると

$$b_{1j}(\lambda)=e_1(\lambda)q(\lambda)+r(\lambda)$$

と表され $r(\lambda)$ の次数は $e_1(\lambda)$ の次数より低い．$B(\lambda)$ の第 j 列から第 1 列の $q(\lambda)$ 倍を引き，さらに第 1 列と第 j 列を交換すれば，得られる行列は $B(\lambda)$ としたがって $A(\lambda)$ と対等で，$(1,1)$ 成分は $r(\lambda)$ である．これは $B(\lambda)$ の選び方に矛盾する．第 1 列の成分 $b_{i1}(\lambda)$ $(i\neq 1)$ についても同様である．そこで

$$b_{1j}(\lambda)=e_1(\lambda)q_j(\lambda), \quad b_{i1}(\lambda)=e_1(\lambda)p_i(\lambda)$$

とし，第 j 列から第 1 列の $q_j(\lambda)$ 倍を引き，第 i 行から第 1 行の $p_i(\lambda)$ 倍を引くと，$A(\lambda)$ と対等な行列

$$C(\lambda)=\begin{bmatrix} e_1(\lambda) & 0 & \cdots & 0 \\ 0 & c_{22}(\lambda) & \cdots & c_{2n}(\lambda) \\ \vdots & \vdots & \ddots & \vdots \\ 0 & c_{n2}(\lambda) & \cdots & c_{nn}(\lambda) \end{bmatrix} \tag{2.49}$$

が得られる．

3）数学的帰納法の仮定により，$(n-1)\times(n-1)$ 行列

$$\begin{bmatrix} c_{22}(\lambda) & \cdots & c_{2n}(\lambda) \\ \vdots & \ddots & \vdots \\ c_{n2}(\lambda) & \cdots & c_{nn}(\lambda) \end{bmatrix}$$

は何回か基本変形を施すことにより標準形

$$\begin{bmatrix} e_2(\lambda) & \cdots & 0 & 0 & \cdots & 0 \\ \vdots & \ddots & \vdots & \vdots & & \vdots \\ 0 & \cdots & e_r(\lambda) & 0 & \cdots & 0 \\ 0 & \cdots & 0 & 0 & \cdots & 0 \\ \vdots & & \vdots & \vdots & \ddots & \vdots \\ 0 & \cdots & 0 & 0 & \cdots & 0 \end{bmatrix}$$

に変換できる．同じ変形を $C(\lambda)$ に施すと $A(\lambda)$ に対等な行列

$$D(\lambda) = \begin{bmatrix} e_1(\lambda) & 0 & \cdots & 0 & 0 & \cdots & 0 \\ 0 & e_2(\lambda) & \cdots & 0 & 0 & \cdots & 0 \\ \vdots & \vdots & \ddots & \vdots & \vdots & & \vdots \\ 0 & 0 & \cdots & e_r(\lambda) & 0 & \cdots & 0 \\ 0 & 0 & \cdots & 0 & 0 & \cdots & 0 \\ \vdots & \vdots & & \vdots & \vdots & \ddots & \vdots \\ 0 & 0 & \cdots & 0 & 0 & \cdots & 0 \end{bmatrix} \tag{2.50}$$

が得られる．

4）最後に $e_2(\lambda)$ が $e_1(\lambda)$ で割り切れることを示す．実際

$$e_2(\lambda) = e_1(\lambda)q(\lambda) + r(\lambda)$$

とする．ここで $r(\lambda)$ は $e_1(\lambda)$ より次数が低い．$D(\lambda)$ の第 2 列に第 1 列の $q(\lambda)$ 倍を加え第 2 行から第 1 行を引くと $(2,2)$ 成分は $r(\lambda)$ となる．行および列の交換によりそれを $(1,1)$ 成分に移すことができるが，これは $e_1(\lambda)$ の選び方に矛盾する．以上で $D(\lambda)$ が標準形であることが示された．□

定義 2.7 上の定理によって定まる数 r を $A(\lambda)$ の**階数**といい，r 個の多項式 $e_1(\lambda), e_2(\lambda), \cdots, e_r(\lambda)$ を A の**単因子**という．

単因子は小行列式と密接に関連している．

定義 2.8 $n \times n$ 行列 $A(\lambda)$ のすべての $k \times k$ 小行列式の最大公約数（最高次係数は 1）を $A(\lambda)$ の k 次**行列式因子**といい，$d_k(\lambda)$ で表す．すべての $k \times k$ 小行列式が 0 のときは $d_k(\lambda) = 0$ とおく．

定理 2.15 互いに対等な $n \times n$ 行列 $A(\lambda), B(\lambda)$ の n 個の行列式因子は一致する．

（証明） $B(\lambda)$ が $A(\lambda)$ に 1 回の基本変形を施して得られる場合に行列式因子が一致することを示せば十分である．基本変形が(L1)(R1)(L2)(R2)のときについては明らかであるので，(L3)の場合を示す．(R3)の場合は同様である．そこで $A(\lambda)$ の第 i 行に第 j 行の $f(\lambda)$ 倍を加えたものが $B(\lambda)$ であるとする．$A(\lambda)$ の $k \times k$ 小行列式のうちで第 i 行を含まないものは不変であるし，また第 i 行，第 j 行をともに含むものも不変である．そこで $A(\lambda)$ の第 i 行を含み第 j 行を含まない k 次小行列式を $\delta(\lambda)$ とし，$B(\lambda)$ の対応する（同じ行，列をとって得られる）k 次小行列式を $\delta_1(\lambda)$ とする．$\delta(\lambda)$ に含まれる $A(\lambda)$ の第 i 行を $A(\lambda)$ の第 j 行（の対応する部分）で置き換えて得られる行列式を $\delta_0(\lambda)$ とすると

$$\delta_1(\lambda) = \delta(\lambda) + f(\lambda)\delta_0(\lambda)$$

が成り立つ．$\delta(\lambda), \delta_0(\lambda)$ はともに $A(\lambda)$ の k 次行列式因子 $d_k(\lambda)$ で割り切れるから，$\delta_1(\lambda)$ も $d_k(\lambda)$ で割り切れる．したがって $d_k(\lambda)$ は $B(\lambda)$ の任意の $k \times k$ 小行列式を割り切り，したがって $B(\lambda)$ の k 次行列式因子 $d'_k(\lambda)$ を割り切る．対等という関係は対称律を満たす（基本変形は可逆である）ので，同様に $d'_k(\lambda)$ は $d_k(\lambda)$ を割り切る．共に最高次係数は 1 であるから，$d_k(\lambda) = d'_k(\lambda)$ が成り立つ．□

定理 2.16 $n \times n$ 行列 $A(\lambda)$ の行列式因子を $d_1(\lambda), d_2(\lambda), \cdots, d_n(\lambda)$，その単

因子を $e_1(\lambda), e_2(\lambda), \cdots, e_r(\lambda)$ とすれば

$$\begin{aligned} d_k(\lambda) &= e_1(\lambda)e_2(\lambda)\cdots e_k(\lambda), \quad && k \leq r \\ d_k(\lambda) &= 0, && k > r \end{aligned} \tag{2.51}$$

が成り立つ．したがって

$$e_k(\lambda) = \frac{d_k(\lambda)}{d_{k-1}(\lambda)}, \quad k = 1, 2, \cdots, r, \text{ ただし } d_0(\lambda) = 1 \tag{2.52}$$

である．特に単因子は $A(\lambda)$ によって一意に定まる．

（証明） 定理 2.14 により $A(\lambda)$ は標準形

$$\begin{bmatrix} e_1(\lambda) & 0 & \cdots & 0 & 0 & \cdots & 0 \\ 0 & e_2(\lambda) & \cdots & 0 & 0 & \cdots & 0 \\ \vdots & \vdots & \ddots & \vdots & \vdots & & \vdots \\ 0 & 0 & \cdots & e_r(\lambda) & 0 & \cdots & 0 \\ 0 & 0 & \cdots & 0 & 0 & \cdots & 0 \\ \vdots & \vdots & & \vdots & \vdots & \ddots & \vdots \\ 0 & 0 & \cdots & 0 & 0 & \cdots & 0 \end{bmatrix}$$

と対等である．この対角行列の行列式因子（定理 2.15 により $A(\lambda)$ の行列式因子に等しい）は明らかに

$$\begin{aligned} d_k(\lambda) &= e_1(\lambda)e_2(\lambda)\cdots e_k(\lambda), \quad && k \leq r \\ d_k(\lambda) &= 0, && k > r \end{aligned}$$

である．したがって

$$e_k(\lambda) = \frac{d_k(\lambda)}{d_{k-1}(\lambda)}, \quad k = 1, 2, \cdots, r$$

である．よって $e_1(\lambda), \cdots, e_r(\lambda)$ は $A(\lambda)$ によって一意的に定まる．階数 r は $A(\lambda)$ の 0 でない小行列式の最大次数として一意に決まる．□

系 2.3 2 つの $n \times n$ 行列 $A(\lambda), B(\lambda)$ が対等であるためには，それらの階数と単因子が一致することが必要十分である．

（証明） 定理より明らかである．□

系 2.4　$n \times n$ 行列 $A(\lambda)$ に対し次の 3 つは同値である.

1) $A(\lambda)$ は可逆である.

2) $A(\lambda) \sim I$ である.

3) $A(\lambda)$ は有限個の基本行列の積で表される.

(証明)　1) $\Rightarrow$ 2)：　$A(\lambda)$ が可逆ならばその標準形の行列式は det $A(\lambda)$ の 0 でない定数倍になる. したがって標準形の階数は n ですべての単因子が 1, すなわちそれは単位行列 I でなければならない.

2) $\Rightarrow$ 3)：　$A(\lambda) \sim I$ ならば $A(\lambda)$ は I に有限回の基本変形を施して得られる. 言い換えると $A(\lambda)$ はそれらの左基本変形および右基本変形に対応する基本行列の積で表される.

3) $\Rightarrow$ 1)：　基本行列 $U_1(\lambda), \cdots, U_k(\lambda)$ により $A(\lambda) = U_1(\lambda) \cdots U_k(\lambda)$ と表されると, $U_k(\lambda)^{-1} \cdots U_1(\lambda)^{-1} = A^{-1}(\lambda)$ となり, 各 $U_i(\lambda)^{-1}$ は可逆行列である. したがって $A(\lambda)$ は可逆行列である. □

系 2.5　2 つの $n \times n$ 行列 $A(\lambda), B(\lambda)$ が対等であるためには,

$$B(\lambda) = P(\lambda)A(\lambda)Q(\lambda) \tag{2.53}$$

となる 2 つの可逆行列 $P(\lambda), Q(\lambda)$ が存在することが必要十分である.

(証明)　対等の定義と上の系から明らかである. □

2.6　単因子と Jordan 標準形

この節では, 正方行列の単因子と Jordan 標準形の関連について述べる. そこで以下では $n \times n$ 実行列 A に対し, 実変数 λ をもつ特性行列 $\lambda I - A$ について考える. A の特性多項式 $\varphi_A(\lambda) = \det(\lambda I - A)$ が λ の n 次の多項式 $\neq 0$ であるから A の特性行列の階数は n であり, 0 でない単因子は n 個ある.

定理 2.17　2 つの $n \times n$ 実行列 A, B が相似であるためには, それらの特性行列 $\lambda I - A, \lambda I - B$ が対等であることが必要十分である.

(証明) A, B が相似ならある正則行列 T によって

$$\lambda I - B = T^{-1}(\lambda I - A)T$$

となり，T は可逆であるから，系 2.5 により $\lambda I - A, \lambda I - B$ は対等である．逆に $\lambda I - A, \lambda I - B$ が対等であるとすると

$$(\lambda I - A)P(\lambda) = Q(\lambda)(\lambda I - B)$$

となる可逆行列 $P(\lambda), Q(\lambda)$ が存在する．

$$P(\lambda) = P'(\lambda)(\lambda I - B) + P, \quad Q(\lambda) = (\lambda I - A)Q'(\lambda) + Q$$

とすると

$$\begin{aligned}
&(\lambda I - A)(P'(\lambda) - Q'(\lambda))(\lambda I - B)\\
&= (\lambda I - A)P'(\lambda)(\lambda I - B) - (\lambda I - A)Q'(\lambda)(\lambda I - B)\\
&= (\lambda I - A)(P(\lambda) - P) - (Q(\lambda) - Q)(\lambda I - B)\\
&= [(\lambda I - A)P(\lambda) - Q(\lambda)(\lambda I - B)] + [Q(\lambda I - B) - (\lambda I - A)P]\\
&= Q(\lambda I - B) - (\lambda I - A)P
\end{aligned}$$

$P'(\lambda) \neq Q'(\lambda)$ ならば最左辺の次数は 2 以上であり，一方最右辺の次数は 1 以下であるから

$$P'(\lambda) = Q'(\lambda), \quad Q(\lambda I - B) = (\lambda I - A)P$$

でなければならない．2 番目の式から

$$(P - Q)\lambda = AP - QB$$

となるので

$$P = Q, \quad AP = QB$$

となる．後は P が正則であることが示せれば $B = P^{-1}AP$ が成り立つので A と B は相似になる．$P(\lambda)$ は可逆行列であるから

$$P^{-1}(\lambda) = R(\lambda)(\lambda I - A) + R$$

と表せる．よって

$$\begin{aligned} I &= [R(\lambda)(\lambda I - A) + R][P'(\lambda)(\lambda I - B) + P] \\ &= [R(\lambda)(\lambda I - A) + R]P'(\lambda)(\lambda I - B) + R(\lambda)(\lambda I - A)P + RP \\ &= [R(\lambda)(\lambda I - A) + R]P'(\lambda)(\lambda I - B) + R(\lambda)Q(\lambda I - B) + RP \\ &= ([R(\lambda)(\lambda I - A) + R]P'(\lambda) + R(\lambda)Q)(\lambda I - B) + RP \end{aligned}$$

べき次数を考慮すれば，$RP = I$ となる．よって P は正則である．□

上の定理より，相似な行列を特徴付けるのがその特性行列の単因子であることがわかる．まず正方行列の特性多項式（固有多項式）と単因子の間には次のような関係がある．

定理 2.18 $n \times n$ 行列 A に対しその特性行列 $\lambda I - A$ の単因子を $e_1(\lambda), e_2(\lambda), \cdots, e_n(\lambda)$ とすれば

$$e_1(\lambda)e_2(\lambda)\cdots e_n(\lambda) = \varphi_A(\lambda) = \det\,(\lambda I - A) \tag{2.54}$$

が成り立つ．特に $e_1(\lambda), e_2(\lambda), \cdots, e_n(\lambda)$ の次数の和は n に等しく，$e_i(\lambda) \neq 0$ $(i = 1, 2, \cdots, n)$ である．

（証明） $\lambda I - A \sim B(\lambda) = \begin{bmatrix} e_1(\lambda) & & O \\ & \ddots & \\ O & & e_n(\lambda) \end{bmatrix}$ であるから

$$\varphi_A(\lambda) = \det\,(\lambda I - A) = c \det B(\lambda) = ce_1(\lambda)e_2(\lambda)\cdots e_n(\lambda)$$

となる．最高次の係数を比較すれば $c = 1$ となる．$\varphi_A(\lambda)$ が λ の n 次多項式であることに注意すれば後半は明らかである．□

さらに最小多項式と単因子の関係を考える．そのために行列多項式に対する剰余の定理を証明なしに述べておく（例えば杉浦[6]，定理 1.40）．

補題 2.3 多項式 $g(\lambda)$ と $n \times n$ 行列 A に対し次の 2 つは同値である．

1） $g(A) = O$

2） $g(\lambda)I = (\lambda I - A)G(\lambda)$ となる行列多項式 $G(\lambda)$ が存在する．

ついでではあるが，すでに述べた Cayley-Hamilton の定理 $\varphi_A(A) = O$ は剰余の定理を認めれば直ちに従う．実際

$$(\lambda I - A)\mathrm{adj}\ (\lambda I - A) = \det\ (\lambda I - A)I = \varphi_A(\lambda)I$$

なる関係に上の補題を適用すればよい．

定理 2.19 $n \times n$ 行列 A の最小多項式 $\psi_A(\lambda)$ は

$$\psi_A(\lambda) = \frac{\varphi_A(\lambda)}{d_{n-1}(\lambda)} = e_n(\lambda) \tag{2.55}$$

で与えられる．

（証明） 行列式因子の定義から

$$\mathrm{adj}\ (\lambda I - A) = d_{n-1}(\lambda)B(\lambda) \tag{2.56}$$

と表され $B(\lambda)$ の成分の最大公約数は 1 である．一方定理 2.16，2.18 から

$$(\lambda I - A)\mathrm{adj}\ (\lambda I - A) = d_{n-1}(\lambda)e_n(\lambda)I \tag{2.57}$$

であるから

$$(\lambda I - A)B(\lambda) = e_n(\lambda)I \tag{2.58}$$

が成り立つ．剰余の定理（上の補題）より $e_n(A) = O$ である．したがって $e_n(\lambda) = q(\lambda)\psi_A(\lambda)$ となる多項式 $q(\lambda)$ が存在する．また $\psi_A(A) = O$ であるから再び剰余の定理より $\psi_A(\lambda)I = (\lambda I - A)Q(\lambda)$ となる行列多項式 $Q(\lambda)$ が存在する．以上より

$$(\lambda I - A)B(\lambda) = q(\lambda)(\lambda I - A)Q(\lambda) \tag{2.59}$$

この式の両辺に左から adj $(\lambda I - A)$ を掛けると

$$\varphi_A(\lambda)B(\lambda) = \varphi_A(\lambda)q(\lambda)Q(\lambda)$$

となるので，結局

$$B(\lambda) = q(\lambda)Q(\lambda) \tag{2.60}$$

が得られる．$B(\lambda)$ の成分の最大公約数は 1 であるから，$q(\lambda) = 1$ でなければならない．よって $\psi_A(\lambda) = e_n(\lambda)$ が成り立つ．□

では，代表的な行列に対し，その特性行列の単因子を求めてみよう．

例 2.6 随伴形の $n \times n$ 行列

$$A = \begin{bmatrix} 0 & 1 & 0 & \cdots & 0 & 0 \\ 0 & 0 & 1 & \cdots & 0 & 0 \\ \vdots & \vdots & \vdots & & \vdots & \vdots \\ 0 & 0 & 0 & \cdots & 0 & 1 \\ -a_n & -a_{n-1} & -a_{n-2} & \cdots & -a_2 & -a_1 \end{bmatrix} \tag{2.61}$$

に対しては

$$\lambda I - A = \begin{bmatrix} \lambda & -1 & \cdots & 0 & 0 \\ 0 & \lambda & \cdots & 0 & 0 \\ \vdots & \vdots & \ddots & \vdots & \vdots \\ 0 & 0 & \cdots & \lambda & -1 \\ a_n & a_{n-1} & \cdots & a_2 & \lambda + a_1 \end{bmatrix}$$

$$\sim \begin{bmatrix} -1 & 0 & \cdots & 0 & \lambda \\ \lambda & -1 & \cdots & 0 & 0 \\ \vdots & \vdots & \ddots & \vdots & \vdots \\ 0 & 0 & \cdots & -1 & 0 \\ a_{n-1} & a_{n-2} & \cdots & \lambda + a_1 & a_n \end{bmatrix}$$

$$\sim \begin{bmatrix} -1 & 0 & \cdots & 0 & \lambda \\ 0 & -1 & \cdots & 0 & \lambda^2 \\ \vdots & \vdots & \ddots & \vdots & \vdots \\ 0 & 0 & \cdots & -1 & \lambda^{n-1} \\ a_{n-1} & a_{n-2} & \cdots & \lambda + a_1 & a_n \end{bmatrix}$$

$$\sim \begin{bmatrix} -1 & 0 & \cdots & 0 & \lambda \\ 0 & -1 & \cdots & 0 & \lambda^2 \\ \vdots & \vdots & \ddots & \vdots & \vdots \\ 0 & 0 & \cdots & -1 & \lambda^{n-1} \\ 0 & 0 & \cdots & 0 & \varphi_A(\lambda) \end{bmatrix} \sim \begin{bmatrix} 1 & 0 & \cdots & 0 & 0 \\ 0 & 1 & \cdots & 0 & 0 \\ \vdots & \vdots & \ddots & \vdots & \vdots \\ 0 & 0 & \cdots & 1 & 0 \\ 0 & 0 & \cdots & 0 & \varphi_A(\lambda) \end{bmatrix}$$

となるので，単因子は $1, 1, \cdots, 1, \varphi_A(\lambda)$ である．このとき $\psi_A(\lambda) = \varphi_A(\lambda)$ でもある．

例 2.7 k 次の Jordan 細胞

$$J(\alpha, k) = \begin{bmatrix} \alpha & 1 & \cdots & 0 & 0 \\ 0 & \alpha & \cdots & 0 & 0 \\ \vdots & \vdots & \ddots & \vdots & \vdots \\ 0 & 0 & \cdots & \alpha & 1 \\ 0 & 0 & \cdots & 0 & \alpha \end{bmatrix} \tag{2.62}$$

に対しては

$$\lambda I - J(\alpha, k) = \begin{bmatrix} \lambda-\alpha & -1 & \cdots & 0 & 0 \\ 0 & \lambda-\alpha & \cdots & 0 & 0 \\ \vdots & \vdots & \ddots & \vdots & \vdots \\ 0 & 0 & \cdots & \lambda-\alpha & -1 \\ 0 & 0 & \cdots & 0 & \lambda-\alpha \end{bmatrix}$$

$$\sim \begin{bmatrix} 1 & 0 & \cdots & 0 & \lambda-\alpha \\ \alpha-\lambda & 1 & \cdots & 0 & 0 \\ \vdots & \vdots & \ddots & \vdots & \vdots \\ 0 & 0 & \cdots & 1 & 0 \\ 0 & 0 & \cdots & \alpha-\lambda & 0 \end{bmatrix}$$

$$\sim \begin{bmatrix} 1 & 0 & \cdots & 0 & \lambda-\alpha \\ 0 & 1 & \cdots & 0 & (\lambda-\alpha)^2 \\ \vdots & \vdots & \ddots & \vdots & \vdots \\ 0 & 0 & \cdots & 1 & (\lambda-\alpha)^{k-1} \\ 0 & 0 & \cdots & 0 & (\lambda-\alpha)^k \end{bmatrix}$$

$$\sim \begin{bmatrix} 1 & 0 & \cdots & 0 & 0 \\ 0 & 1 & \cdots & 0 & 0 \\ \vdots & \vdots & \ddots & \vdots & \vdots \\ 0 & 0 & \cdots & 1 & 0 \\ 0 & 0 & \cdots & 0 & (\lambda-\alpha)^k \end{bmatrix}$$

よって単因子は，$1, 1, \cdots, 1, (\lambda-\alpha)^k$ である．

この例の結果を利用して，Jordan 標準形で表された行列の単因子について考えてみる．記法を簡単にするために $m \times m$ 行列 $A(\lambda)$ と $n \times n$ 行列 $B(\lambda)$ の直和を $(m+n) \times (m+n)$ 行列

$$A(\lambda) \oplus B(\lambda) = \begin{bmatrix} A(\lambda) & O \\ O & B(\lambda) \end{bmatrix} \tag{2.63}$$

で定義する．この定義は 3 つ以上の行列に対して自然に拡張できる．

定理 2.20 （必ずしも次数の等しくない）2 つの行列

$$A(\lambda) = \begin{bmatrix} 1 & \cdots & 0 & 0 \\ \vdots & \ddots & \vdots & \vdots \\ 0 & \cdots & 1 & 0 \\ 0 & \cdots & 0 & f(\lambda) \end{bmatrix}, \quad B(\lambda) = \begin{bmatrix} 1 & \cdots & 0 & 0 \\ \vdots & \ddots & \vdots & \vdots \\ 0 & \cdots & 1 & 0 \\ 0 & \cdots & 0 & g(\lambda) \end{bmatrix} \tag{2.64}$$

に対し，次が成り立つ．

1) $g(\lambda)$ が $f(\lambda)$ で割り切れるとき，$A(\lambda) \oplus B(\lambda)$ および $B(\lambda) \oplus A(\lambda)$ の単因子はともに $1, 1, \cdots, 1, f(\lambda), g(\lambda)$ である．

2) $f(\lambda), g(\lambda)$ が互いに素ならば，$A(\lambda) \oplus B(\lambda)$ および $B(\lambda) \oplus A(\lambda)$ の単因子はともに $1, 1, \cdots, 1, f(\lambda)g(\lambda)$ である．

(証明)　行と列の入れ換えにより $A(\lambda) \oplus B(\lambda) \sim B(\lambda) \oplus A(\lambda)$ であることは明らかであるので，$A(\lambda) \oplus B(\lambda)$ に対してのみ証明すればよい．行と列の入れ換えで

$$A(\lambda) \oplus B(\lambda) \sim \begin{bmatrix} I & O & O & O \\ O & f(\lambda) & O & O \\ O & O & I & O \\ O & O & O & g(\lambda) \end{bmatrix} \sim \begin{bmatrix} I & O & O & O \\ O & I & O & O \\ O & O & f(\lambda) & O \\ O & O & O & g(\lambda) \end{bmatrix}$$

となる．

1) $g(\lambda)$ が $f(\lambda)$ で割り切れるときには，この形がすでに標準形になっており，単因子は $1, \cdots, 1, f(\lambda), g(\lambda)$ である．

2) $f(\lambda)$ と $g(\lambda)$ が互いに素である場合には系 2.2 より

$$h_1(\lambda)f(\lambda) + h_2(\lambda)g(\lambda) = 1$$

を満たす多項式 $h_1(\lambda), h_2(\lambda)$ が存在する．2 つの行列

$$P(\lambda) = \begin{bmatrix} 1 & 1 \\ -h_2(\lambda)g(\lambda) & h_1(\lambda)f(\lambda) \end{bmatrix}$$
$$Q(\lambda) = \begin{bmatrix} h_1(\lambda) & -g(\lambda) \\ h_2(\lambda) & f(\lambda) \end{bmatrix} \tag{2.65}$$

を考えると

$$\det P(\lambda) = \det Q(\lambda) = h_1(\lambda)f(\lambda) + h_2(\lambda)g(\lambda) = 1 \tag{2.66}$$

であるから $P(\lambda), Q(\lambda)$ は可逆行列である．さらに簡単な計算により

$$P(\lambda) \begin{bmatrix} f(\lambda) & 0 \\ 0 & g(\lambda) \end{bmatrix} Q(\lambda) = \begin{bmatrix} 1 & 0 \\ 0 & f(\lambda)g(\lambda) \end{bmatrix} \tag{2.67}$$

が得られるので

$$\begin{bmatrix} f(\lambda) & 0 \\ 0 & g(\lambda) \end{bmatrix} \sim \begin{bmatrix} 1 & 0 \\ 0 & f(\lambda)g(\lambda) \end{bmatrix} \tag{2.68}$$

となる．この場合の $A(\lambda) \oplus B(\lambda)$ の単因子は，$1, \cdots, 1, f(\lambda)g(\lambda)$ である．□

さて，$n \times n$ 行列 A の相異なる固有値を $\lambda_1, \lambda_2, \cdots, \lambda_p$ とし，その特性多項式が $\varphi_A(\lambda) = \prod_{i=1}^{p}(\lambda - \lambda_i)^{\mu_i}$ であったとしよう．このとき特性行列 $\lambda I - A$ の単因子は $\varphi_A(\lambda)$ の約数であるから $\prod_{i=1}^{p}(\lambda - \lambda_i)^{k_i}$ の形になる．各 λ_i に対し A の Jordan 標準形 J に固有値 λ_i の Jordan 細胞がちょうど $\mu_i = \dim\, E_A(\lambda_i)$ 個だけ含まれる．今 λ の番号付けを

$$\mu_1 \geq \mu_2 \geq \cdots \geq \mu_p$$

となるようにし，各 i に対し μ_i 個の細胞の次数は大きさの順で

$$m_1^i \geq m_2^i \geq \cdots \geq m_{\mu_i}^i$$

となっているものとする．したがって J に含まれる Jordan 細胞を全部並べると

$$\begin{array}{cccc}
J(\lambda_1, m_1^1), & J(\lambda_1, m_2^1), & \cdots & J(\lambda_1, m_{\mu_1}^1) \\
J(\lambda_2, m_1^2), & J(\lambda_2, m_2^2), & \cdots & J(\lambda_2, m_{\mu_2}^2) \\
\cdots & \cdots & \cdots & \cdots \\
J(\lambda_p, m_1^p), & J(\lambda_p, m_2^p), & \cdots & J(\lambda_p, m_{\mu_p}^p)
\end{array}$$

となる．このとき上の縦の 1 列に属する細胞の直和行列を左から順に $J_n, J_{n-1}, \cdots, J_{n-\mu_1+1}$ とする．このとき例 2.6 に示したように J_j の特性行列 $\lambda I - J_j$ の単因子は $1, 1, \cdots, 1, e_j(\lambda)$ の形で

$$e_j(\lambda) = \prod_{i}(\lambda - \lambda_i)^{m_{n-j+1}^i} \tag{2.69}$$

である．ただし，右辺は J_j に含まれる Jordan 細胞の固有値全体に渡る積である．さらに定理 2.18 から J の特性行列 $\lambda I - J$ の単因子は

$$1, \quad 1, \quad \cdots, \quad 1, \quad e_{n-\mu_1+1}(\lambda), \quad \cdots, \quad e_n(\lambda) \tag{2.70}$$

となる．

例 2.8 注意 2.6 で考えた，特性多項式，最小多項式共に一致する 2 つの（Jordan 標準形）行列

$$A = \begin{bmatrix} \hat{\lambda} & 1 & 0 & 0 \\ 0 & \hat{\lambda} & 0 & 0 \\ 0 & 0 & \hat{\lambda} & 1 \\ 0 & 0 & 0 & \hat{\lambda} \end{bmatrix}, \quad B = \begin{bmatrix} \hat{\lambda} & 0 & 0 & 0 \\ 0 & \hat{\lambda} & 0 & 0 \\ 0 & 0 & \hat{\lambda} & 1 \\ 0 & 0 & 0 & \hat{\lambda} \end{bmatrix}$$

の特性行列に対しては,

$$\begin{aligned} &d_1^A(\lambda) = 1, \quad d_2^A(\lambda) = 1, \quad d_3^A(\lambda) = (\lambda - \hat{\lambda})^2, \quad d_4^A(\lambda) = (\lambda - \hat{\lambda})^4 \\ &e_1^A(\lambda) = 1, \quad e_2^A(\lambda) = 1, \quad e_3^A(\lambda) = (\lambda - \hat{\lambda})^2, \quad e_4^A(\lambda) = (\lambda - \hat{\lambda})^2 \\ &d_1^B(\lambda) = 1, \quad d_2^B(\lambda) = \lambda - \hat{\lambda}, \quad d_3^B(\lambda) = (\lambda - \hat{\lambda})^2, \quad d_4^B(\lambda) = (\lambda - \hat{\lambda})^4 \\ &e_1^B(\lambda) = 1, \quad e_2^B(\lambda) = \lambda - \hat{\lambda} \quad e_3^B(\lambda) = \lambda - \hat{\lambda} \quad e_4^B(\lambda) = (\lambda - \hat{\lambda})^2 \end{aligned}$$

となる. このように単因子は完全にその Joradan 標準形を決定する.

2.7 第 2 章のまとめと参考書

この章では, 線形代数の大スターである固有値を扱い, 固有値をもとに行列を標準化した Jordan 標準形について説明した. 標準形 (より好ましい場合では対角形) を考えることにより, 全体システムをより小さな部分に分けて考えることができ, 固有値はその部分システムの特性, 挙動を特徴付ける. さらに Jordan 標準形の理解を深めるために単因子についても説明した.

第 1 章に挙げた線形代数の著書は当然固有値を大きく扱っており, 数値例なども理解の助けになると思う. Jordan 標準形を学びたい初学者には三宅[3] が読みやすい. 単因子については齋藤[4] に取り上げられている. これを含めて Jordan 標準形について詳しいのは, 杉浦[6,7] であり本書でも大いに参考にした. 固有値は有限次元の線形空間を扱う線形代数でも重要であるが, 無限次元の線形空間を扱う関数解析においても重要であり, 長谷川[1] にその一端が紹介されている. さらに志賀[5] は固有値に焦点を当てた好著である. 固有値の応用については以下の章で何度か現れる.

文 献

1) 長谷川浩司,『線型代数』, 日本評論社 (2004)
2) 木村英紀,『線形代数』, 東京大学出版会 (2003)
3) 三宅敏恒,『線形代数学——初歩からジョルダン標準形へ』, 培風館 (2008)
4) 齋藤正彦,『線型代数入門』, 東京大学出版会 (1966)
5) 志賀浩二,『固有値問題 30 講』, 朝倉書店 (1991)
6) 杉浦光夫,『Jordan 標準形と単因子論 I』, 岩波講座基礎数学, 岩波書店 (1976)
7) 杉浦光夫,『Jordan 標準形と単因子論 II』, 岩波講座基礎数学, 岩波書店 (1977)

3
線形方程式と線形不等式

3.1 線形方程式の解の存在条件と Cramer の公式

この章の前半では，$m \times n$ 実行列 A と m 次元実ベクトル $\boldsymbol{b}$ が与えられたときに

$$A\boldsymbol{x} = \boldsymbol{b} \tag{3.1}$$

を満足する n 次元実ベクトル $\boldsymbol{x}$ を求める線形方程式について考察する．なお，そのような $\boldsymbol{x}$ が存在するとき，それを方程式の解という．では，解は常に存在するのであろうか，また存在するとしてそれは一意に定まるのであろうか？

最初の問に対する答えは次の定理で与えられる．

定理 3.1 線形方程式 $A\boldsymbol{x} = \boldsymbol{b}$ に解が存在するための必要十分条件は

$$\boldsymbol{b} \in \mathrm{Im}\ A \tag{3.2}$$

となることである．さらにこの条件は

$$\mathrm{rank}\ [A\ \boldsymbol{b}\ ] = \mathrm{rank}\ A \tag{3.3}$$

と同値である．

（証明） 前半は当然である．後半は $\mathrm{rank}\ A = \dim\ (\mathrm{Im}\ A)$，$\mathrm{rank}\ [A\ \boldsymbol{b}] = \dim\ (\mathrm{Im}\ [A\ \boldsymbol{b}]) = \dim\ (\mathrm{Im}\ A + \mathrm{span}\ [\boldsymbol{b}])$ であることに注意すれば，これも当然である．□

では，解の一意性に関する 2 番目の問に対する答えはどうなるであろうか？それは次の定理から導かれる．

定理 3.2 線形方程式 $A\boldsymbol{x} = \boldsymbol{b}$ に解 $\boldsymbol{x}^*$ が存在すると仮定する．このとき，解の全体は

$$\boldsymbol{x}^* + \mathrm{Ker}\ A = \{\boldsymbol{x}^* + \boldsymbol{x} \mid \boldsymbol{x} \in \mathrm{Ker}\ A\} \tag{3.4}$$

で与えられる．

（証明） 方程式の任意の解を $\boldsymbol{z}$ とし $\boldsymbol{z} - \boldsymbol{x}^* = \boldsymbol{x}$ とおくと $\boldsymbol{b} = A\boldsymbol{z} = A(\boldsymbol{x}^* + \boldsymbol{x}) = A\boldsymbol{x}^* + A\boldsymbol{x} = \boldsymbol{b} + A\boldsymbol{x}$ となるので $\boldsymbol{x} \in \mathrm{Ker}\ A$ になる．逆に $\boldsymbol{x} \in \mathrm{Ker}\ A$ ならば，$A(\boldsymbol{x}^* + \boldsymbol{x}) = A\boldsymbol{x}^* + A\boldsymbol{x} = \boldsymbol{b} + \boldsymbol{0} = \boldsymbol{b}$ となる．□

系 3.1 $m \times n$ 行列 A に対する線形方程式 $A\boldsymbol{x} = \boldsymbol{b}$ に解が存在するとき，その解が一意的になる必要十分条件は $\mathrm{Ker}\ A = \{\boldsymbol{0}\}$ となることである．特に $m = n$ の場合，A が正則であるときかつそのときに限って一意解が存在する．この場合の解は $A^{-1}\boldsymbol{b}$ である．

（証明） 前半は定理から明らかである．後半は，$m = n$ の場合に

$$A \text{ が正則} \iff \mathrm{Im}\ A = \mathbf{R}^n \iff \mathrm{Ker}\ A = \{\boldsymbol{0}\}$$

となることからわかる．□

では，上の $m = n$ で A が正則である場合の一意解をより具体的に表現することを考える．そのために余因子を考える．$n \times n$ 正方行列 A の第 i 列ベクトルを $\boldsymbol{a}_i$ とする．すなわち

$$A = [\ \boldsymbol{a}_1\ \boldsymbol{a}_2\ \cdots\ \boldsymbol{a}_n\ ] \tag{3.5}$$

とする．第 1 章で述べたように，この行列の i 行と j 列を取り去って得られる $(n-1) \times (n-1)$ 行列の行列式に $(-1)^{i+j}$ を掛けたものを A の (i,j) 余因子といい，Δ_{ij} で表す．すると Δ_{ji} は A の第 i 列を第 j 単位ベクトル $\boldsymbol{e}_j$ で置き換えた行列の行列式に等しい．すなわち

$$\Delta_{ji} = \det\ [\ \boldsymbol{a}_1\ \cdots\ \boldsymbol{e}_j\ \cdots \boldsymbol{a}_n\ ] \tag{3.6}$$

である．このとき正則な A の逆行列 A^{-1} の第 (i,j) 成分は $\Delta_{ji}/\det A$ で与えられる（定理 1.4）．

そこで，$A\boldsymbol{x}=\boldsymbol{b}$ の一意解 $\boldsymbol{x}$ の第 i 成分 x_i は

$$\begin{aligned} x_i &= \frac{1}{\det A}\sum_{j=1}^{n}\Delta_{ji}b_j \\ &= \frac{1}{\det A}\det\left[\, \boldsymbol{a}_1 \ \cdots \ \sum_{j=1}^{n} b_j\boldsymbol{e}_j \ \cdots \ \boldsymbol{a}_n \,\right] \\ &= \frac{1}{\det A}\det\left[\, \boldsymbol{a}_1 \ \cdots \ \boldsymbol{b} \ \cdots \ \boldsymbol{a}_n \,\right] \end{aligned} \tag{3.7}$$

となる．ただし，$\boldsymbol{b}$ は第 i 列に入っており，A の第 i 列を $\boldsymbol{b}$ で置き換えた形になっている．このように正則な行列に対する線形方程式の解は行列式の計算だけで求めることが可能である．この公式を **Cramer** の公式という．

3.2 一般化逆行列

前節の議論からもわかるように，$m\times n$ 行列 A に関する線形方程式 $A\boldsymbol{x}=\boldsymbol{b}$ を解くというのは，与えられた $\boldsymbol{b}\in\mathbf{R}^m$ に対し適切な $\boldsymbol{x}\in\mathbf{R}^n$ を定めることである．既に述べたように $m=n$ で A が正則（線形写像として全単射）であれば，このことは A の逆写像である A^{-1} を用いて $\boldsymbol{x}=A^{-1}\boldsymbol{b}$ とすれば何の問題もなく実現できる．しかし一般には $m=n$ ではないし，たとえ $m=n$ の場合でも A が正則であるとは限らない．そこで以下では，逆行列の一般化である一般化逆行列を用いて線形方程式 $A\boldsymbol{x}=\boldsymbol{b}$ の解についてより詳しく調べてみる．

定義 3.1 A を $m\times n$ 行列とするとき，

$$ABA=A \tag{3.8}$$

を満たす $n\times m$ 行列 B を A の一般化逆行列という．

定理 3.3 $m\times n$ 行列 A に対し，$n\times m$ 行列 B が A の一般化逆行列になるための必要十分条件は，任意の $\boldsymbol{y}\in\mathrm{Im}\,A$ に対して $B\boldsymbol{y}$ が $A\boldsymbol{x}=\boldsymbol{y}$ の解になることである．

（証明）（必要性）$ABA = A$ が成り立つとし，任意に $\boldsymbol{y} \in \mathrm{Im}\ A$ をとる．$\boldsymbol{y} = A\boldsymbol{x}$ となる $\boldsymbol{x} \in \mathbf{R}^n$ をとると，$ABA\boldsymbol{x} = A\boldsymbol{x}$，すなわち $AB\boldsymbol{y} = \boldsymbol{y}$ が成り立つ．したがって $B\boldsymbol{y}$ は $A\boldsymbol{x} = \boldsymbol{y}$ の 1 つの解である．

（十分性）A の列ベクトルを $\boldsymbol{a}_1, \boldsymbol{a}_2, \cdots, \boldsymbol{a}_n$ とすると $A\boldsymbol{e}_i = \boldsymbol{a}_i$ であるから，$\boldsymbol{a}_i \in \mathrm{Im}\ A$ がすべての $i = 1, 2, \cdots, n$ について成り立つ．よって，$B\boldsymbol{a}_i$ は $A\boldsymbol{x} = \boldsymbol{a}_i$ の解となり，$AB\boldsymbol{a}_i = \boldsymbol{a}_i$ が成り立つ．これから

$$ABA\boldsymbol{e}_i = A\boldsymbol{e}_i, \quad i = 1, 2, \cdots, n$$

となるが，これはすべての $i = 1, 2, \cdots, n$ に対し ABA の第 i 列と A の第 i 列が一致することを示している．よって $ABA = A$ が成り立つ．□

上の定理から一般化逆行列の定義として式 (3.8) と定理の条件のいずれを用いてもよいことがわかる．

一般化逆行列は必ず存在することが示されるが，通常は必ずしも一意に定まらない．そこで以下では，特に意味のある一般化逆行列を構成することを考える．A を $m \times n$ 実行列とし，$\mathbf{R}^n$ や $\mathbf{R}^m$ には Euclid 内積を考える．

$$\mathbf{R}^n = U \oplus \mathrm{Ker}\ A \tag{3.9}$$

$$\mathbf{R}^m = \mathrm{Im}\ A \oplus W \tag{3.10}$$

となるように部分空間 U, W を取る．すなわち $\mathbf{R}^n$ における $\mathrm{Ker}\ A$ の補空間 U と $\mathbf{R}^m$ における $\mathrm{Im}\ A$ の補空間 W を定める．このとき式 (3.9) から

$$\dim U + \dim\ (\mathrm{Ker}\ A) = n$$

であり，一方次元定理から

$$\dim\ (\mathrm{Im}\ A) + \dim\ (\mathrm{Ker}\ A) = n$$

であるから，$\dim U = \dim\ (\mathrm{Im}\ A)$ である．したがって A は U と $\mathrm{Im}\ A$ の間では全単射になる．また，$\mathrm{Ker}\ A$ の要素はすべて $\mathbf{0}$ に写される．そこで，逆に $\mathrm{Im}\ A$ の要素を U の対応する要素に戻し，W の要素はすべて $\mathbf{0}$ に写す $n \times m$ 行列 B を考える．この行列は一意的に定まり，一般化逆行列になることは明らかである．実際任意の $\boldsymbol{x} = \boldsymbol{x}_1 + \boldsymbol{x}_2$，$\boldsymbol{x}_1 \in U$，$\boldsymbol{x}_2 \in \mathrm{Ker}\ A$ に対し

$$ABA\boldsymbol{x} = ABA(\boldsymbol{x}_1 + \boldsymbol{x}_2) = A(BA\boldsymbol{x}_1) = A\boldsymbol{x}_1 = A\boldsymbol{x}$$

である．なお，実は W から Ker A への写し方にも自由度があるがここでは簡単のため $\mathbf{0}$ に写すものとする．

特に興味深いのは U として Im $A^\top$，W として Ker $A^\top$ をとった場合，すなわち

$$\mathbf{R}^n = \text{Im } A^\top \oplus \text{Ker } A \tag{3.11}$$

$$\mathbf{R}^m = \text{Im } A \oplus \text{Ker } A^\top \tag{3.12}$$

とした場合である．すでに示したようにこれらはそれぞれ直交補空間になっている．この場合の一般化逆行列を擬似逆行列あるいは Moore-Penrose の一般化逆行列といい，$A^\dagger$ で表す．数学的には次のように定義すればよい．

定義 3.2 A を $m \times n$ 行列とするとき，次の 4 つの条件を満足する $n \times m$ 行列 $A^\dagger$ を擬似逆行列あるいは **Moore-Penrose** の一般化逆行列という．

$$AA^\dagger A = A \tag{3.13}$$

$$A^\dagger AA^\dagger = A^\dagger \tag{3.14}$$

$$(AA^\dagger)^\top = AA^\dagger \tag{3.15}$$

$$(A^\dagger A)^\top = A^\dagger A \tag{3.16}$$

上の定義が一意な行列を定めることを確認しておこう．今もし $A_1^\dagger$，$A_2^\dagger$ が定義の条件を満足したとすると

$$\begin{aligned}
A_1^\dagger &= A_1^\dagger AA_1^\dagger = A^\top(A_1^\dagger)^\top A_1^\dagger \\
&= A^\top(A_2^\dagger)^\top A^\top(A_1^\dagger)^\top A^\dagger = A^\top(A_2^\dagger)^\top A_1^\dagger AA_1^\dagger = A^\top(A_2^\dagger)^\top A_1^\dagger \\
&= A_2^\dagger AA_1^\dagger = A_2^\dagger(A_1^\dagger)^\top A^\top = A_2^\dagger AA_2^\dagger(A_1^\dagger)^\top A^\top \\
&= A_2^\dagger(A_2^\dagger)^\top A^\top(A_1^\dagger)^\top A^\top = A_2^\dagger(A_2^\dagger)^\top A^\top = A_2^\dagger AA_2^\dagger = A_2^\dagger
\end{aligned}$$

注意 3.1 定義の条件式 (3.13), (3.14) は $A^\dagger$ が Im $A^\top$ と Im A の間での A の逆行列であることを反映している．これらより $(AA^\dagger)^2 = AA^\dagger$ から $AA^\dagger$ が $\mathbf{R}^m$ における射影行列であることに注意すると，式 (3.15) はさらにそれが Im

A への正射影であることを示している．同様に式 (3.16) は $A^\dagger A$ が $\mathbf{R}^n$ における $\mathrm{Im}\ A^\top$ への正射影行列であることを意味している．

では，擬似逆行列の具体的な表現を求めてみよう．まず行列が行あるいは列に関してフルランクをもつ場合（それぞれ全射，単射になる場合に対応する）には次の結果が得られる．

定理 3.4 A を $m \times n$ 行列とする．

1）$\mathrm{rank}\ A = n$ のとき，$A^\dagger = (A^\top A)^{-1} A^\top$

2）$\mathrm{rank}\ A = m$ のとき，$A^\dagger = A^\top (AA^\top)^{-1}$

（証明） それぞれの場合，$n \times n$ 行列 $A^\top A$，$m \times m$ 行列 $AA^\top$ が正則になる．与えられた右辺の行列が擬似逆行列の定義の 4 つの条件を満たすことは容易に確認できる．□

例 3.1 自明な例ではあるが，$A = \begin{bmatrix} 1 & 0 \\ 0 & 1 \\ 0 & 0 \end{bmatrix}$ のとき，$A^\dagger = \begin{bmatrix} 1 & 0 & 0 \\ 0 & 1 & 0 \end{bmatrix}$ であり，$AA^\dagger = \begin{bmatrix} 1 & 0 & 0 \\ 0 & 1 & 0 \\ 0 & 0 & 0 \end{bmatrix}$ は $\mathrm{Im}\ A$ 上への正射影行列になる．

より一般には行列の最大分解を利用する．ここで最大ランク分解とは，$m \times n$ 行列 A が $\mathrm{rank}\ A = r$ を満たすとき，$m \times r$ 行列 C と $r \times n$ 行列 D で

$$A = CD, \quad \mathrm{rank}\ C = \mathrm{rank}\ D = r \tag{3.17}$$

を満たすものが存在することをいう．ただし，一般にこの分解は一意ではない．

定理 3.5 $m \times n$ 行列 A の最大ランク分解を $A = CD$ とするとき，A の擬似逆行列は

$$A^\dagger = D^\top (DD^\top)^{-1} (C^\top C)^{-1} C^\top \tag{3.18}$$

で与えられる.

(証明)　$C^\top C$ と $DD^\top$ がいずれも正則な $r \times r$ 行列になることに注意して，右辺の行列が擬似逆行列の 4 つの条件を満たすことを確認すればよい. □

注意 3.2　最大ランク分解が一意でなくとも，得られる $A^\dagger$ は当然一意になる. 実際 $A = C_1D_1 = C_2D_2$ であったとすると，$C_1 = C_2S, D_1 = S^{-1}D_2$ となる $r \times r$ 正則行列 S が存在する. これより

$$
\begin{aligned}
&D_1^\top(D_1D_1^\top)^{-1}(C_1^\top C_1)^{-1}C_1^\top \\
&= D_2^\top S^{-\top}(S^{-1}D_2D_2^\top S^{-\top})^{-1}(S^\top C_2^\top C_2S)^{-1}S^\top C_2 \\
&= D_2^\top(D_2D_2^\top)^{-1}(C_2^\top C_2)^{-1}C_2^\top
\end{aligned}
$$

さてそれでは，線形方程式 $A\boldsymbol{x} = \boldsymbol{b}$ に対し，擬似逆行列を用いて $A^\dagger\boldsymbol{b}$ で与えられるベクトルがどのような意味をもつのであろうか.

定理 3.6　A を $m \times n$ 行列で $\boldsymbol{b} \in \mathbf{R}^m$ とする. $\hat{\boldsymbol{b}} \in \mathbf{R}^m$ を

$$
\|\boldsymbol{b} - \hat{\boldsymbol{b}}\| = \min\{\|\boldsymbol{b} - \boldsymbol{y}\| \mid \boldsymbol{y} \in \mathrm{Im}\ A\} \tag{3.19}
$$

を満たすベクトルとする. すなわち $\hat{\boldsymbol{b}}$ は $\boldsymbol{b}$ の Im A 上への直交射影とする. このとき $\boldsymbol{x}^* = A^\dagger\boldsymbol{b}$ は $A\boldsymbol{x}^* = \hat{\boldsymbol{b}}$ を満たし，かつ

$$
\|\boldsymbol{x}^*\| = \min\{\|\boldsymbol{x}\| \mid \boldsymbol{x} \in \boldsymbol{x}^* + \mathrm{Ker}\ A\} \tag{3.20}
$$

が成り立つ.

(証明)　$A\boldsymbol{x}^* = AA^\dagger\boldsymbol{b}$ で注意 3.1 に述べたように $AA^\dagger$ は Im A への正射影行列であるから，$AA^\dagger\boldsymbol{b} = \hat{\boldsymbol{b}}$. よって $A\boldsymbol{x}^* = \hat{\boldsymbol{b}}$ が成り立つ. 任意の $\boldsymbol{x} \in$ Ker A に対し

$$
\begin{aligned}
\langle \boldsymbol{x}, \boldsymbol{x}^* \rangle &= \langle \boldsymbol{x}, A^\dagger\boldsymbol{b} \rangle = \langle \boldsymbol{x}, A^\dagger AA^\dagger\boldsymbol{b} \rangle \\
&= \langle (A^\dagger A)^\top\boldsymbol{x}, A^\dagger\boldsymbol{b} \rangle = \langle A^\dagger A\boldsymbol{x}, A^\dagger\boldsymbol{b} \rangle = \langle \boldsymbol{0}, A^\dagger\boldsymbol{b} \rangle = 0
\end{aligned}
$$

よって

$$
\|\boldsymbol{x}^* + \boldsymbol{x}\|^2 = \|\boldsymbol{x}^*\|^2 + \|\boldsymbol{x}\|^2 \geq \|\boldsymbol{x}^*\|^2
$$

が成り立つ. □

この定理は $AA^\dagger \boldsymbol{b}$ が元の線形方程式の（Euclid ノルムに関する）最良近似を与えること，かつ $A^\dagger \boldsymbol{b}$ は $A\boldsymbol{x}$ が最良近似となる $\boldsymbol{x}$ のうちで最小ノルムのものを与えることを意味している．このことから擬似逆行列は実際への応用において重要な役割を果たすことがわかる．またこの定理が成立することも擬似逆行列を作った際に，Ker A の直交補空間 Im $A^\top$ と Im A の直交補空間 Ker $A^\top$ を用いたことを考えればある意味当然である．

例 3.2 $A = \begin{bmatrix} 0 & 0 \\ 1 & 0 \end{bmatrix} = \begin{bmatrix} 0 \\ 1 \end{bmatrix} [\,1\ 0\,]$ であるから

$$A^\dagger = \begin{bmatrix} 0 \\ 1 \end{bmatrix} \cdot 1 \cdot 1 [\,0\ 1\,] = \begin{bmatrix} 0 & 1 \\ 0 & 0 \end{bmatrix}$$

となる．$\boldsymbol{b} = \begin{bmatrix} 1 \\ 1 \end{bmatrix}$ に対し，$\boldsymbol{x}^* = A^\dagger \boldsymbol{b} = \begin{bmatrix} 1 \\ 0 \end{bmatrix}$ で $A\boldsymbol{x}^* = \begin{bmatrix} 0 \\ 1 \end{bmatrix}$ が Im $A =$ span $\left[\begin{bmatrix} 0 \\ 1 \end{bmatrix}\right]$ 上で $\begin{bmatrix} 1 \\ 1 \end{bmatrix}$ に最も近く，$\boldsymbol{x}^*$ は $\boldsymbol{x}^* +$ Ker A 上で最小ノルムである．

A を $m \times n$ 実行列とする．$A^\top A$ は $n \times n$，$AA^\top$ は $m \times m$ 正方行列であり，かつそれらは明らかに対称行列である．後に 4.3 節で述べるように，これらの行列は半正定値になるのでその固有値はすべて非負であるが，実は（正のものについて）それらは一致する．実際

$$A^\top A\boldsymbol{x} = \lambda \boldsymbol{x}, \quad \lambda > 0, \quad \boldsymbol{x} \neq \boldsymbol{0}$$

とすると

$$(AA^\top)(A\boldsymbol{x}) = A(A^\top A\boldsymbol{x}) = A(\lambda \boldsymbol{x}) = \lambda(A\boldsymbol{x})$$

である．また，もし $A\boldsymbol{x} = \boldsymbol{0}$ とすると $\boldsymbol{0} = A^\top A\boldsymbol{x} = \lambda \boldsymbol{x}$ となり矛盾が生じることから $A\boldsymbol{x} \neq \boldsymbol{0}$ が成り立つ．これは $A^\top A$ の正の固有値は $AA^\top$ の正の固有値になることを示している．同様に，$AA^\top$ の正の固有値は $A^\top A$ の正の固有値になることも示せる．

このことから行列 A の特異値という概念が生まれ，それを用いた A の一般化逆行列の表現が得られる．以下では詳細は小山[5)] に譲り，結果のみを述べておく．なお特異値については太田[7)] が 1 章を割いているので参考にされるとよい．

補題 3.1 実行列 A に対し

$$\mathrm{rank}\ A^\top A = \mathrm{rank}\ AA^\top = \mathrm{rank}\ A \tag{3.21}$$

で，$A^\top A$，$AA^\top$ の正の固有値の個数は rank A に等しい．

定義 3.3 A を $m \times n$ 実行列で $\mathrm{rank}\ A = r$ とする．$A^\top A$ と $AA^\top$ の共通の r 個の正の固有値を $\lambda_1, \lambda_2, \cdots, \lambda_r$ とするとき，

$$\alpha_1 = \sqrt{\lambda_1}, \quad \alpha_2 = \sqrt{\lambda_2}, \quad \cdots, \quad \alpha_r = \sqrt{\lambda_r} \tag{3.22}$$

を A の**特異値**という．

定理 3.7 A を $m \times n$ 実行列で $\mathrm{rank}\ A = r$，$\alpha_1, \alpha_2, \cdots, \alpha_r$ を A の特異値とする．$n \times n$ 直交行列 P，$m \times m$ 直交行列 Q を適当に選ぶと

$$A = Q \begin{bmatrix} \alpha_1 & & O & \\ & \ddots & & O \\ O & & \alpha_r & \\ & O & & O \end{bmatrix} P^\top \tag{3.23}$$

の形に表すことができる．この右辺を A の**特異値分解**という．

定理 3.8 $m \times n$ 実行列 A の特異値分解が

$$A = Q \begin{bmatrix} S_r & O \\ O & O \end{bmatrix} P^\top, \quad S_r = \begin{bmatrix} \alpha_1 & & O \\ & \ddots & \\ O & & \alpha_r \end{bmatrix} \tag{3.24}$$

で与えられるとき，A の一般化逆行列は

$$B = P \begin{bmatrix} S_r^{-1} & R_1 \\ R_2 & R_3 \end{bmatrix} Q^\top \tag{3.25}$$

で与えられる．ここに R_1, R_2, R_3 はそれぞれ $r \times (n-r), (m-r) \times r, (m-r) \times (n-r)$ の任意の行列である．特に Moore-Penrose の一般化逆行列は

$$A^\dagger = P \begin{bmatrix} S_r^{-1} & O \\ O & O \end{bmatrix} Q^\top \tag{3.26}$$

で与えられる．P の列ベクトルを $\boldsymbol{p}_1, \boldsymbol{p}_2, \cdots, \boldsymbol{p}_n$, Q の列ベクトルを $\boldsymbol{q}_1, \boldsymbol{q}_2, \cdots, \boldsymbol{q}_m$ とすると

$$A^\dagger = \frac{1}{\alpha_1}\boldsymbol{p}_1\boldsymbol{q}_1^\top + \frac{1}{\alpha_2}\boldsymbol{p}_2\boldsymbol{q}_2^\top \cdots + \frac{1}{\alpha_r}\boldsymbol{p}_r\boldsymbol{q}_r^\top \tag{3.27}$$

と書くことができる．

例 3.3 前述の例 3.2 の $A = \begin{bmatrix} 0 & 0 \\ 1 & 0 \end{bmatrix}$ に対しては，$A^\top A = \begin{bmatrix} 1 & 0 \\ 0 & 0 \end{bmatrix}$ であるから A の特異値は 1 で

$$A = \begin{bmatrix} 0 & 1 \\ 1 & 0 \end{bmatrix} \begin{bmatrix} 1 & 0 \\ 0 & 0 \end{bmatrix} \begin{bmatrix} 1 & 0 \\ 0 & 1 \end{bmatrix}$$

したがって

$$A^\dagger = \begin{bmatrix} 1 & 0 \\ 0 & 1 \end{bmatrix} \begin{bmatrix} 1 & 0 \\ 0 & 0 \end{bmatrix} \begin{bmatrix} 0 & 1 \\ 1 & 0 \end{bmatrix} = \begin{bmatrix} 1 \\ 0 \end{bmatrix} [\,0 \quad 1\,] = \begin{bmatrix} 0 & 1 \\ 0 & 0 \end{bmatrix}$$

となり，前の結果と一致する．

3.3 凸集合と凸錐

この節からは，線形不等式を扱う．その際凸集合の概念が重要になってくるので，そこから話を始めよう．なお線形空間としては $\mathbf{R}^n$ の場合について述べるが，ほとんどの結果は実数体上のより一般の線形空間にも拡張できる．

定義 3.4 $\mathbf{R}^n$ の部分集合 S は

$$\boldsymbol{x}, \boldsymbol{y} \in S, \lambda \in [0,1] \implies \lambda\boldsymbol{x} + (1-\lambda)\boldsymbol{y} \in S \tag{3.28}$$

が成り立つとき，**凸集合**であるといわれる．

例 3.4 凸集合の例をいくつか挙げよう．凸集合であることの確認はいずれも容易である．

1）中心 $\boldsymbol{c}$ 半径 $r > 0$ の球

$$B(\boldsymbol{c}, r) = \{\boldsymbol{x} \in \mathbf{R}^n \mid \|\boldsymbol{x} - \boldsymbol{c}\| \leq r\} \tag{3.29}$$

2）超直方体：$\boldsymbol{l}, \boldsymbol{u} \in \mathbf{R}^n$，$l_i \leq u_i, i = 1, 2, \cdots, n$ に対し

$$R(\boldsymbol{l}, \boldsymbol{u}) = \{\boldsymbol{x} \in \mathbf{R}^n \mid l_i \leq x_i \leq u_i,\ i = 1, 2, \cdots, n\} \tag{3.30}$$

3）超平面や半空間：$\boldsymbol{a} \in \mathbf{R}^n$，$b \in \mathbf{R}$ に対し

$$H = \{\boldsymbol{x} \in \mathbf{R}^n \mid \langle \boldsymbol{x}, \boldsymbol{a} \rangle = b\} \tag{3.31}$$

$$H^+ = \{\boldsymbol{x} \in \mathbf{R}^n \mid \langle \boldsymbol{x}, \boldsymbol{a} \rangle \geq b\} \tag{3.32}$$

$$H^- = \{\boldsymbol{x} \in \mathbf{R}^n \mid \langle \boldsymbol{x}, \boldsymbol{a} \rangle \leq b\} \tag{3.33}$$

定理 3.9 S_i $(i \in I)$ を凸集合とすると，$\bigcap_{i \in I} S_i$ も凸集合である．S_1, S_2 が凸集合ならば，$S_1 + S_2 = \{\boldsymbol{x} | \boldsymbol{x} = \boldsymbol{x}_1 + \boldsymbol{x}_2, \boldsymbol{x}_1 \in S_1, \boldsymbol{x}_2 \in S_2\}$ も凸集合である．

（証明） 容易である．□

定義 3.5 $\mathbf{R}^n$ の部分集合 S に対し，S を含む最小の凸集合を S の**凸包**といい，$\mathrm{co}\, S$ で表す．

定理 3.10 $\mathrm{co}\, S$ は S を含むすべての凸集合の共通集合になり，

$$\mathrm{co}\, S = \left\{ \sum_{i=1}^{k} \alpha_i \boldsymbol{x}_i \mid \alpha_i \geq 0, \sum_{i=1}^{k} \alpha_i = 1, \boldsymbol{x}_i \in S\ (i = 1, 2, \cdots, k), k \in \mathbf{N} \right\} \tag{3.34}$$

である．S が凸集合になるのは，$\mathrm{co}\, S = S$ のときかつそのときに限る．

(証明) 最初の部分は自明である．式 (3.34) の右辺の集合を T とすると，まず T が凸集合になることが示せる．よって $\mathrm{co}\, S \subseteq T$．さらに T が S を含む任意の凸集合に含まれることも容易に示せる．よって $T \subseteq \mathrm{co}\, S$ である．最後の結果も明らかである．□

凸集合に対しては分離定理が有用である．まず最良近似に関する次の定理を与える．

定理 3.11 (最良近似定理) S を $\mathbf{R}^n$ の空でない閉凸集合，$\boldsymbol{z} \in \mathbf{R}^n$ とする．このとき S 内に $\boldsymbol{z}$ に最も近い点が唯一存在する．すなわち，ある $\boldsymbol{x}^* \in S$ が一意に存在して

$$\|\boldsymbol{x}^* - \boldsymbol{z}\| \leq \|\boldsymbol{x} - \boldsymbol{z}\|, \quad \forall \boldsymbol{x} \in S \tag{3.35}$$

が成り立つ．さらに，$\boldsymbol{x}^*$ がそのような点であるための必要十分条件は

$$\langle \boldsymbol{x} - \boldsymbol{x}^*, \boldsymbol{z} - \boldsymbol{x}^* \rangle \leq 0, \quad \forall \boldsymbol{x} \in S \tag{3.36}$$

となることである．

(証明) S 内の任意の点 $\boldsymbol{y}$ をとり $r = \|\boldsymbol{y} - \boldsymbol{z}\|$ とする．

$$\bar{S} = S \cap \{\boldsymbol{x} \in \mathbf{R}^n \mid \|\boldsymbol{x} - \boldsymbol{z}\| \leq r\}$$

は有界閉集合となる．S 内で $\boldsymbol{z}$ に最も近い点と $\bar{S}$ 内で $\boldsymbol{z}$ に最も近い点は明らかに同じである．$\|\boldsymbol{x} - \boldsymbol{z}\|$ は $\boldsymbol{x}$ に関する連続関数であるからこれを $\bar{S}$ 上で最小にする点は Weierstrass の定理により必ず存在する．もしそのような点が 2 つあるとしてそれらを $\boldsymbol{x}_1, \boldsymbol{x}_2$ とすると，S は凸集合なので $\dfrac{\boldsymbol{x}_1 + \boldsymbol{x}_2}{2} \in S$ である．よって

$$\left\| \frac{\boldsymbol{x}_1 + \boldsymbol{x}_2}{2} - \boldsymbol{z} \right\| \geq \|\boldsymbol{x}_1 - \boldsymbol{z}\| = \|\boldsymbol{x}_2 - \boldsymbol{z}\|$$

である．

$$\|\boldsymbol{x}_1 - \boldsymbol{z}\|^2 + \|\boldsymbol{x}_2 - \boldsymbol{z}\|^2 = 2\left(\left\| \frac{\boldsymbol{x}_1 + \boldsymbol{x}_2}{2} - \boldsymbol{z} \right\|^2 + \left\| \frac{\boldsymbol{x}_1 - \boldsymbol{x}_2}{2} \right\|^2 \right) \tag{3.37}$$

であるから，$\left\| \dfrac{\boldsymbol{x}_1 - \boldsymbol{x}_2}{2} \right\|^2 \leq 0$ となるので，$\boldsymbol{x}_1 = \boldsymbol{x}_2$ が成り立つ．よって S 内

で $\boldsymbol{z}$ に最も近い点は一意に存在する．今その点を $\boldsymbol{x}^*$ とすると，S が凸集合であることから，任意の $\boldsymbol{x} \in S$ と $\lambda \in [0,1]$ に対し $(1-\lambda)\boldsymbol{x}^* + \lambda\boldsymbol{x} \in S$ より

$$\|\boldsymbol{x}^* - \boldsymbol{z}\|^2 \leq \|(1-\lambda)\boldsymbol{x}^* + \lambda\boldsymbol{x} - \boldsymbol{z}\|^2$$

である．これより

$$2\langle \boldsymbol{x} - \boldsymbol{x}^*, \boldsymbol{z} - \boldsymbol{x}^* \rangle - \lambda\|\boldsymbol{x} - \boldsymbol{x}^*\|^2 \leq 0$$

が成り立つ．$\lambda \to 0+$ とすると

$$\langle \boldsymbol{x} - \boldsymbol{x}^*, \boldsymbol{z} - \boldsymbol{x}^* \rangle \leq 0$$

を得る．逆に，$\boldsymbol{x}^*$ が任意の $\boldsymbol{x} \neq \boldsymbol{x}^*$ に対し上式を満たすなら

$$\begin{aligned}\|\boldsymbol{x} - \boldsymbol{z}\|^2 &= \|\boldsymbol{x} - \boldsymbol{x}^* + \boldsymbol{x}^* - \boldsymbol{z}\|^2 \\ &= \|\boldsymbol{x} - \boldsymbol{x}^*\|^2 + 2\langle \boldsymbol{x} - \boldsymbol{x}^*, \boldsymbol{x}^* - \boldsymbol{z} \rangle + \|\boldsymbol{x}^* - \boldsymbol{z}\|^2 \\ &> \|\boldsymbol{x}^* - \boldsymbol{z}\|^2\end{aligned}$$

となることより，$\boldsymbol{x}^*$ に対する必要十分条件が式 (3.36) により与えられることがわかる．□

定理 3.12（分離定理） S を $\mathbf{R}^n$ の閉凸集合，$\boldsymbol{z} \notin S$ とすると，S と $\boldsymbol{z}$ を分離する超平面

$$H = \{\boldsymbol{x} \in \mathbf{R}^n \mid \langle \boldsymbol{c}, \boldsymbol{x} \rangle = \alpha\} \tag{3.38}$$

が存在する．すなわち，適当な $\boldsymbol{c} \in \mathbf{R}^n$ と $\alpha \in \mathbf{R}$ が存在して，

$$\langle \boldsymbol{c}, \boldsymbol{z} \rangle > \alpha, \quad \langle \boldsymbol{c}, \boldsymbol{x} \rangle \leq \alpha, \quad \forall \boldsymbol{x} \in S \tag{3.39}$$

が成り立つ．

（証明） $\boldsymbol{z} \notin S$ に対し上の最良近似定理で示された S 内の $\boldsymbol{z}$ に最も近い点を $\boldsymbol{x}^*$ とするとき，

$$\boldsymbol{c} = \boldsymbol{z} - \boldsymbol{x}^*, \quad \alpha = \langle \boldsymbol{c}, \boldsymbol{x}^* \rangle \tag{3.40}$$

とする．このとき

$$\langle \boldsymbol{c}, \boldsymbol{z} \rangle = \langle \boldsymbol{c}, \boldsymbol{z} - \boldsymbol{x}^* \rangle + \langle \boldsymbol{c}, \boldsymbol{x}^* \rangle = \|\boldsymbol{c}\|^2 + \alpha > \alpha$$

である．また最良近似定理から任意の $\boldsymbol{x} \in S$ に対し

$$\langle \boldsymbol{x} - \boldsymbol{x}^*, \boldsymbol{z} - \boldsymbol{x}^* \rangle \leq 0$$

すなわち

$$\langle \mathbf{c}, \boldsymbol{x} \rangle \leq \langle \mathbf{c}, \boldsymbol{x}^* \rangle = \alpha$$

が示された．□

定義 3.6 $\mathbf{R}^n$ の部分集合 K は

$$\boldsymbol{x} \in K, \alpha \geq 0 \implies \alpha \boldsymbol{x} \in K \tag{3.41}$$

が成り立つとき，**錐**であるといわれる．凸集合である錐を**凸錐**という．

例 3.5 凸錐の例を示す．

1）$\mathbf{R}^n$ の部分空間は凸錐である．逆に K が $\mathbf{R}^n$ の凸錐のとき，

$$\text{lin } K = K \cap (-K) \tag{3.42}$$

は $\mathbf{R}^n$ の部分空間になる（K の線形性空間と呼ばれる）．凸錐 K は，lin $K = \{\mathbf{0}\}$ のとき，pointed であるといわれる．

2）$\mathbf{R}^n$ の非負象限

$$\mathbf{R}^n_+ = \{\boldsymbol{x} \in \mathbf{R}^n \mid x_i \geq 0,\ i = 1, 2, \cdots, n\} \tag{3.43}$$

3）**2 次錐**

$$K = \left\{ \boldsymbol{x} \in \mathbf{R}^n \mid x_1 \geq \sqrt{\sum_{j=2}^{n} (x_j)^2} \right\} \tag{3.44}$$

定理 3.13 集合 K が凸錐であるためには次の条件が必要十分である．

$$\boldsymbol{x}, \boldsymbol{y} \in K, \alpha, \beta \geq 0 \implies \alpha \boldsymbol{x} + \beta \boldsymbol{y} \in K \tag{3.45}$$

（証明） 容易である．□

定理 3.14 $K_i\ (i \in I)$ を凸錐とすると，$\bigcap_{i \in I} K_i$ も凸錐である．K_1, K_2 が空でない凸錐ならば，$K_1 + K_2 = \{\boldsymbol{x} | \boldsymbol{x} = \boldsymbol{x}_1 + \boldsymbol{x}_2, \boldsymbol{x}_1 \in K_1, \boldsymbol{x}_2 \in K_2\}$ も凸錐で

$$K_1 + K_2 = \mathrm{co}(K_1 \cup K_2) \tag{3.46}$$

である．

（証明） 最後の等式以外は容易であるので，上の式のみ示す．まず錐が原点 $\mathbf{0}$ を含むことから $K_1, K_2 \subseteq K_1 + K_2$ は当然なので，右辺が凸集合であることに注意すると，co $(K_1 \cup K_2) \subseteq K_1 + K_2$．次に $\boldsymbol{x}_1 \in K_1, \boldsymbol{x}_2 \in K_2$ とすると $(\boldsymbol{x}_1 + \boldsymbol{x}_2)/2 \in$ co $(K_1 \cup K_2)$．右辺の集合は錐であるから，$\boldsymbol{x}_1 + \boldsymbol{x}_2 \in$ co $(K_1 \cup K_2)$．□

定義 3.7 $\mathbf{R}^n$ の部分集合 S に対し，S を含む最小の凸錐を S によって生成される凸錐といい，cc S で表す．

定理 3.15 cc S は S を含むすべての凸錐の共通集合になり，

$$\mathrm{cc}\ S = \left\{ \sum_{i=1}^{k} \alpha_i \boldsymbol{x}_i \mid \alpha_i \geq 0, \boldsymbol{x}_i \in S\ (i = 1, 2, \cdots, k), k \in \mathbf{N} \right\} \tag{3.47}$$

である．S が凸錐になるのは，cc $S = S$ のときかつそのときに限る．

（証明） 凸包に関する定理 3.10 と同様にして証明できる．□

凸集合や凸錐は線形写像によって保存される．

定理 3.16 A を $m \times n$ 行列，S を $\mathbf{R}^n$ の凸集合（凸錐）とすると，$A(S)$ は $\mathbf{R}^m$ の凸集合（凸錐）である．

（証明） 凸集合の場合は，$\boldsymbol{x}_1, \boldsymbol{x}_2 \in S$，$\lambda \in [0, 1]$ に対し

$$A(\lambda \boldsymbol{x}_1 + (1 - \lambda)\boldsymbol{x}_2) = \lambda A\boldsymbol{x}_1 + (1 - \lambda)A\boldsymbol{x}_2$$

であることから明らか．凸錐の場合についても同様．□

凸錐に関しては分離定理は次のようになる．

定理 3.17 K を $\mathbf{R}^n$ の空でない閉凸錐，$\boldsymbol{z} \notin K$ とすると，ある $\boldsymbol{c} \neq \boldsymbol{0} \in \mathbf{R}^n$ が存在して，

$$\langle \boldsymbol{c}, \boldsymbol{z} \rangle > 0, \quad \langle \boldsymbol{c}, \boldsymbol{x} \rangle \leq 0, \quad \forall \boldsymbol{x} \in K \tag{3.48}$$

が成り立つ．

（証明） 凸集合の分離定理の $\boldsymbol{c}, \alpha$ をとる．$\boldsymbol{0} \in K$ より $0 \leq \alpha$ がわかるので，$\langle \boldsymbol{c}, \boldsymbol{z} \rangle > 0$. もしある $\boldsymbol{x}' \in K$ に対して $\langle \boldsymbol{c}, \boldsymbol{x}' \rangle > 0$ とすると $\beta > 0$ を十分大きく取ると

$$\langle \boldsymbol{c}, \beta \boldsymbol{x}' \rangle = \beta \langle \boldsymbol{c}, \boldsymbol{x}' \rangle > \alpha$$

となって矛盾する．よって $\langle \boldsymbol{c}, \boldsymbol{x} \rangle \leq 0$ が任意の $\boldsymbol{x} \in K$ に対し成り立つ．□

定義 3.8 $\mathbf{R}^n$ の部分集合 S に対し，

$$S^* = \{ \boldsymbol{y} \in \mathbf{R}^n \mid \langle \boldsymbol{x}, \boldsymbol{y} \rangle \leq 0, \ \forall \boldsymbol{x} \in S \} \tag{3.49}$$

で定義される集合を S の**極錐**という．

定理 3.18 次の諸性質が成り立つ．

1）S^* は閉凸錐である．

2）$S_1 \subseteq S_2$ ならば $S_2^* \subseteq S_1^*$

3）$S^* = (\mathrm{cl}\ \mathrm{co}\ S)^*$，ただし $\mathrm{cl}\ C$ は集合 C の閉包を表す．

（証明） 1), 3)は内積の連続性に注意すればよい．いずれも容易である．□

定理 3.19 K_1, K_2 が $\mathbf{R}^n$ の空でない錐ならば

$$(K_1 + K_2)^* = (K_1 \cup K_2)^* = K_1^* \cap K_2^* \tag{3.50}$$

（証明） $\boldsymbol{0} \in K_1, K_2$ であるから $K_1, K_2 \subseteq K_1 + K_2$. よって上の定理 2) より

$$(K_1 + K_2)^* \subseteq (K_1 \cup K_2)^* \subseteq K_1^* \cap K_2^*$$

が示される．一方 $\boldsymbol{y} \in K_1^* \cap K_2^*$ とすると任意の $\boldsymbol{x} = \boldsymbol{x}_1 + \boldsymbol{x}_2$, $\boldsymbol{x}_1 \in K_1$, $\boldsymbol{x}_2 \in K_2$, に対し

$$\langle \boldsymbol{x}, \boldsymbol{y} \rangle = \langle \boldsymbol{x}_1, \boldsymbol{y} \rangle + \langle \boldsymbol{x}_2, \boldsymbol{y} \rangle \leq 0$$

より，$\boldsymbol{y} \in (K_1 + K_2)^*$. よって $K_1^* \cap K_2^* \subseteq (K_1 + K_2)^*$ である．□

定理 3.20　K が空でない錐ならば，K^{**} =cl co K である．さらに K が凸錐ならば K^{**} =cl K であり，K が閉凸錐ならば $K^{**} = K$ である．

（証明）　$\boldsymbol{x} \in K$ とすると任意の $\boldsymbol{y} \in K^*$ に対し，$\langle \boldsymbol{y}, \boldsymbol{x} \rangle = \langle \boldsymbol{x}, \boldsymbol{y} \rangle \leq 0$ なので $\boldsymbol{x} \in K^{**}$．$K^{**}$ は閉凸錐なので，cl co $K \subseteq K^{**}$．次に $\boldsymbol{x} \notin$ cl co K とすると凸錐の分離定理 3.17 から $\boldsymbol{c} \in \mathbf{R}^n$ が存在して，

$$\langle \boldsymbol{c}, \boldsymbol{x} \rangle > 0, \quad \langle \boldsymbol{c}, \boldsymbol{z} \rangle \leq 0, \quad \forall \boldsymbol{z} \in \text{cl co } K$$

後者の式から $\boldsymbol{c} \in (\text{cl co } K)^* = K^*$ なので，前者の式から $\boldsymbol{x} \notin K^{**}$ である．定理の残りは明らかである．□

定理 3.21　K_1, K_2 が $\mathbf{R}^n$ の空でない閉凸錐ならば

$$(K_1 \cap K_2)^* = \text{cl } (K_1^* + K_2^*) = \text{cl co}(K_1^* \cup K_2^*) \tag{3.51}$$

（証明）　定理 3.20，3.19，3.14 により

$$\begin{aligned}(K_1 \cap K_2)^* &= (K_1^{**} \cap K_2^{**})^* = (K_1^* \cup K_2^*)^{**} \\ &= \text{cl co}(K_1^* \cup K_2^*) = \text{cl } (K_1^* + K_2^*). \ \square\end{aligned}$$

次の定理は，部分空間への正射影と同様，閉凸錐への正射影を考えることができることを示している．言いかえると，$\mathbf{R}^n$ は部分空間とその直交補空間に直和分解できたように，凸錐とその極錐に直和分解できる．

定理 3.22　K を $\mathbf{R}^n$ の空でない閉凸錐とすると，任意の $\boldsymbol{x} \in \mathbf{R}^n$ に対し

$$\boldsymbol{x} = \boldsymbol{y} + \boldsymbol{z}, \quad \langle \boldsymbol{y}, \boldsymbol{z} \rangle = 0 \tag{3.52}$$

となる一意的な $\boldsymbol{y} \in K$ と $\boldsymbol{z} \in K^*$ が存在する．

（証明）　最良近似定理 3.11 により各 $\boldsymbol{x} \in \mathbf{R}^n$ に対し

$$\|\boldsymbol{x} - \boldsymbol{y}\| = \min\{\|\boldsymbol{x} - \boldsymbol{y}'\| \mid \boldsymbol{y}' \in K\} \tag{3.53}$$

となる $\boldsymbol{y} \in K$ が一意に定まる．$\boldsymbol{z} = \boldsymbol{x} - \boldsymbol{y}$ とおくと，同じ定理から

$$\langle \boldsymbol{y}' - \boldsymbol{y}, \boldsymbol{z} \rangle \leq 0, \quad \forall \boldsymbol{y}' \in K \tag{3.54}$$

が成り立つ．$\boldsymbol{y}' = \boldsymbol{0}$ ととると $\langle \boldsymbol{y}, \boldsymbol{z} \rangle \geq 0$．$\boldsymbol{y}' = 2\boldsymbol{y}$ ととると $\langle \boldsymbol{y}, \boldsymbol{z} \rangle \leq 0$ なので，$\langle \boldsymbol{y}, \boldsymbol{z} \rangle = 0$．したがって

$$\langle \boldsymbol{y}', \boldsymbol{z} \rangle \leq 0, \quad \forall \boldsymbol{y}' \in K$$

が成り立ち，$\boldsymbol{z} \in K^*$ である．逆に

$$\boldsymbol{x} = \boldsymbol{y} + \boldsymbol{z}, \quad \langle \boldsymbol{y}, \boldsymbol{z} \rangle = 0, \quad \boldsymbol{y} \in K, \boldsymbol{z} \in K^*$$

と分解されたとすると，任意の $\boldsymbol{y}' \in K$ に対し

$$\langle \boldsymbol{y}' - \boldsymbol{y}, \boldsymbol{x} - \boldsymbol{y} \rangle = \langle \boldsymbol{y}' - \boldsymbol{y}, \boldsymbol{z} \rangle = \langle \boldsymbol{y}', \boldsymbol{z} \rangle \leq 0$$

となり，$\boldsymbol{y}$ が K 上での $\boldsymbol{x}$ の最良近似であることがわかるので，このような分解は一意的である．□

3.4 線形不等式と凸多面錐

この節では，n 次元 Euclid 空間 $\mathbf{R}^n$ における線形不等式，すなわち $m \times n$ 実行列 A とベクトル $\boldsymbol{b} \in \mathbf{R}^m$ に対して $A\boldsymbol{x} \leq \boldsymbol{b}$ で表される式について考える．ここで $\mathbf{R}^n$ の 2 つのベクトル $\boldsymbol{y} = [y_1, y_2, \cdots, y_n]^\top$，$\boldsymbol{z} = [z_1, z_2, \cdots, z_n]^\top$ に対する順序関係 $\leq, <$ はそれぞれ次のように成分ごとにすべての不等式が成り立つことを意味するものとする．

$$\begin{aligned} \boldsymbol{y} \leq \boldsymbol{z} &\iff y_i \leq z_i, \forall i = 1, 2, \cdots, n \\ \boldsymbol{y} < \boldsymbol{z} &\iff y_i < z_i, \forall i = 1, 2, \cdots, n \end{aligned} \tag{3.55}$$

まずこの節では特に $\boldsymbol{b} = \boldsymbol{0}$ の場合を考える．

定義 3.9　$m \times n$ 実行列 A によって，

$$K = \{\boldsymbol{x} \in \mathbf{R}^n \mid A\boldsymbol{x} \leq \boldsymbol{0}\} \tag{3.56}$$

で定義される集合を**凸多面錐**という．

注意 3.3 上の定義の凸多面錐 K は，A の行ベクトルを $\boldsymbol{a}^{1\top}, \boldsymbol{a}^{2\top}, \cdots, \boldsymbol{a}^{m\top}$ とすると，m 個の半空間

$$H_i^- = \{\boldsymbol{x} \in \mathbf{R}^n \mid \langle \boldsymbol{a}^i, \boldsymbol{x} \rangle \leq 0\}$$

の共通集合である．これが閉凸錐であることは明らかである．

一方で次のような方法によっても凸錐を作ることができる．

定義 3.10 $n \times m$ 行列 B によって

$$K = \{\boldsymbol{x} \in \mathbf{R}^n \mid \boldsymbol{x} = B\boldsymbol{y}, \boldsymbol{y} \in \mathbf{R}^m, \boldsymbol{y} \geq \mathbf{0}\} \tag{3.57}$$

で与えられる集合を**有限生成錐**という．

注意 3.4 上の定義の K は B の列ベクトルを $\boldsymbol{b}_1, \boldsymbol{b}_2, \cdots, \boldsymbol{b}_m$ とすると

$$K = \{\boldsymbol{x} \in \mathbf{R}^n \mid \boldsymbol{x} = \sum_{i=1}^{m} y_i \boldsymbol{b}_i, y_i \geq 0\} = \mathrm{cc}\ \{\boldsymbol{b}_1, \boldsymbol{b}_2, \cdots, \boldsymbol{b}_m\}$$

と表される．この集合がやはり閉凸錐であることは明らかであり，有限生成錐という名称が妥当であることが理解できる．

凸多面錐と有限生成錐は極錐を考えれば直接的に関連することは容易にわかる．

定理 3.23 $n \times m$ 行列 B による有限生成錐 $K = \{B\boldsymbol{y} \mid \boldsymbol{y} \in \mathbf{R}^m, \boldsymbol{y} \geq \mathbf{0}\}$ の極錐は $K^* = \{\boldsymbol{x} \in \mathbf{R}^n \mid B^\top \boldsymbol{x} \leq \mathbf{0}\}$ なる凸多面錐である．$m \times n$ 行列 A による凸多面錐 $\bar{K} = \{\boldsymbol{x} \in \mathbf{R}^n \mid A\boldsymbol{x} \leq \mathbf{0}\}$ の極錐は $\bar{K}^* = \{A^\top \boldsymbol{y} \mid \boldsymbol{y} \in \mathbf{R}^m, \boldsymbol{y} \geq \mathbf{0}\}$ なる有限生成錐である．

（証明） $\boldsymbol{x} \in \mathbf{R}^n, B^\top \boldsymbol{x} \leq \mathbf{0}$ とすると，任意の $B\boldsymbol{y} \in K$, $\boldsymbol{y} \geq \mathbf{0}$ に対し

$$\langle \boldsymbol{x}, B\boldsymbol{y} \rangle = \langle B^\top \boldsymbol{x}, \boldsymbol{y} \rangle \leq 0$$

よって $\boldsymbol{x} \in K^*$ である．逆に $\boldsymbol{x} \in K^*$ とすると，任意の $\boldsymbol{y} \in \mathbf{R}^m, \boldsymbol{y} \geq \mathbf{0}$ に

対し

$$\langle B^\top \boldsymbol{x}, \boldsymbol{y}\rangle = \langle \boldsymbol{x}, B\boldsymbol{y}\rangle \leq 0$$

よって $B^\top \boldsymbol{x} \leq \mathbf{0}$ である．よって，$K^* = \{\boldsymbol{x} \in \mathbf{R}^n \mid B^\top \boldsymbol{x} \leq \mathbf{0}\}$ が成り立つ．次にこの結果を用いると

$$\bar{K}^* = \{A^\top \boldsymbol{y} \mid \boldsymbol{y} \in \mathbf{R}^m, \boldsymbol{y} \geq \mathbf{0}\}^{**}$$

を得るが．有限生成錐は閉凸錐なので，右辺 $= \{A^\top \boldsymbol{y} \mid \boldsymbol{y} \in \mathbf{R}^m, \boldsymbol{y} \geq \mathbf{0}\}$ より定理の後半が得られる．□

それでは，凸多面錐と有限生成錐とはまったく異なったものであるかというと，実はこれら 2 つの概念は完全に一致することが知られている．証明はかなり煩雑になるので本書では述べないが結果のみまとめておく．

定理 3.24 有限生成錐は凸多面錐である．逆に凸多面錐は有限生成錐である．

（証明） まず有限生成錐が凸多面錐であることについては，証明が長く煩雑になるので，布川・中山・谷野[1)]や岩堀[4)]，小山[6)] を参照してもらうこととして，本書では割愛する．ここでは後半の凸多面錐は有限生成錐であることを示す．凸多面錐が $m \times n$ 行列 A を用いて $K = \{\boldsymbol{x} \in \mathbf{R}^n \mid A\boldsymbol{x} \leq \mathbf{0}\}$ と表されるとする．凸多面錐は閉凸錐であるから，定理 3.20 と 3.23 より

$$K = \{A^\top \boldsymbol{y} \mid \boldsymbol{y} \in \mathbf{R}^m,\ \boldsymbol{y} \geq \mathbf{0}\}^*$$

となる．この定理の前半部の結果により，適当な $l \times n$ 行列 B を用いて

$$\{A^\top \boldsymbol{y} \mid \boldsymbol{y} \in \mathbf{R}^m,\ \boldsymbol{y} \geq \mathbf{0}\} = \{\boldsymbol{x} \in \mathbf{R}^n \mid B\boldsymbol{x} \leq \mathbf{0}\}$$

となる．したがって

$$K = \{\boldsymbol{x} \in \mathbf{R}^n \mid B\boldsymbol{x} \leq \mathbf{0}\}^* = \{B^\top \boldsymbol{z} \mid \boldsymbol{z} \geq \mathbf{0}\}^{**} = \{B^\top \boldsymbol{z} \mid \boldsymbol{z} \geq \mathbf{0}\}$$

となり，K は有限生成錐である．□

定理 3.25 K_1, K_2 を凸多面錐とするとき，以下が成り立つ．

1) $K_1 \cap K_2$, $K_1 + K_2$ はいずれも凸多面錐である.

2) $(K_1 + K_2)^* = K_1^* \cap K_2^*$

3) $(K_1 \cap K_2)^* = K_1^* + K_2^*$

(証明) 1) $K_1 \cap K_2$ が凸多面錐であることは定義より明らかである. K_1, K_2 は有限生成錐になるので, $K_1 + K_2$ も有限生成錐で, したがって凸多面錐になる.

2) 定理 3.19 にすでに示されている.

3) 2)で K_1 を K_1^*, K_2 を K_2^* で置き換えればよい. □

これらの結果から線形方程式の非負解の存在に関する次の定理が得られる.

定理 3.26 (**Farkas の補題**) $m \times n$ 行列 A に対し次の 2 条件は同値である.

1) 線形方程式 $A\boldsymbol{x} = \boldsymbol{b}$ が $\boldsymbol{x} \geq \boldsymbol{0}$ なる解をもつ.

2) $A^\top \boldsymbol{y} \leq \boldsymbol{0}$ ならば $\langle \boldsymbol{b}, \boldsymbol{y} \rangle \leq 0$ が成り立つ.

(証明) $K = \{A\boldsymbol{x} \in \mathbf{R}^m \mid \boldsymbol{x} \geq \boldsymbol{0}\}$ とすると 1)は $\boldsymbol{b} \in K$ である. 一方 2)は定理 3.23 に注意すれば, $\boldsymbol{b} \in K^{**}$ となるから, 定理 3.20 よりこれらが同値であることがわかる. □

注意 3.5 Farkas の補題は, 次のような形の二者択一の定理として記述されることも多い:次の 2 つのいずれか一方のみが成立する.

1) 線形方程式 $A\boldsymbol{x} = \boldsymbol{b}$ が $\boldsymbol{x} \geq \boldsymbol{0}$ なる解をもつ.

2) $A^\top \boldsymbol{y} \leq \boldsymbol{0}$ かつ $\langle \boldsymbol{b}, \boldsymbol{y} \rangle > 0$ を満たす解 $\boldsymbol{y}$ が存在する.

3.5 凸多面体と線形不等式の解の表現

この節ではより一般の線形不等式 $A\boldsymbol{x} \leq \boldsymbol{b}$ について考える.

定義 3.11 $m \times n$ 実行列 A と $\boldsymbol{b} \in \mathbf{R}^m$ によって,

$$S = \{\boldsymbol{x} \in \mathbf{R}^n \mid A\boldsymbol{x} \leq \boldsymbol{b}\} \tag{3.58}$$

で定義される集合 S を**凸多面体**という．

注意 3.6 上の定義の凸多面体 S は，A の行ベクトルを $\boldsymbol{a}^{1\top}, \boldsymbol{a}^{2\top}, \cdots, \boldsymbol{a}^{m\top}$ とすると，m 個の半空間

$$H_i^- = \{\boldsymbol{x} \in \mathbf{R}^n \mid \langle \boldsymbol{a}^i, \boldsymbol{x} \rangle \leq b_i\}$$

の共通集合である．これが閉凸集合であることは明らかである．凸多面錐はすべての b_i が 0 に等しい場合の特別な凸多面体といえる．

注意 3.7 ベクトル $\boldsymbol{a}$ と定数 b に対し，線形等式 $\langle \boldsymbol{a}, \boldsymbol{x} \rangle = b$ は 2 つの線形不等式

$$\langle \boldsymbol{a}, \boldsymbol{x} \rangle \leq b, \quad \langle -\boldsymbol{a}, \boldsymbol{x} \rangle \leq -b \tag{3.59}$$

に置き換えられるので，凸多面体は線形不等式と線形等式の混在した集合

$$\{\boldsymbol{x} \in \mathbf{R}^n \mid A\boldsymbol{x} \leq \boldsymbol{b},\ A'\boldsymbol{x} = \boldsymbol{b}'\} \tag{3.60}$$

も含んでいる．

例 3.6 凸多面体の代表的な例として $\mathbf{R}^n$ の超直方体や次式で与えられる基本単体がある：

$$\Delta^n = \left\{\boldsymbol{x} \in \mathbf{R}^n \ \middle|\ \sum_{i=1}^n x_i = 1,\ \boldsymbol{x} \geq \boldsymbol{0}\right\} \tag{3.61}$$

凸多面錐は有限生成錐として表現された．この事実を凸多面体の場合に拡張すると次のような結果が成り立つ．

定理 3.27 $\mathbf{R}^n$ の凸多面体 S は有限個の点 $\boldsymbol{v}_1, \cdots, \boldsymbol{v}_p$ および $\boldsymbol{d}_1, \cdots, \boldsymbol{d}_q$ によって

$$\begin{aligned} S = &\left\{\boldsymbol{x} = \sum_{i=1}^p \alpha_i \boldsymbol{v}_i + \sum_{j=1}^q \beta_j \boldsymbol{d}_j \ \middle| \right. \\ &\qquad \left. \alpha_i \geq 0\ (i = 1, \cdots, p),\ \sum_{i=1}^p \alpha_i = 1,\ \beta_j \geq 0\ (j = 1, \cdots, q)\right\} \\ = &\ \mathrm{co}\,\{\boldsymbol{v}_1, \cdots, \boldsymbol{v}_p\} + \mathrm{cc}\,\{\boldsymbol{d}_1, \cdots, \boldsymbol{d}_q\} \end{aligned} \tag{3.62}$$

と表される．特に有界な凸多面体は

$$S = \mathrm{co}\,\{\boldsymbol{v}_1, \cdots, \boldsymbol{v}_p\} \tag{3.63}$$

と有限個の点の凸包である．

（証明）　$m \times n$ 行列 A と $\boldsymbol{b} \in \mathbf{R}^m$ による凸多面体 $S = \{\boldsymbol{x} \in \mathbf{R}^n \mid A\boldsymbol{x} \leq \boldsymbol{b}\}$ を考える．$\boldsymbol{b} = \boldsymbol{0}$ の場合は S は凸多面錐となるので，定理 3.24 より有限生成錐になり，適当な $\boldsymbol{d}_1, \boldsymbol{d}_2, \cdots, \boldsymbol{d}_q \in \mathbf{R}^n$ に対し

$$S = \mathrm{cc}\,\{\boldsymbol{d}_1, \boldsymbol{d}_2, \cdots, \boldsymbol{d}_q\}$$

となる．そこで $\boldsymbol{b} \neq \boldsymbol{0}$ の場合を証明する．A の第 i 行ベクトルを $\boldsymbol{a}_i^\top$ とし

$$\bar{\boldsymbol{a}}_i = \begin{bmatrix} \boldsymbol{a}_i \\ b_i \end{bmatrix} \in \mathbf{R}^{n+1}, \quad i = 1, 2, \cdots, m \tag{3.64}$$

とおく．また $\bar{\boldsymbol{e}} = [0, \cdots, 0, 1]^\top \in \mathbf{R}^{n+1}$ とする．$\mathbf{R}^{n+1}$ の有限生成錐の極錐

$$\bar{S} = (\mathrm{cc}\,\{\bar{\boldsymbol{a}}_1, \cdots, \bar{\boldsymbol{a}}_m, \bar{\boldsymbol{e}}\})^* \tag{3.65}$$

を考える．すると $\boldsymbol{x} \in \mathbf{R}^n$ に対し

$$\begin{bmatrix} \boldsymbol{x} \\ -1 \end{bmatrix} \in \bar{S} \iff \langle \boldsymbol{a}_i, \boldsymbol{x} \rangle - b_i \leq 0,\ i = 1, 2, \cdots, m \iff \boldsymbol{x} \in S$$

である．$\bar{S}$ は有限生成錐の極錐であるから定理 3.23, 3.24 よりやはり有限生成錐になる．よって

$$\bar{S} = \mathrm{cc}\,\{\bar{\mathbf{c}}_1, \bar{\mathbf{c}}_2, \cdots, \bar{\mathbf{c}}_r\},\ \bar{\mathbf{c}}_i \in \mathbf{R}^{n+1} \tag{3.66}$$

とおくことができる．ベクトルの番号付けの変更と規格化を行うことにより

$$\bar{\mathbf{c}}_i = \begin{bmatrix} \boldsymbol{v}_i \\ -1 \end{bmatrix} \ (i = 1, \cdots, p), \quad \bar{\mathbf{c}}_{p+j} = \begin{bmatrix} \boldsymbol{d}_j \\ 0 \end{bmatrix} \ (j = 1, \cdots, q = r - p) \tag{3.67}$$

としてよい（$\langle \bar{\mathbf{c}}_i, \bar{\boldsymbol{e}} \rangle \leq 0$ に注意）．すると $\boldsymbol{x} \in S$ に対し $\begin{bmatrix} \boldsymbol{x} \\ -1 \end{bmatrix} \in \bar{S}$ は $\bar{\mathbf{c}}_i$ の非負 1 次結合である．これより

$$\begin{aligned} &\boldsymbol{x} = \alpha_1 \boldsymbol{v}_1 + \cdots + \alpha_p \boldsymbol{v}_p + \beta_1 \boldsymbol{d}_1 + \cdots + \beta_q \boldsymbol{d}_q \\ &1 = \alpha_1 + \cdots + \alpha_p, \quad \alpha_1, \cdots, \alpha_p \geq 0, \quad \beta_1, \cdots, \beta_q \geq 0 \end{aligned} \tag{3.68}$$

となる．すなわち

$$\boldsymbol{x} \in \mathrm{co}\,\{\boldsymbol{v}_1, \cdots, \boldsymbol{v}_p\} + \mathrm{cc}\,\{\boldsymbol{d}_1, \cdots, \boldsymbol{d}_q\} \tag{3.69}$$

である．S が有界な場合には $p = r$ となることは明らかである．□

この定理の逆も成り立つ．

定理 3.28 $\mathbf{R}^n$ の有限個の点 $\boldsymbol{v}_1, \cdots, \boldsymbol{v}_p$ および $\boldsymbol{d}_1, \cdots, \boldsymbol{d}_q$ によって

$$S = \mathrm{co}\,\{\boldsymbol{v}_1, \cdots, \boldsymbol{v}_p\} + \mathrm{cc}\,\{\boldsymbol{d}_1, \cdots, \boldsymbol{d}_q\} \tag{3.70}$$

で与えられる集合 S は凸多面体である．

（証明） $\bar{\boldsymbol{c}}_i \in \mathbf{R}^{n+1}$ を

$$\bar{\boldsymbol{c}}_i = \begin{bmatrix} \boldsymbol{v}_i \\ -1 \end{bmatrix} \ (i = 1, \cdots, p), \quad \bar{\boldsymbol{c}}_i = \begin{bmatrix} \boldsymbol{d}_{i-p} \\ 0 \end{bmatrix} \ (i = p+1, \cdots, r = p+q) \tag{3.71}$$

とする．$\mathbf{R}^{n+1}$ で有限生成錐 $\mathrm{cc}\,\{\bar{\boldsymbol{c}}_1, \cdots, \bar{\boldsymbol{c}}_r\}$ の極錐はやはり有限生成錐であるから，それを生成する有限個のベクトルを $\bar{\boldsymbol{a}}_i \ (i = 1, 2, \cdots, m)$ とし

$$\bar{\boldsymbol{a}}_i = \begin{bmatrix} \boldsymbol{a}_i \\ b_i \end{bmatrix}, \quad \boldsymbol{a}_i \in \mathbf{R}^n, \quad b_i \in \mathbf{R}, \quad i = 1, \cdots, m \tag{3.72}$$

とする．$\boldsymbol{a}_i^\top$ を第 i 行にもつ $m \times n$ 行列を A，$\boldsymbol{b} = [b_1, \cdots, b_m]^\top$ とすると

$$S = \{\boldsymbol{x} \in \mathbf{R}^n \mid A\boldsymbol{x} \leq \boldsymbol{b}\} \tag{3.73}$$

となることを示す．まず $\boldsymbol{x} \in \mathbf{R}^n$ が $A\boldsymbol{x} \leq \boldsymbol{b}$ を満たすと

$$\begin{bmatrix} \boldsymbol{x} \\ -1 \end{bmatrix} \in (\mathrm{cc}\,\{\bar{\boldsymbol{a}}_1, \cdots, \bar{\boldsymbol{a}}_m\})^* = \mathrm{cc}\,\{\bar{\boldsymbol{c}}_1, \cdots, \bar{\boldsymbol{c}}_r\} \tag{3.74}$$

となる．よって

$$\begin{aligned} \boldsymbol{x} &= \alpha_1 \boldsymbol{v}_1 + \cdots + \alpha_p \boldsymbol{v}_p + \beta_1 \boldsymbol{d}_1 + \cdots + \beta_q \boldsymbol{d}_q \\ 1 &= \alpha_1 + \cdots + \alpha_p, \quad \alpha_1, \cdots, \alpha_p \geq 0, \quad \beta_1, \cdots, \beta_q \geq 0 \end{aligned} \tag{3.75}$$

となるので，$\boldsymbol{x} \in S$ である．逆に $\boldsymbol{x} \in S$ とすると上の式が成り立つから，今度は

$$\begin{bmatrix} \boldsymbol{x} \\ -1 \end{bmatrix} = \alpha_1 \bar{\boldsymbol{c}}_1 + \cdots + \alpha_p \bar{\boldsymbol{c}}_p + \beta_1 \bar{\boldsymbol{c}}_{p+1} + \cdots + \beta_q \bar{\boldsymbol{c}}_r$$

となることがわかる．よって $\begin{bmatrix} \boldsymbol{x} \\ -1 \end{bmatrix} \in (\mathrm{cc}\ \{\bar{\boldsymbol{a}}_1, \cdots, \bar{\boldsymbol{a}}_m\})^*$ となり $A\boldsymbol{x} \leq \boldsymbol{b}$ が成り立つ．□

例 3.7　有界な凸多面体の表現例を挙げておく．

1）超直方体

$$\mathrm{co}\ \{\boldsymbol{v} = [v_1, \cdots, v_n]^\top \mid v_i = l_i \text{ または } u_i,\ i = 1, 2, , \cdots, n\}$$

2）基本単体

$$\Delta^n = \mathrm{co}\ \{\boldsymbol{e}_i \mid i = 1, 2, \cdots, n\}$$

次の結果は自明である．

定理 3.29　S_1, S_2 が $\mathbf{R}^n$ の（有界）凸多面体であれば，$S_1 \cap S_2$，$S_1 + S_2$ もそうである．

凸多面体においては端点と呼ばれる点が重要な役割を果たす．端点はより一般に凸集合に対して定義されるのでそこからスタートしよう．

定義 3.12　C を $\mathbf{R}^n$ の凸集合とする．点 $\boldsymbol{x} \in C$ に対して，相異なる 2 点 $\boldsymbol{y}, \boldsymbol{z} \in C$ と $0 < \alpha < 1$ で

$$\boldsymbol{x} = \alpha \boldsymbol{y} + (1 - \alpha) \boldsymbol{z} \tag{3.76}$$

となるものが存在しないとき，$\boldsymbol{x}$ は C の端点であるという．C の端点全体の集合を $\mathrm{ext}\ C$ で表す．

例 3.8 凸集合の端点の例を挙げておく．

1) $\mathbf{R}^n$ の球 $B(\boldsymbol{c}, r)$ では，すべての点が端点である．ただしノルムは Euclid ノルムである．

2) 超直方体 $R(\boldsymbol{l}, \boldsymbol{u})$ では，$x_i = l_i$ または $x_i = u_i$ $(i = 1, 2, \cdots, n)$ の形の点 $\boldsymbol{x}$ が端点となる．

3) 超平面や半空間には端点は存在しない．

定理 3.30 凸多面体 S の端点の個数は有限であり，もし

$$S = \mathrm{co}\,\{\boldsymbol{v}_1, \cdots, \boldsymbol{v}_p\} + \mathrm{cc}\,\{\boldsymbol{d}_1, \cdots, \boldsymbol{d}_q\}$$

と表されるなら，$\mathrm{ext}\ S \subseteq \{\boldsymbol{v}_1, \cdots, \boldsymbol{v}_p\}$ である．

（証明） $\boldsymbol{x} \in \mathrm{ext}\ S$ とすると $\boldsymbol{x} = \boldsymbol{y} + \boldsymbol{z}$，$\boldsymbol{y} \in \mathrm{co}\,\{\boldsymbol{v}_1, \cdots, \boldsymbol{v}_p\}$，$\boldsymbol{z} \in \mathrm{cc}\,\{\boldsymbol{d}_1, \cdots, \boldsymbol{d}_q\}$ と表される．$\boldsymbol{z} \neq \boldsymbol{0}$ ならば $\boldsymbol{x}$ は異なる 2 点 $\boldsymbol{y} + \boldsymbol{z}/2$，$\boldsymbol{y} + 3\boldsymbol{z}/2 \in S$ の中点となって端点であることに矛盾する．したがって $\boldsymbol{z} = \boldsymbol{0}$ で

$$\boldsymbol{x} = \boldsymbol{y} = \alpha_1 \boldsymbol{v}_1 + \cdots + \alpha_p \boldsymbol{v}_p, \quad \alpha_i \geq 0, \quad \alpha_1 + \cdots + \alpha_p = 1$$

である．ここで少なくとも 1 つの $\alpha_i > 0$ である．もし $\alpha_i = 1$ なら他の $\alpha_j = 0$ $(j \neq i)$ であるから $\boldsymbol{x} = \boldsymbol{v}_i$．$\alpha_i < 1$ なら

$$\boldsymbol{w} = \frac{1}{1 - \alpha_i}(\alpha_1 \boldsymbol{v}_1 + \cdots + \alpha_{i-1} \boldsymbol{v}_{i-1} + \alpha_{i+1} \boldsymbol{v}_{i+1} + \cdots + \alpha_p \boldsymbol{v}_p) \in S$$

に対し

$$\boldsymbol{x} = \alpha_i \boldsymbol{v}_i + (1 - \alpha_i)\boldsymbol{w}$$

となるが，$\boldsymbol{x}$ が端点であることから $\boldsymbol{w} = \boldsymbol{v}_i = \boldsymbol{x}$ となる．よって，$\boldsymbol{x} \in \{\boldsymbol{v}_1, \cdots, \boldsymbol{v}_p\}$ である．□

3.6 第 3 章のまとめと参考書

この章では，線形方程式と線形不等式を扱った．大学初年度に行列と行列式の話を習うときにまず考えるのがいわゆる連立 1 次方程式であることが多い．

中学高校時代から馴染みがあるからであろう．本書では，線形写像の逆元を求める問題として捉えている．解の存在と一意性は比較的容易に理解できると思われる．最も単純なのは未知数と方程式の数が等しくかつ方程式間に独立性が成り立つ場合で，一意的解の存在が保証され逆行列を用いて得られる．さらにこの解は Cramer の公式により，逆行列を計算しなくても求められる．このあたりの線形方程式についての議論は，第 1 章であげた線形代数の教科書には必ず取り上げられている．より一般の場合には逆行列の概念を拡張した一般化逆行列が考えられる．標準的な線形代数の教科書には一般化逆行列は取り上げられていないことも多いが，システム工学や統計学，情報工学の分野では有用である．伊理[3)]，小山[5)]，ハーヴィル[2)] などが参考になる．

線形方程式の等号を不等号に置き換えたものが線形不等式である．この場合は解集合は凸多面体と呼ばれる集合になる．凸多面体は幾何学的にも興味深いものであり，頂点と無限方向を用いた双対表現が可能である．凸多面体は凸解析の基礎にもなり，様々な応用分野に顔を出す．線形不等式になると線形代数の教科書で取り上げられる頻度は落ちるようであるが，有用性は決して劣るものではないと思う．この部分について本書では布川ら[1)]，岩堀[4)]，小山[6)] を参考にした．

文　　献

1) 布川 昊・中山弘隆・谷野哲三，『線形代数と凸解析』，コロナ社 (1991)
2) D.A. ハーヴィル (伊理正夫監訳)，『統計のための行列代数　下』，シュプリンガー・ジャパン (2007)
3) 伊理正夫，『線形代数汎論』，朝倉書店 (2009)
4) 岩堀長慶，『線型不等式とその応用』，岩波講座基礎数学，岩波書店 (1977)
5) 小山昭雄，『線型代数の基礎　下』，新装版 経済数学教室，岩波書店 (2010)
6) 小山昭雄，『線型代数と位相　上』，新装版 経済数学教室，岩波書店 (2010)
7) 太田快人，『システム制御のための数学 (1) 線形代数編』，コロナ社 (2000)

4

最適化への応用

4.1 線 形 計 画

この章では，線形代数が最適化において必須であることを示そう．線形計画，非線形計画の両方に加えて対称行列を用いた 2 次形式の最適化についても述べる．

凸多面体上で線形関数を最大化もしくは最小化する問題が**線形計画問題**で，Dantzig により 1947 年に提案された単体法や近年発展の著しい内点法によって，容易に最適解が求められる問題として知られている．加えて有用な理論的結果も多く得られている．本書では，線形計画問題の第 3 章で扱った凸多面体との関連や，理論的にも実用的にも興味深い双対性について紹介しよう．

線形計画問題としては次の**等式標準形**を考える．

$$
\text{(P)} \quad \begin{array}{ll} \text{minimize} & \boldsymbol{c}^\top \boldsymbol{x} \\ \text{subject to} & A\boldsymbol{x} = \boldsymbol{b} \\ & \boldsymbol{x} \geq \boldsymbol{0} \end{array} \tag{4.1}
$$

ここで $\boldsymbol{x} \in \mathbf{R}^n$ は決定変数ベクトル，A は $m \times n$ 実行列，$\boldsymbol{c} \in \mathbf{R}^n$，$\boldsymbol{b} \in \mathbf{R}^m$ である．制約条件を満たす $\boldsymbol{x}$ を (P) の**実行可能解**，実行可能解のうちで目的関数値を最小にするものを**最適解**という．

線形計画には $A\boldsymbol{x} \leq \boldsymbol{b}$ の形の不等式制約も存在するが，スラック変数ベクトル $\boldsymbol{y}$ を導入すれば

$$
A\boldsymbol{x} \leq \boldsymbol{b} \iff A\boldsymbol{x} + \boldsymbol{y} = \boldsymbol{b},\ \boldsymbol{y} \geq \boldsymbol{0}
$$

と変形することが可能であるので，上式 (4.1) の等式標準形を一般的な線形計画問題と考えてよい．

さて，問題 (P) の実行可能解の集合を

$$S = \{\boldsymbol{x} \in \mathbf{R}^n \mid A\boldsymbol{x} = \boldsymbol{b}, \boldsymbol{x} \geq \mathbf{0}\} \tag{4.2}$$

とすると S は凸多面体である．線形計画（特に単体法）においては，その端点が重要な役割を果たす．

定理 4.1 S の端点 $\hat{\boldsymbol{x}} = [\hat{x}_1\ \hat{x}_2\ \cdots\ \hat{x}_n]^\top$ の成分のうち正のものを $\hat{x}_{i_1}$, $\hat{x}_{i_2}$, $\cdots, \hat{x}_{i_r}$ とする．このとき A の列ベクトル $\boldsymbol{a}_{i_1}, \boldsymbol{a}_{i_2}, \cdots, \boldsymbol{a}_{i_r}$ は 1 次独立である．

（証明） $\boldsymbol{a}_{i_1}, \boldsymbol{a}_{i_2}, \cdots, \boldsymbol{a}_{i_r}$ が 1 次従属であるとすると，すべてが 0 ではない $\alpha_{i_1}, \alpha_{i_2}, \cdots, \alpha_{i_r}$ によって

$$\alpha_{i_1}\boldsymbol{a}_{i_1} + \alpha_{i_2}\boldsymbol{a}_{i_2} + \cdots + \alpha_{i_r}\boldsymbol{a}_{i_r} = \mathbf{0}$$

とできる．このとき十分小さい $\varepsilon > 0$ に対して $\boldsymbol{x}^+, \boldsymbol{x}^-$ を

$$x_i^+ = \begin{cases} \hat{x}_i + \varepsilon\alpha_i & i \in \{i_1, i_2, \cdots, i_r\} \\ 0 & \text{その他} \end{cases}$$
$$x_i^- = \begin{cases} \hat{x}_i - \varepsilon\alpha_i & i \in \{i_1, i_2, \cdots, i_r\} \\ 0 & \text{その他} \end{cases}$$

ととると，$\hat{x}_{i_1} > 0, \hat{x}_{i_2} > 0, \cdots, \hat{x}_{i_r} > 0$ より $\varepsilon > 0$ が十分小さければ $\boldsymbol{x}^+ \geq \mathbf{0}$, $\boldsymbol{x}^- \geq \mathbf{0}$, $A\boldsymbol{x}^+ = A\boldsymbol{x}^- = \boldsymbol{b}$ となる．したがって $\boldsymbol{x}^+, \boldsymbol{x}^- \in S$ でかつ $\hat{\boldsymbol{x}}$ は $\boldsymbol{x}^+, \boldsymbol{x}^-$ の中点になる．これは $\hat{\boldsymbol{x}}$ が端点であることに矛盾する．□

定理 4.2 S の点 $\hat{\boldsymbol{x}} = [\hat{x}_1\ \hat{x}_2\ \cdots\ \hat{x}_n]^\top$ の成分のうち正のものを $\hat{x}_{i_1}, \hat{x}_{i_2}, \cdots, \hat{x}_{i_r}$ とする．A の列ベクトル $\boldsymbol{a}_{i_1}, \boldsymbol{a}_{i_2}, \cdots, \boldsymbol{a}_{i_r}$ が 1 次独立であるならば，$\hat{\boldsymbol{x}}$ は S の端点である．

（証明） $\hat{\boldsymbol{x}}$ が S の端点でないとすると，相異なる 2 点 $\boldsymbol{y}, \boldsymbol{z} \in S$ と $0 < \alpha < 1$ を用いて，$\hat{\boldsymbol{x}} = \alpha\boldsymbol{y} + (1-\alpha)\boldsymbol{z}$ と表される．$i \notin \{i_1, i_2, \cdots, i_r\}$ すなわち $\hat{x}_i = 0$ なる i に対しては $y_i = z_i = 0$ でなければならないことは明らか．よって制約

$A\boldsymbol{y} = A\boldsymbol{z} = \boldsymbol{b}$ は

$$y_{i_1}\boldsymbol{a}_{i_1} + y_{i_2}\boldsymbol{a}_{i_2} + \cdots + y_{i_r}\boldsymbol{a}_{i_r} = \boldsymbol{b}$$
$$z_{i_1}\boldsymbol{a}_{i_1} + z_{i_2}\boldsymbol{a}_{i_2} + \cdots + z_{i_r}\boldsymbol{a}_{i_r} = \boldsymbol{b}$$

となる．これらの式の差をとると

$$(y_{i_1} - z_{i_1})\boldsymbol{a}_{i_1} + (y_{i_2} - z_{i_2})\boldsymbol{a}_{i_2} + \cdots + (y_{i_r} - z_{i_r})\boldsymbol{a}_{i_r} = \boldsymbol{0}$$

となるが，$\boldsymbol{y} \neq \boldsymbol{z}$ であるから，これは $\boldsymbol{a}_{i_1}, \boldsymbol{a}_{i_2}, \cdots, \boldsymbol{a}_{i_r}$ が 1 次独立であることに矛盾する．□

このように，S の端点と A の 1 次独立な列ベクトルの間に関連があることがわかった．そこで，これを利用して S の端点を求める方法を考える．今後は rank $A = m$ と仮定しよう．この仮定は妥当なものであり，もちろん $m < n$ であるから A には m 個の 1 次独立な列ベクトルが存在する．それらの組 $\boldsymbol{a}_{i_1}, \boldsymbol{a}_{i_2}, \cdots, \boldsymbol{a}_{i_m}$ を基底ベクトルと呼び，これらから作られる $m \times m$ 行列 $B = [\boldsymbol{a}_{i_1}\ \boldsymbol{a}_{i_2}\ \cdots\ \boldsymbol{a}_{i_m}]$ を基底行列という．決定変数ベクトル全体は，これらの列に対応する部分を

$$\boldsymbol{x}_B = [x_{i_1}\ x_{i_2}\ \cdots\ x_{i_m}]^\top$$

と表記し，残りの部分を $\boldsymbol{x}_N$ とすれば，順番を適当に並び替えたと理解して

$$\boldsymbol{x} = \begin{bmatrix} \boldsymbol{x}_B \\ \boldsymbol{x}_N \end{bmatrix} \tag{4.3}$$

と書ける．$\boldsymbol{x}_B$ の成分を基底変数，その他の $\boldsymbol{x}_N$ の成分を非基底変数という．基底変数の数が m で非基底変数の数が $n - m$ である．

さて，行列 A も基底，非基底に対応して $A = [B\ N]$ と表すと $A\boldsymbol{x} = \boldsymbol{b}$ という等式制約は $B\boldsymbol{x}_B + N\boldsymbol{x}_N = \boldsymbol{b}$ となり，B が正則なので

$$\boldsymbol{x}_B = B^{-1}b - B^{-1}N\boldsymbol{x}_N \tag{4.4}$$

となる．この式を満たす点

$$\begin{bmatrix} \boldsymbol{x}_B \\ \boldsymbol{x}_N \end{bmatrix} = \begin{bmatrix} B^{-1}\boldsymbol{b} \\ \boldsymbol{0} \end{bmatrix} \tag{4.5}$$

を**基底解**という．基底解は，もし $B^{-1}\boldsymbol{b} \geq \mathbf{0}$ ならば (P) の実行可能解で前の考察から S の端点になる．このように実行可能な基底解に S の端点が対応する．

Dantzig による**単体法**は，実行可能な初期基底解から，目的関数値を減少させることが可能なように 1 つだけ基底変数を取替えていく方法である．幾何的にいうと S の隣接端点をより有効に順にたどる方法である．この際基底解に対応する目的関数表現が $\boldsymbol{c}$ の分割を用いると

$$\boldsymbol{c}^\top \boldsymbol{x} = \boldsymbol{c}_B^\top \boldsymbol{x}_B + \boldsymbol{c}_N^\top \boldsymbol{x}_N = \boldsymbol{c}_B^\top B^{-1}\boldsymbol{b} + (\boldsymbol{c}_N^\top - \boldsymbol{c}_B^\top B^{-1}N)\boldsymbol{x}_N \tag{4.6}$$

なので，$\boldsymbol{c}_N^\top - \boldsymbol{c}_B^\top B^{-1}N \geq \mathbf{0}$ であればその基底解が最適解で，そうでなければこのベクトルの負成分に対応する非基底変数を 0 から増加させてやればよい．実際の手順については本書の範囲を越えるし，多くの数理計画法あるいは最適化の好書があるので，興味のある読者はそちらを参照してもらいたい．

例 4.1 簡単な例を 1 つ挙げておく．不等式制約線形計画問題

$$\begin{aligned} &\text{minimize} && \begin{bmatrix} -1 & -1 \end{bmatrix} \boldsymbol{x} \\ &\text{subject to} && \begin{bmatrix} 1 & 3 \\ 2 & 1 \end{bmatrix} \boldsymbol{x} \leq \begin{bmatrix} 9 \\ 8 \end{bmatrix} \\ &&& \boldsymbol{x} \geq \mathbf{0} \end{aligned}$$

を考える．スラック変数 x_3, x_4 を導入すればこの問題は等式標準形で

$$\begin{aligned} &\text{minimize} && \begin{bmatrix} -1 & -1 & 0 & 0 \end{bmatrix} \boldsymbol{x} \\ &\text{subject to} && \begin{bmatrix} 1 & 3 & 1 & 0 \\ 2 & 1 & 0 & 1 \end{bmatrix} \boldsymbol{x} = \begin{bmatrix} 9 \\ 8 \end{bmatrix} \\ &&& \boldsymbol{x} \geq \mathbf{0} \end{aligned}$$

と書ける．この問題には 4 つの実行可能基底解

$$\begin{bmatrix} 0 \\ 0 \\ 9 \\ 8 \end{bmatrix}, \quad \begin{bmatrix} 0 \\ 3 \\ 0 \\ 5 \end{bmatrix}, \quad \begin{bmatrix} 4 \\ 0 \\ 5 \\ 0 \end{bmatrix}, \quad \begin{bmatrix} 3 \\ 2 \\ 0 \\ 0 \end{bmatrix}$$

と 2 つの実行不可能基底解

$$\begin{bmatrix} 0 \\ 8 \\ -15 \\ 0 \end{bmatrix}, \quad \begin{bmatrix} 9 \\ 0 \\ 0 \\ -10 \end{bmatrix}$$

が存在する．最初の実行可能基底解 $[0\ 0\ 9\ 8]^\top$（基底変数は x_3, x_4）を考えると $c_1 = -1 < 0$ なので非基底変数 x_1 を基底に入れた新たな基底解 $[4\ 0\ 5\ 0]^\top$ を得る．このプロセスを続けると次のステップで最適解 $[3\ 2\ 0\ 0]^\top$ が得られる．

ここで，線形計画における非常に重要な理論的成果である双対性理論について簡単に触れておこう．線形計画問題 (P) に対する**双対問題**を次のように定義する．

$$\text{(D)} \quad \begin{array}{ll} \text{maximize} & \boldsymbol{b}^\top \boldsymbol{y} \\ \text{subject to} & A^\top \boldsymbol{y} \leq \boldsymbol{c} \end{array} \tag{4.7}$$

注意 4.1 双対問題 (D) は

$$\text{minimize} \quad [-\boldsymbol{b}^\top\ \boldsymbol{b}^\top\ \boldsymbol{0}^\top] \begin{bmatrix} \boldsymbol{y}_1 \\ \boldsymbol{y}_2 \\ \boldsymbol{z} \end{bmatrix}$$

$$\text{subject to} \quad [-A^\top\ A^\top\ -I] \begin{bmatrix} \boldsymbol{y}_1 \\ \boldsymbol{y}_2 \\ \boldsymbol{z} \end{bmatrix} = -\boldsymbol{c}$$

$$\boldsymbol{y}_1 \geq \boldsymbol{0}, \quad \boldsymbol{y}_2 \geq \boldsymbol{0}, \quad \boldsymbol{z} \geq \boldsymbol{0}$$

と同一視できるので，その双対問題を考えると

$$\text{maximize} \quad (-\boldsymbol{c})^\top \boldsymbol{x}$$

$$\text{subject to} \quad \begin{bmatrix} -A \\ A \\ -I \end{bmatrix} \boldsymbol{x} \leq \begin{bmatrix} -\boldsymbol{b} \\ \boldsymbol{b} \\ \boldsymbol{0} \end{bmatrix}$$

となるが，これは明らかに (P) と同一視できる．すなわち双対問題の双対問題は元の問題 (P) に戻る．(P) のことを**主問題**と呼ぶ．

さて，主問題 (P) と双対問題 (D) の関係について述べていこう．

定理 4.3（弱双対定理） $\boldsymbol{x}$ を (P) の実行可能解，$\boldsymbol{y}$ を (D) の実行可能解とすると

$$\boldsymbol{c}^\top \boldsymbol{x} \geq \boldsymbol{b}^\top \boldsymbol{y}$$

が成り立つ．したがって，$\boldsymbol{c}^\top \boldsymbol{x} = \boldsymbol{b}^\top \boldsymbol{y}$ ならば，$\boldsymbol{x}, \boldsymbol{y}$ はそれぞれ (P), (D) の最適解である．

（証明） $\boldsymbol{x}$ を (P) の実行可能解，$\boldsymbol{y}$ を (D) の実行可能解とすると

$$\boldsymbol{c}^\top \boldsymbol{x} \geq (A^\top \boldsymbol{y})^\top \boldsymbol{x} = \boldsymbol{y}^\top (A\boldsymbol{x}) = \boldsymbol{y}^\top \boldsymbol{b} = \boldsymbol{b}^\top \boldsymbol{y}$$

が成り立つ．これより後半は明らかである．□

定理 4.4（強双対定理） (P) または (D) の一方が最適解をもてば他方も最適解をもち，それらの最適値は等しい．

（証明） (P) が最適解をもつ場合を示しておく．(D) の場合も上の注意を用いれば同様である．(P) の最適基底解を $\boldsymbol{x}_B^* = B^{-1}\boldsymbol{b}$，$\boldsymbol{x}_N^* = \boldsymbol{0}$ とする．このとき $\boldsymbol{c}_N^\top - \boldsymbol{c}_B^\top B^{-1} N \geq \boldsymbol{0}$ が成り立つ．そこで $\boldsymbol{y}^* = (B^{-1})^\top \boldsymbol{c}_B$ と定義すると

$$\begin{bmatrix} B^\top \\ N^\top \end{bmatrix} \boldsymbol{y}^* \leq \begin{bmatrix} \boldsymbol{c}_B \\ \boldsymbol{c}_N \end{bmatrix}$$

が満足される．これは $A^\top \boldsymbol{y}^* \leq \boldsymbol{c}$ に他ならないので，$\boldsymbol{y}^*$ は (D) の実行可能解である．さらに

$$\boldsymbol{c}^\top \boldsymbol{x}^* = \boldsymbol{c}_B^\top \boldsymbol{x}_B^* + \boldsymbol{c}_N^\top \boldsymbol{x}_N^* = \boldsymbol{c}_B^\top B^{-1} \boldsymbol{b} = (\boldsymbol{y}^*)^\top \boldsymbol{b}$$

であるから弱双対定理から，$\boldsymbol{y}^*$ は (D) の最適解である．また最適値が一致するのは上の式から明らかである．□

系 4.1 (P) と (D) がともに実行可能解をもてば，それらは最適解をもち，それらの最適値は等しい．

（証明） 定理の仮定が満たされる場合は，弱双対定理より (P), (D) ともに問題は有界である．したがっていずれの問題も最適解をもち上の双対定理から結論がしたがう．□

この双対定理が第 3 章で述べた Farkas の補題と同値であることが知られている．このことを示そう．**Farkas の補題**は次のいずれか一方のみが必ず成立することを述べている．

1) $A\boldsymbol{x} = \boldsymbol{b}$ が $\boldsymbol{x} \geq \boldsymbol{0}$ なる解をもつ．

2) $A^\top \boldsymbol{y} \leq \boldsymbol{0}$ かつ $\boldsymbol{b}^\top \boldsymbol{y} > 0$ を満たす解 $\boldsymbol{y}$ が存在する．

まず双対定理が成り立つとして Farkas の補題を導出しよう．主問題を

$$\begin{aligned} &\text{minimize} && \boldsymbol{0}^\top \boldsymbol{x} \\ &\text{subject to} && A\boldsymbol{x} = \boldsymbol{b} \\ &&& \boldsymbol{x} \geq \boldsymbol{0} \end{aligned} \tag{4.8}$$

とすると双対問題は

$$\begin{aligned} &\text{maximize} && \boldsymbol{b}^\top \boldsymbol{y} \\ &\text{subject to} && A^\top \boldsymbol{y} \leq \boldsymbol{0} \end{aligned} \tag{4.9}$$

となる．Farkas の補題の 1), 2)がともに成立しないことは，もし成立したとすると

$$0 < \boldsymbol{b}^\top \boldsymbol{y} = (A\boldsymbol{x})^\top \boldsymbol{y} = \boldsymbol{x}^\top A^\top \boldsymbol{y} \leq 0$$

となり矛盾を生じることからわかる．そこで 2)が成立しないとき 1)が成立することを示す．2)が成立しないとすると双対問題は明らかに $\boldsymbol{y} = \boldsymbol{0}$ を最適解としてもつ．よって双対定理から主問題にも最適解 $\boldsymbol{x}^*$ が存在することになり，それは $A\boldsymbol{x}^* = \boldsymbol{b}$，$\boldsymbol{x}^* \geq \boldsymbol{0}$ を満たし 1)が成り立つ．

次に Farkas の補題が成り立つとして双対定理を導出しよう．まず双対問題 (D) が最適解 $\boldsymbol{y}^*$ をもつとする．今もし 2)が成立したとすると，

$$\begin{aligned} A^\top(\boldsymbol{y}^* + \boldsymbol{y}) &= A^\top \boldsymbol{y}^* + A^\top \boldsymbol{y} \leq \boldsymbol{c} \\ \boldsymbol{b}^\top(\boldsymbol{y}^* + \boldsymbol{y}) &= \boldsymbol{b}^\top \boldsymbol{y}^* + \boldsymbol{b}^\top \boldsymbol{y} > \boldsymbol{b}^\top \boldsymbol{y}^* \end{aligned}$$

となり $\boldsymbol{y}^*$ が (D) の最適解であることに矛盾する．よって 2)は成立しない．したがって Farkas の補題から 1)が成り立つ．すなわち (P) には実行可能解が存在し問題は有界（$\boldsymbol{b}^\top \boldsymbol{y}^*$ が下界）なので最適解が存在する．最後に，(P) が最適解 $\boldsymbol{x}^*$ をもつとする．(D) が $\boldsymbol{b}^\top \boldsymbol{y} \geq \boldsymbol{c}^\top \boldsymbol{x}^*$ となる実行可能解をもてば弱双対定理によりそれが (D) の最適解になる．そこでそのような $\boldsymbol{y}$ が存在しないとして矛盾を導く．$\boldsymbol{y} = \boldsymbol{u} - \boldsymbol{v}$，$\boldsymbol{u}, \boldsymbol{v} \geq \boldsymbol{0}$ として

$$\begin{bmatrix} A^\top & -A^\top & I & \mathbf{0} \\ -\boldsymbol{b}^\top & \boldsymbol{b}^\top & \mathbf{0}^\top & 1 \end{bmatrix} \begin{bmatrix} \boldsymbol{u} \\ \boldsymbol{v} \\ \boldsymbol{w} \\ \alpha \end{bmatrix} = \begin{bmatrix} \boldsymbol{c} \\ -\boldsymbol{c}^\top \boldsymbol{x}^* \end{bmatrix}, \quad \begin{bmatrix} \boldsymbol{u} \\ \boldsymbol{v} \\ \boldsymbol{w} \\ \alpha \end{bmatrix} \geq \mathbf{0}$$

に解が存在しない．Farkas の補題から

$$\begin{bmatrix} A & -\boldsymbol{b} \\ -A & \boldsymbol{b} \\ I & \mathbf{0} \\ \mathbf{0}^\top & 1 \end{bmatrix} \begin{bmatrix} \boldsymbol{z} \\ \beta \end{bmatrix} \leq \begin{bmatrix} \mathbf{0} \\ 0 \end{bmatrix}, \quad [\boldsymbol{c}^\top, \ -\boldsymbol{c}^\top \boldsymbol{x}^*] \begin{bmatrix} \boldsymbol{z} \\ \beta \end{bmatrix} > \mathbf{0}$$

に解が存在する．$\beta = 0$ とすると $A\boldsymbol{z} = \mathbf{0}$，$\boldsymbol{c}^\top \boldsymbol{z} > 0$ となり $\boldsymbol{x}^* - \boldsymbol{z}$ を考えれば $\boldsymbol{x}^*$ が (P) の最適解でなくなる．$\beta \neq 0$ のときは $\boldsymbol{z}/\beta$ を考えればやはり $\boldsymbol{x}^*$ の最適性に矛盾する．

4.2 非線形計画

この節では，より一般の非線形計画問題を扱う．線形計画の場合とは異なり，実行可能解集合が一般的な集合になるため，その 1 次近似すなわち錐による近似が重要となってくる．また関数もその 1 次近似，2 次近似を考えることが必要になってくる．

n 個の実変数 $x_1, x_2, \cdots, x_n$ すなわちベクトル $\boldsymbol{x} = [x_1 \ x_2 \ \cdots \ x_n]^\top \in \mathbf{R}^n$ の関数 f を考える．f は必要な回数連続微分可能であると仮定する．このとき f の $\boldsymbol{x}$ における勾配ベクトルを

$$\nabla f(\boldsymbol{x}) = \begin{bmatrix} \dfrac{\partial f(\boldsymbol{x})}{\partial x_1} \\ \dfrac{\partial f(\boldsymbol{x})}{\partial x_2} \\ \vdots \\ \dfrac{\partial f(\boldsymbol{x})}{\partial x_n} \end{bmatrix} \tag{4.10}$$

で定義し，**Hesse** 行列を

$$\nabla^2 f(\boldsymbol{x}) = \begin{bmatrix} \dfrac{\partial^2 f(\boldsymbol{x})}{\partial x_1^2} & \dfrac{\partial^2 f(\boldsymbol{x})}{\partial x_1 \partial x_2} & \cdots & \dfrac{\partial^2 f(\boldsymbol{x})}{\partial x_1 \partial x_n} \\ \dfrac{\partial^2 f(\boldsymbol{x})}{\partial x_2 \partial x_1} & \dfrac{\partial^2 f(\boldsymbol{x})}{\partial x_2^2} & \cdots & \dfrac{\partial^2 f(\boldsymbol{x})}{\partial x_2 \partial x_n} \\ \vdots & \vdots & \ddots & \vdots \\ \dfrac{\partial^2 f(\boldsymbol{x})}{\partial x_n \partial x_1} & \dfrac{\partial^2 f(\boldsymbol{x})}{\partial x_n \partial x_2} & \cdots & \dfrac{\partial^2 f(\boldsymbol{x})}{\partial x_n^2} \end{bmatrix} \tag{4.11}$$

で定義する．これらを用いると関数 f の 1 次，2 次近似はそれぞれ

$$f(\boldsymbol{x}+\boldsymbol{d}) = f(\boldsymbol{x}) + \nabla f(\boldsymbol{x})^\top \boldsymbol{d} + o(\|\boldsymbol{d}\|) \tag{4.12}$$

$$f(\boldsymbol{x}+\boldsymbol{d}) = f(\boldsymbol{x}) + \nabla f(\boldsymbol{x})^\top \boldsymbol{d} + \frac{1}{2}\boldsymbol{d}^\top \nabla^2 f(\boldsymbol{x}) \boldsymbol{d} + o(\|\boldsymbol{d}\|^2) \tag{4.13}$$

で与えられる．ここで $o(t)$ は $\lim_{t\to 0} \dfrac{o(t)}{t} = 0$ なる量を表す．

以下では，非線形計画問題に対する最適解の条件について基本的な結果を説明する．ただし，説明は概念的なものにとどめるので，数学的な厳密さを望む読者は数理計画あるいは最適化の専門書を参照してほしい．

まず等式制約のみをもつ問題

$$\text{(EN)} \qquad \begin{array}{ll} \text{minimize} & f(\boldsymbol{x}) \\ \text{subject to} & h_j(\boldsymbol{x}) = 0, \quad j = 1, 2, \cdots, l \end{array} \tag{4.14}$$

を考える．ここで，$f(\boldsymbol{x}), h_j(\boldsymbol{x})$ はすべて連続微分可能と仮定する．当然 $l < n$ と考えられる．今 $\boldsymbol{x}^*$ を上の問題の最適解とする．

$$h_j(\boldsymbol{x}^* + \boldsymbol{d}) \approx h_j(\boldsymbol{x}^*) + \nabla h_j(\boldsymbol{x}^*)^\top \boldsymbol{d} = \nabla h_j(\boldsymbol{x}^*)^\top \boldsymbol{d} \tag{4.15}$$

なので，実行可能性を保持できる $\boldsymbol{x}^*$ からの移動方向 $\boldsymbol{d}$ は

$$\nabla h_j(\boldsymbol{x}^*)^\top \boldsymbol{d} = 0, \quad j = 1, 2, \cdots, l \tag{4.16}$$

すなわち $l \times n$ 行列

$$\nabla h(\boldsymbol{x}^*)^\top = \begin{bmatrix} \nabla h_1(\boldsymbol{x}^*)^\top \\ \vdots \\ \nabla h_l(\boldsymbol{x}^*)^\top \end{bmatrix} \tag{4.17}$$

とすると $\boldsymbol{d} \in \mathrm{Ker}\ \nabla h(\boldsymbol{x}^*)^\top$ である．もちろんこの近似は実は常に正しいとは限らない．実際例えば

$$\{\boldsymbol{x} \in \mathbf{R}^2 \mid h_1(\boldsymbol{x}) = x_1^2 - x_2 = 0,\ h_2(\boldsymbol{x}) = x_1^2 + x_2 = 0\}$$

を考えれば，実行可能解は原点 $\boldsymbol{x} = \mathbf{0}$ のみであるから，この点での実行可能移動方向は $\boldsymbol{d} = \mathbf{0}$ のみである．しかるに

$$\nabla h_1(\mathbf{0})^\top \boldsymbol{d} = [0, -1]^\top \boldsymbol{d} = 0, \quad \nabla h_2(\mathbf{0})^\top \boldsymbol{d} = [0, 1]^\top \boldsymbol{d} = 0$$

を満たす $\boldsymbol{d}$ の集合は $\{\boldsymbol{d} \in \mathbf{R}^2 | d_2 = 0\}$ で与えられるので， 正しい近似になっていないことは明白である．実は等式制約の場合は陰関数の定理が適用できればよいので $\nabla h(\boldsymbol{x}^*)$ がフルランク，すなわち $\mathrm{rank}\ \nabla h(\boldsymbol{x}^*) = l$ であればよい．

さて，そのような場合を考えよう．$\mathrm{Ker}\ \nabla h(\boldsymbol{x}^*)^\top$ は部分空間であるから，$\boldsymbol{d} \in \mathrm{Ker}\ \nabla h(\boldsymbol{x}^*)^\top$ を満たすすべての $\boldsymbol{d}$ に対し $\nabla f(\boldsymbol{x}^*)^\top \boldsymbol{d} \geq 0$ となる（すなわち目的関数値が近似的に減少しない）ためには

$$\nabla f(\boldsymbol{x}^*) \in (\mathrm{Ker}\ \nabla h(\boldsymbol{x}^*)^\top)^\perp \tag{4.18}$$

であることが必要である．1.5 節の結果から上の条件は $\nabla f(\boldsymbol{x}^*) \in \mathrm{Im}\ \nabla h(\boldsymbol{x}^*)$ と同値であるから，以下の定理が成り立つ．

定理 4.5　$\boldsymbol{x}^*$ が (EN) の実行可能解すなわち $h_j(\boldsymbol{x}^*) = 0\ (j = 1, 2, \cdots, n)$ を満たすとする．さらに $\boldsymbol{x}^*$ において $\nabla h(\boldsymbol{x}^*)$ がフルランクであると仮定する．このとき $\boldsymbol{x}^*$ が (EN) の最適解であるならば，ある $\boldsymbol{v}^* \in \mathbf{R}^l$ が存在して

$$\nabla f(\boldsymbol{x}^*) + \sum_{j=1}^{l} v_j^* \nabla h_j(\boldsymbol{x}^*) = 0 \tag{4.19}$$

が成り立つ．

注意 4.2　(EN) に対して **Lagrange** 関数と呼ばれる，$\boldsymbol{x}$ と $\boldsymbol{v}$ を 2 種類の変数にもつ関数

$$L(\boldsymbol{x}, \boldsymbol{v}) = f(\boldsymbol{x}) + \sum_{j=1}^{l} v_j h_j(\boldsymbol{x}) \tag{4.20}$$

を定義すると

$$\begin{aligned}\nabla_{\boldsymbol{x}} L(\boldsymbol{x}^*, \boldsymbol{v}^*) &= 0 \\ \nabla_{\boldsymbol{v}} L(\boldsymbol{x}^*, \boldsymbol{v}^*) &= [h_1(\boldsymbol{x}^*), h_2(\boldsymbol{x}^*), \cdots, h_l(\boldsymbol{x}^*)]^\top = 0\end{aligned} \tag{4.21}$$

を解くことにより最適解の候補が得られる（定理 4.5 は最適解の必要条件であって必要十分条件ではないことに注意）．$\boldsymbol{v}^*$ を **Lagrange** 乗数といい，この解法を **Lagrange** の未定乗数法という．

では，次に不等式制約をもつ非線形計画問題

$$\text{(IN)} \qquad \begin{array}{ll} \text{minimize} & f(\boldsymbol{x}) \\ \text{subject to} & g_i(\boldsymbol{x}) \leq 0, \quad i = 1, 2, \cdots, m \end{array} \tag{4.22}$$

を考える．ここで，関数 f, g_i はすべて連続微分可能と仮定する．

今 $\boldsymbol{x}^*$ を上の問題の最適解とする．このとき制約条件のうちには，$g_i(\boldsymbol{x}^*) = 0$ となるものと $g_i(\boldsymbol{x}^*) < 0$ となるものが存在するので，それらを区別するために次のような集合を導入する．

$$I(\boldsymbol{x}^*) = \{i \mid g_i(\boldsymbol{x}^*) = 0\} \tag{4.23}$$

$I(\boldsymbol{x}^*)$ は能動制約指数集合などと呼ばれる．$i \notin I(\boldsymbol{x}^*)$ のとき，すなわち $g_i(\boldsymbol{x}^*) < 0$ のときは，$\boldsymbol{x}^*$ からわずかな変化 $\boldsymbol{d} \in \mathbf{R}^n$ があっても g_i の連続性から $g_i(\boldsymbol{x}^* + \boldsymbol{d}) < 0$ が成り立つと考えてよい．これに対し，$i \in I(\boldsymbol{x}^*)$ すなわち $g_i(\boldsymbol{x}^*) = 0$ の場合は，g_i の 1 次近似

$$g_i(\boldsymbol{x}^* + \boldsymbol{d}) \approx g_i(\boldsymbol{x}^*) + \nabla g_i(\boldsymbol{x}^*)^\top \boldsymbol{d} = \nabla g_i(\boldsymbol{x}^*)^\top \boldsymbol{d}$$

から，$g_i(\boldsymbol{x}^* + \boldsymbol{d}) \leq 0$ が成立することは $\nabla g_i(\boldsymbol{x}^*)^\top \boldsymbol{d} \leq 0$ が成立することと近似的に同じと考えられる．厳密にはこのことは正しくなく何らかの条件（制約想定と呼ばれることが多い）が必要であることは，例えば次の有名な例で知られている．

例 4.2 次の非線形計画問題を考える．

$$\begin{array}{ll} \text{minimize} & f(\boldsymbol{x}) = -x_1 \\ \text{subject to} & g_1(\boldsymbol{x}) = -x_1 \leq 0 \\ & g_2(\boldsymbol{x}) = -x_2 \leq 0 \\ & g_3(\boldsymbol{x}) = (x_1 - 1)^3 + x_2 \leq 0 \end{array}$$

この問題の最適解は明らかに $\boldsymbol{x}^* = [1, 0]^\top$ で $I(\boldsymbol{x}^*) = \{2, 3\}$ である.

$$\nabla g_2(\boldsymbol{x}^*) = \begin{bmatrix} 0 \\ -1 \end{bmatrix}, \quad \nabla g_3(\boldsymbol{x}^*) = \begin{bmatrix} 0 \\ 1 \end{bmatrix}$$

であるから, $\nabla g_2(\boldsymbol{x}^*)^\top \boldsymbol{d} \leq 0$, $\nabla g_3(\boldsymbol{x}^*)^\top \boldsymbol{d} \leq 0$ をともに満たす $\boldsymbol{d}$ は $\{\boldsymbol{d} = [d_1, d_2]^\top |\ d_2 = 0\}$ で与えられる. しかし実際に実行可能な摂動方向を与えるのは $\{\boldsymbol{d} = [d_1, d_2]^\top |\ d_2 = 0, d_1 \leq 0\}$ であることは明らかで, これら 2 つの集合は明らかに異なっている.

こういう場合を排除するための制約想定として最も簡単なのが次の 1 次独立制約想定 (LICQ) である：

> ベクトル $\nabla g_i(\boldsymbol{x}^*)$ $(i \in I)$ が 1 次独立であるとき, $\boldsymbol{x}^*$ において **1 次独立制約想定** (LICQ) が満足されるという.

このときには, 目的関数値の変化が

$$f(\boldsymbol{x}^* + \boldsymbol{d}) - f(\boldsymbol{x}^*) \approx \nabla f(\boldsymbol{x}^*)^\top \boldsymbol{d}$$

で近似されることに注意すると, $\boldsymbol{x}^*$ が最適解になるための必要条件は

$$\nabla g_i(\boldsymbol{x}^*)^\top \boldsymbol{d} \leq 0 \ (i \in I(\boldsymbol{x}^*)), \quad \nabla f(\boldsymbol{x}^*)^\top \boldsymbol{d} < 0 \tag{4.24}$$

となる $\boldsymbol{d} \in \mathbf{R}^n$ が存在しないことである. これに Farkas の補題を適用すれば,

$$\nabla f(\boldsymbol{x}^*) + \sum_{i \in I(\boldsymbol{x}^*)} u_i^* \nabla g_i(\boldsymbol{x}^*) = 0$$

となる $u_i^* \geq 0$ $(i \in I(\boldsymbol{x}^*))$ が存在する. 上の式は $i \notin I(\boldsymbol{x}^*)$ に対し $u_i^* = 0$ とおくと,

$$\nabla f(\boldsymbol{x}^*) + \sum_{i=1}^{m} u_i^* \nabla g_i(\boldsymbol{x}^*) = 0$$

と書き直せる．また $i \notin I(\boldsymbol{x}^*)$ ならば $u_i^* = 0$ という条件は相補性条件

$$u_i^* g_i(\boldsymbol{x}^*) = 0$$

で置き換えられるので，結局次のような最適性の必要条件が得られる．

定理 4.6 (LICQ) の満足される点 $\boldsymbol{x}^*$ が非線形計画問題 (IN) の最適解であるための必要条件は次のような条件を満足する $\boldsymbol{u}^* \in \mathbf{R}^m$ が存在することである．

1) $\nabla f(\boldsymbol{x}^*) + \sum_{i=1}^{m} u_i^* \nabla g_i(\boldsymbol{x}^*) = 0$

2) $g_i(\boldsymbol{x}^*) \le 0,\ i = 1, 2, \cdots, m$

3) $u_i^* \ge 0,\ i = 1, 2, \cdots, m$

4) $u_i^* g_i(\boldsymbol{x}^*) = 0,\ i = 1, 2, \cdots, m$

この条件を **Karush-Kuhn-Tucker** 条件という．

この Karush-Kuhn-Tucker 条件はいわゆる**最適性の 1 次必要条件**と呼ばれるものである．目的関数 f や制約関数 g_i が以下に定義するような凸関数である凸計画問題に対しては，この条件が最適性の十分条件にもなることが知られている．

定義 4.1 $\mathbf{R}^n$ の凸集合 S 上で定義された関数 f は，任意の $\boldsymbol{x}, \boldsymbol{y} \in \mathbf{R}^n$ と任意の $\alpha \in [0, 1]$ に対して

$$f(\alpha \boldsymbol{x} + (1 - \alpha)\boldsymbol{y}) \le \alpha f(\boldsymbol{x}) + (1 - \alpha) f(\boldsymbol{y}) \tag{4.25}$$

となるとき**凸関数**であるといわれる．

最後に等式制約と不等式制約の混在する一般的な問題に対する KKT 条件を述べておく．すなわち

$$\text{(NL)} \quad \begin{array}{ll} \text{minimize} & f(\boldsymbol{x}) \\ \text{subject to} & g_i(\boldsymbol{x}) \le 0, \quad i = 1, 2, \cdots, m \\ & h_j(\boldsymbol{x}) = 0, \quad j = 1, 2, \cdots, l \end{array} \tag{4.26}$$

を考える．(NL) の実行可能解 $\boldsymbol{x}^*$ は $\nabla g_i(\boldsymbol{x}^*)$ $(i \in I(\boldsymbol{x}^*))$，$\nabla h_j(\boldsymbol{x}^*)$ $(j = 1, 2, \cdots, l)$ が 1 次独立なとき正則な点であるということにする．

定理 4.7 (NL) の正則な点 $\boldsymbol{x}^*$ がこの問題の最適解であるならば，次のような条件を満足する $\boldsymbol{u}^* \in \mathbf{R}^m$ と $\boldsymbol{v}^* \in \mathbf{R}^l$ が存在する．

1) $\nabla f(\boldsymbol{x}^*) + \sum_{i=1}^{m} u_i^* \nabla g_i(\boldsymbol{x}^*) + \sum_{j=1}^{l} v_j^* \nabla h_j(\boldsymbol{x}^*) = 0$

2) $g_i(\boldsymbol{x}^*) \leq 0,\ i = 1, 2, \cdots, m$

3) $h_j(\boldsymbol{x}^*) = 0,\ j = 1, 2, \cdots, l$

4) $u_i^* \geq 0,\ i = 1, 2, \cdots, m$

5) $u_i^* g_i(\boldsymbol{x}^*) = 0,\ i = 1, 2, \cdots, m$

4.3 対称行列と 2 次形式

n 個の実変数 $x_1, x_2, \cdots, x_n$ すなわちベクトル $\boldsymbol{x} = [x_1\ x_2\ \cdots\ x_n]^\top \in \mathbf{R}^n$ の関数を考える．最も簡単なものは線形方程式，線形不等式などすでに何度も現れた **1 次形式**であり，定数ベクトル $\boldsymbol{a} = [a_1\ a_2\ \cdots\ a_n]^\top \in \mathbf{R}^n$ を用いて

$$\boldsymbol{a}^\top \boldsymbol{x} = a_1 x_1 + a_2 x_2 + \cdots + a_n x_n \tag{4.27}$$

で与えられる．これに対し **2 次形式**は，実対称行列 $A = [a_{ij}]$ を用いて

$$\boldsymbol{x}^\top A \boldsymbol{x} = \sum_{i=1}^{n} \sum_{j=1}^{n} a_{ij} x_i x_j = \sum_{i=1}^{n} a_{ii} x_i^2 + 2 \sum_{i \neq j} a_{ij} x_i x_j \tag{4.28}$$

で与えられる．ここで A を対称行列としているのは，もしそうでない場合でも

$$\boldsymbol{x}^\top A \boldsymbol{x} = \boldsymbol{x}^\top \left(\frac{A + A^\top}{2} + \frac{A - A^\top}{2} \right) \boldsymbol{x} = \boldsymbol{x}^\top \frac{A + A^\top}{2} \boldsymbol{x}$$

より，結局対称な $\dfrac{A + A^\top}{2}$ を考えればよいからである．

定義 4.2 A を $n \times n$ 正方対称行列とするとき，

$$\boldsymbol{x}^\top A \boldsymbol{x} \geq 0, \quad \forall \boldsymbol{x} \in \mathbf{R}^n \tag{4.29}$$

ならば，A は半正定（値）行列あるいは非負定（値）行列であるといわれる．さらに強い条件

$$x^\top Ax > 0, \quad \forall x \neq \mathbf{0} \in \mathbf{R}^n \tag{4.30}$$

が成り立つならば，A は正定（値）行列であるといわれる．記号では，半正定値，正定値であることをそれぞれ $A \succeq O$，$A \succ O$ のように表すことが多い．

A が正則でなければ $Ax = \mathbf{0}$ となる $x \neq \mathbf{0}$ が存在し，そのとき $x^\top Ax = 0$ となる．したがって A が正定値ならば A は正則である．

補題 4.1 $n \times n$ 対称行列 $A = [a_{ij}]$ を

$$A = \begin{bmatrix} A_0 & \boldsymbol{b} \\ \boldsymbol{b}^\top & a_{nn} \end{bmatrix}, \quad A_0 : (n-1) \times (n-1) \text{ 行列}, \quad \boldsymbol{b}^\top = [a_{n1} \ \cdots \ a_{n,n-1}]$$

と分解する．このとき A が正定値となるための必要十分条件は A_0 が正定値でかつ $a_{nn} - \boldsymbol{b}^\top A_0^{-1}\boldsymbol{b} > 0$ となることである．

（証明） まず必要性を示すため A が正定値と仮定する．任意の $\boldsymbol{x} \in \mathbf{R}^n$ を $\boldsymbol{x} = \begin{bmatrix} \boldsymbol{y} \\ z \end{bmatrix}$，$\boldsymbol{y} \in \mathbf{R}^{n-1}$，$z \in \mathbf{R}$ と分割すると

$$\boldsymbol{x}^\top A\boldsymbol{x} = \boldsymbol{y}^\top A_0\boldsymbol{y} + 2\boldsymbol{b}^\top \boldsymbol{y}z + a_{nn}z^2$$

である．$z = 0$ ととると $\boldsymbol{y}^\top A_0\boldsymbol{y} > 0$ が任意の $\boldsymbol{y} \neq \mathbf{0}$ に対して成立するので，A_0 が正定値である．また，$\boldsymbol{y} = -A_0^{-1}\boldsymbol{b}$, $z = 1$ とおくと $\boldsymbol{x}^\top A\boldsymbol{x} = -\boldsymbol{b}^\top A_0^{-1}\boldsymbol{b} + a_{nn}$ なので，$a_{nn} - \boldsymbol{b}^\top A_0^{-1}\boldsymbol{b} > 0$ も成り立つ．

次に十分性を示す．任意の $\boldsymbol{x} \neq \mathbf{0} \in \mathbf{R}^n$ を上のように分割する．$\boldsymbol{y}' = \boldsymbol{y} + A_0^{-1}\boldsymbol{b}z$ とおくと

$$\begin{aligned} \boldsymbol{x}^\top A\boldsymbol{x} &= (\boldsymbol{y}' - A_0^{-1}\boldsymbol{b}z)^\top A_0(\boldsymbol{y}' - A_0^{-1}\boldsymbol{b}z) + 2\boldsymbol{b}^\top(\boldsymbol{y}' - A_0^{-1}\boldsymbol{b}z)z + a_{nn}z^2 \\ &= \boldsymbol{y}'^\top A_0\boldsymbol{y}' + (a_{nn} - \boldsymbol{b}^\top A_0^{-1}\boldsymbol{b})z^2 \end{aligned}$$

仮定から第 1 項も第 2 項も非負でかつどちらかは正になる（$\boldsymbol{x} \neq \mathbf{0}$）ので，$\boldsymbol{x}^\top A\boldsymbol{x} > 0$ となる．□

定理 4.8 $n \times n$ 対称行列 $A = [a_{ij}]$ が正定値となるための必要十分条件は，す

べての首座小行列

$$A^{(k)} = \begin{bmatrix} a_{11} & \cdots & a_{1k} \\ \vdots & \ddots & \vdots \\ a_{k1} & \cdots & a_{kk} \end{bmatrix}, \quad k = 1, 2, \cdots, n \tag{4.31}$$

に対し，$\det A^{(k)} > 0$ となることである．

（証明） n に関する帰納法を用いて示す．$n = 1$ のときは明らかである．$n - 1$ のときを仮定して n のときを示す．補題から A が正定値となるためには

$$A^{(n-1)} \text{ が正定値で } a_{nn} - \boldsymbol{b}^\top (A^{(n-1)})^{-1} \boldsymbol{b} > 0$$

となることが必要十分である．ところで

$$\det A = \det A^{(n-1)} \, (a_{nn} - \boldsymbol{b}^\top (A^{(n-1)})^{-1} \boldsymbol{b})$$

であるから，そのためには

$$A^{(n-1)} \text{ が正定値で } \det A \text{ と } \det A^{(n-1)} \text{が同符号}$$

であることが必要十分である．帰納法の仮定からこれはすべての首座小行列式が正になることと同値である．□

系 4.2（**Hadamard の定理**） $n \times n$ 正定値対称行列 $A = [a_{ij}]$ に関して

$$\det A \leq a_{11} a_{22} \cdots a_{nn} \tag{4.32}$$

が成り立つ．

（証明） 上の定理の証明でわかるように A が正定値ならば

$$\det A = \det A^{(n-1)} \, (a_{nn} - \boldsymbol{b}^\top (A^{(n-1)})^{-1} \boldsymbol{b}) \leq \det A^{(n-1)} a_{nn}$$

である．これを繰り返せばよい．□

ここで実対称行列の性質をいくつか述べておこう．

定理 4.9 実対称行列の固有値は実数である．固有ベクトルは実数ベクトルに

取れる.

（証明） 行列 A の固有値を λ，対応する固有ベクトルを $\boldsymbol{x}$ とする.

$$\bar{\boldsymbol{x}}^\top A\boldsymbol{x} = \lambda\bar{\boldsymbol{x}}^\top\boldsymbol{x}$$

（$\bar{\boldsymbol{x}}$ は複素共役を表す）で，一方

$$\bar{\boldsymbol{x}}^\top A\boldsymbol{x} = (A^\top\bar{\boldsymbol{x}})^\top\boldsymbol{x} = (\overline{A\boldsymbol{x}})^\top\boldsymbol{x} = \bar{\lambda}\bar{\boldsymbol{x}}^\top\boldsymbol{x}$$

でもあるから $\bar{\boldsymbol{x}}^\top\boldsymbol{x} > 0$ より $\lambda = \bar{\lambda}$，すなわち λ は実数である．したがって固有ベクトルが実数ベクトルに取れることは自明である．□

定理 4.10 実対称行列の相異なる固有値に対する固有ベクトルは直交する.

（証明） 行列 A の相異なる固有値を λ_1, λ_2，対応する固有ベクトルを $\boldsymbol{x}_1, \boldsymbol{x}_2$ とする．すなわち

$$A\boldsymbol{x}_1 = \lambda_1\boldsymbol{x}_1, \quad A\boldsymbol{x}_2 = \lambda_2\boldsymbol{x}_2$$

これから

$$\lambda_1\boldsymbol{x}_1^\top\boldsymbol{x}_2 = (A\boldsymbol{x}_1)^\top\boldsymbol{x}_2 = \boldsymbol{x}_1^\top A^\top\boldsymbol{x}_2 = \boldsymbol{x}_1^\top A\boldsymbol{x}_2 = \lambda_2\boldsymbol{x}_1^\top\boldsymbol{x}_2$$

$\lambda_1 \neq \lambda_2$ であるから $\boldsymbol{x}_1^\top\boldsymbol{x}_2 = 0$. □

補題 4.2 A を実対称行列，λ をその固有値とすると

$$\text{Ker}\ (A - \lambda I)^k = \text{Ker}\ (A - \lambda I), \quad k = 2, 3, \cdots \tag{4.33}$$

が成り立つ.

（証明） $k = 2, 3, \cdots$ に対し帰納法で示す．まず $k = 2$ のときは，$(A - \lambda I)^2\boldsymbol{x} = \boldsymbol{0}$ とすると

$$0 = ((A - \lambda I)^2\boldsymbol{x})^\top\boldsymbol{x} = ((A - \lambda I)\boldsymbol{x})^\top((A - \lambda I)\boldsymbol{x})$$

より $(A - \lambda I)\boldsymbol{x} = \boldsymbol{0}$ が成り立つ．次に $k - 1$ まで成り立つとして k のときを示す．$\boldsymbol{x} \in \text{Ker}\ (A - \lambda I)^k$ とする．帰納法の仮定から $(A - \lambda I)\boldsymbol{x} \in \text{Ker}\ (A - \lambda I)^{k-1} = \text{Ker}\ (A - \lambda I)$ であるから，$\boldsymbol{x} \in \text{Ker}\ (A - \lambda I)^2 = \text{Ker}\ (A - \lambda I)$ が示される．□

定理 4.11 実対称行列は直交行列によって対角化可能である．すなわち，A を $n \times n$ 対称行列，$\lambda_1, \lambda_2, \cdots, \lambda_n$ を A の重複を許した固有値とすると，対応する固有ベクトル $\boldsymbol{x}_1, \boldsymbol{x}_2, \cdots, \boldsymbol{x}_n$ を正規直交基底をなすように取ることができ，$T = [\boldsymbol{x}_1\ \boldsymbol{x}_2\ \cdots\ \boldsymbol{x}_n]$ を用いて

$$T^\top AT = \Lambda = \begin{bmatrix} \lambda_1 & 0 & \cdots & 0 \\ 0 & \lambda_2 & \cdots & 0 \\ \vdots & \vdots & \ddots & \vdots \\ 0 & 0 & \cdots & \lambda_n \end{bmatrix}$$

とできる．逆に直交行列によって対角化可能な行列は対称行列である．

（証明） A の相異なる固有値 λ_j に対する固有空間を $E_A(\lambda_j)$，一般化固有空間を $F_A(\lambda_j)$ とすると，上の補題から $E_A(\lambda_j) = F_A(\lambda_j)$ となるので，各 $E_A(\lambda_j)$ 内に $\dim F_A(\lambda_j)$ 個の互いに直交する長さ 1 のベクトルを取ることができる．すべての j についてそれらのベクトル全部を集めると，定理 4.10 に注意すると n 個のベクトル $\boldsymbol{x}_1, \boldsymbol{x}_2, \cdots, \boldsymbol{x}_n$ からなる正規直交系が構成できる．$T^{-1} = T^\top$ であるから，このとき $T^\top AT$ が対角行列になることは明らかである．逆は A が直交行列によって対角化可能，すなわち $T^\top AT = \Lambda$ とすると $A = T\Lambda T^\top$ である．転置をとれば $A^\top = A$ となることは直ちにわかる．□

2 次形式の最大・最小化と固有値との関係について調べていこう．$n \times n$ 実対称行列 A をとり，2 次形式 $\boldsymbol{x}^\top A\boldsymbol{x}$ を考える．上の定理で述べたように，A の固有ベクトルからなる直交行列 T を用いてこれを

$$T^\top AT = \Lambda = \begin{bmatrix} \lambda_1 & 0 & \cdots & 0 \\ 0 & \lambda_2 & \cdots & 0 \\ \vdots & \vdots & \ddots & \vdots \\ 0 & 0 & \cdots & \lambda_n \end{bmatrix}$$

と対角化することができる．ここで，$\lambda_1, \lambda_2, \cdots, \lambda_n$ は A の固有値である．ベクトル $\boldsymbol{x}$ に対して $\boldsymbol{x} = T\boldsymbol{y}$ とおくと

$$\boldsymbol{x}^\top A\boldsymbol{x} = \boldsymbol{y}^\top T^\top AT\boldsymbol{y} = \boldsymbol{y}^\top \Lambda\boldsymbol{y} = \sum_{i=1}^{n} \lambda_i y_i^2 \tag{4.34}$$

となる．

一般性を失うことなく

$$\lambda_1 \geq \lambda_2 \geq \cdots \geq \lambda_n \tag{4.35}$$

と仮定してよい．T が直交行列であることから

$$\|\boldsymbol{x}\|^2 = \|T\boldsymbol{y}\|^2 = \boldsymbol{y}^\top T^\top T\boldsymbol{y} = \|\boldsymbol{y}\|^2$$

が成り立つ．したがって

$$\max_{\|\boldsymbol{x}\|=1} \boldsymbol{x}^\top A\boldsymbol{x} = \max_{\|\boldsymbol{y}\|=1} \boldsymbol{y}^\top \Lambda\boldsymbol{y} = \lambda_1, \quad \min_{\|\boldsymbol{x}\|=1} \boldsymbol{x}^\top A\boldsymbol{x} = \min_{\|\boldsymbol{y}\|=1} \boldsymbol{y}^\top \Lambda\boldsymbol{y} = \lambda_n \tag{4.36}$$

である．明らかに前者の最大値は $\boldsymbol{y} = [1, 0, \cdots, 0]^\top$ で達成され，後者の最小値は $\boldsymbol{y} = [0, 0, \cdots, 1]^\top$ で達成される．まとめると

$$\lambda_n\|\boldsymbol{x}\|^2 \leq \boldsymbol{x}^\top A\boldsymbol{x} \leq \lambda_1\|\boldsymbol{x}\|^2 \tag{4.37}$$

が成り立つ．

上のことから次の定理が成り立つ．

定理 4.12 対称行列 A に対して次が成り立つ．

1）A が正定値であるための必要十分条件は，A のすべての固有値が正となることである．

2）A が半正定値であるための必要十分条件は，A のすべての固有値が非負となることである．

さらに $\boldsymbol{x} = T\boldsymbol{y}$ より $\boldsymbol{y} = T^\top\boldsymbol{x}$ であることに注意すると，A の λ_i に対応する固有ベクトルを $\boldsymbol{x}_i$ とするとき $\boldsymbol{x}_i = T\boldsymbol{e}_i$ より，式 (4.36) を一般化した

$$\begin{aligned} &\max_{\|\boldsymbol{x}\|=1} \{\boldsymbol{x}^\top A\boldsymbol{x} \mid \boldsymbol{x}_1^\top\boldsymbol{x} = \cdots = \boldsymbol{x}_{i-1}^\top\boldsymbol{x} = 0\} \\ &= \max_{\|\boldsymbol{y}\|=1} \{\boldsymbol{y}^\top \Lambda\boldsymbol{y} \mid y_1 = \cdots = y_{i-1} = 0\} \\ &= \lambda_i, \quad i = 2, 3, \cdots, n \end{aligned} \tag{4.38}$$

および

$$\min_{\|\boldsymbol{x}\|=1} \{\boldsymbol{x}^\top A\boldsymbol{x} \mid \boldsymbol{x}_{i+1}^\top \boldsymbol{x} = \cdots = \boldsymbol{x}_n^\top \boldsymbol{x} = 0\} = \lambda_i, \quad i = 1, 2, \cdots, n-1 \tag{4.39}$$

が成り立つ．前者の式で $\boldsymbol{x}_j$ を任意の $\boldsymbol{w}_j$ に一般化すれば

$$\min_{\boldsymbol{w}_1,\cdots,\boldsymbol{w}_{i-1}} \max_{\|\boldsymbol{x}\|=1} \{\boldsymbol{x}^\top A\boldsymbol{x} \mid \boldsymbol{w}_1^\top \boldsymbol{x} = \cdots = \boldsymbol{w}_{i-1}^\top \boldsymbol{x} = 0\} \leq \lambda_i$$

が成り立つ．その一方で後者の式から，$\|\boldsymbol{x}\| = 1$ で $\boldsymbol{x}_{i+1}^\top \boldsymbol{x} = \cdots = \boldsymbol{x}_n^\top \boldsymbol{x} = 0$ である限り $\boldsymbol{x}^\top A\boldsymbol{x} \geq \lambda_i$ であるから

$$\begin{aligned}\lambda_i &\leq \max_{\|\boldsymbol{x}\|=1} \{\boldsymbol{x}^\top A\boldsymbol{x} \mid \boldsymbol{x}_{i+1}^\top \boldsymbol{x} = \cdots = \boldsymbol{x}_n^\top \boldsymbol{x} = 0,\ \boldsymbol{w}_1^\top \boldsymbol{x} = \cdots = \boldsymbol{w}_{i-1}^\top \boldsymbol{x} = 0\} \\ &\leq \max_{\|\boldsymbol{x}\|=1} \{\boldsymbol{x}^\top A\boldsymbol{x} \mid \boldsymbol{w}_1^\top \boldsymbol{x} = \cdots = \boldsymbol{w}_{i-1}^\top \boldsymbol{x} = 0\}\end{aligned}$$

である．よって結局次の定理が得られる．

定理 4.13 $n \times n$ 対称行列 A の固有値を

$$\lambda_1 \geq \lambda_2 \geq \cdots \geq \lambda_n \tag{4.40}$$

の順に並べたとき次式が成り立つ．

$$\lambda_i = \min_{\boldsymbol{w}_1,\cdots,\boldsymbol{w}_{i-1}} \max_{\|\boldsymbol{x}\|=1} \{\boldsymbol{x}^\top A\boldsymbol{x} \mid \boldsymbol{w}_1^\top \boldsymbol{x} = \cdots = \boldsymbol{w}_{i-1}^\top \boldsymbol{x} = 0\} \tag{4.41}$$

この定理から A の首座小行列の固有値の大きさが限定できる．

系 4.3 $n \times n$ 対称行列 A を

$$A = \begin{bmatrix} A' & \boldsymbol{b} \\ \boldsymbol{b}^\top & c \end{bmatrix} \tag{4.42}$$

と分解したとき，A の固有値を $\lambda_1 \geq \lambda_2 \geq \cdots \geq \lambda_n$，$A'$ の固有値を $\lambda'_1 \geq \lambda'_2 \geq \cdots \geq \lambda'_{n-1}$ とすると

$$\lambda_1 \geq \lambda'_1 \geq \lambda_2 \geq \lambda'_2 \geq \cdots \geq \lambda'_{n-1} \geq \lambda_n \tag{4.43}$$

が成り立つ．

(証明)

$$\begin{aligned}
\lambda_1 &= \max_{\|\boldsymbol{x}\|=1} \boldsymbol{x}^\top A\boldsymbol{x} \geq \max_{\|\boldsymbol{x}\|=1} \{\boldsymbol{x}^\top A\boldsymbol{x} \mid \boldsymbol{e}_n^\top \boldsymbol{x} = 0\} \\
&= \lambda_1' \geq \min_{\boldsymbol{w}_1} \max_{\|\boldsymbol{x}\|=1} \{\boldsymbol{x}^\top A\boldsymbol{x} \mid \boldsymbol{w}_1^\top \boldsymbol{x} = 0\} \\
&= \lambda_2 \geq \min_{\boldsymbol{w}_1} \max_{\|\boldsymbol{x}\|=1} \{\boldsymbol{x}^\top A\boldsymbol{x} \mid \boldsymbol{e}_n^\top \boldsymbol{x} = 0, \boldsymbol{w}_1^\top \boldsymbol{x} = 0\} \\
&= \lambda_2' \geq \min_{\boldsymbol{w}_1,\boldsymbol{w}_2} \max_{\|\boldsymbol{x}\|=1} \{\boldsymbol{x}^\top A\boldsymbol{x} \mid \boldsymbol{w}_1^\top \boldsymbol{x} = 0, \boldsymbol{w}_2^\top \boldsymbol{x} = 0\} = \lambda_3
\end{aligned}$$

以下同様である. □

さらに次のような結果も成り立つ.

定義 4.3 $n \times n$ 対称行列 A の正の固有値の数 p と負の固有値の数 q の組 (p, q) を A の符号数あるいは慣性という.

定理 4.14 (Sylvester の慣性法則) $n \times n$ 対称行列 A と任意の $n \times n$ 正則行列 T に対し, A と $T^\top AT$ の符号数は等しい.

(証明) A と $T^\top AT$ の i 番目に大きな固有値をそれぞれ λ_i, λ_i' とする. $\lambda_i' > 0$ のとき $\lambda_i > 0$ となることを示す. ある $\boldsymbol{w}_1, \boldsymbol{w}_2, \cdots, \boldsymbol{w}_{i-1}$ に対し

$$\lambda_i = \max_{\|\boldsymbol{x}\|=1} \{\boldsymbol{x}^\top A\boldsymbol{x} \mid \boldsymbol{w}_1^\top \boldsymbol{x} = \boldsymbol{w}_2^\top \boldsymbol{x} = \cdots = \boldsymbol{w}_{i-1}^\top \boldsymbol{x} = 0\}$$

である. $\boldsymbol{x} = T\boldsymbol{y}$ とすると

$$\lambda_i = \max_{\|T\boldsymbol{y}\|=1} \{\boldsymbol{y}^\top T^\top AT\boldsymbol{y} \mid \boldsymbol{w}_1^\top T\boldsymbol{y} = \boldsymbol{w}_2^\top T\boldsymbol{y} = \cdots = \boldsymbol{w}_{i-1}^\top T\boldsymbol{y} = 0\}$$

一方定理 4.13 より

$$\lambda_i' \leq \max_{\|\boldsymbol{y}\|=1} \{\boldsymbol{y}^\top T^\top AT\boldsymbol{y} \mid \boldsymbol{w}_1^\top T\boldsymbol{y} = \boldsymbol{w}_2^\top T\boldsymbol{y} = \cdots = \boldsymbol{w}_{i-1}^\top T\boldsymbol{y} = 0\}$$

である. $\lambda_i' > 0$ より右辺 > 0 である. この正の最大値を与える $\boldsymbol{y}$ を $\boldsymbol{y}'$ とし, $\hat{\boldsymbol{y}} = \boldsymbol{y}'/\|T\boldsymbol{y}'\|$ とおくと $\|T\hat{\boldsymbol{y}}\| = 1$ であるから

$$\lambda_i \geq \hat{\boldsymbol{y}}^\top T^\top AT\hat{\boldsymbol{y}} > 0$$

となる. 上の証明で仮定を $\lambda_i' \geq 0$ に変えれば $\lambda_i \geq 0$ が示せることは明らかで

ある．さらに A と $T^\top AT$ の役割を入れ替えることにより $\lambda_i \geq 0$ ならば $\lambda_i' \geq 0$ が示せる．その対偶から $\lambda_i' < 0$ ならば $\lambda_i < 0$ が成り立つ．よって A と $T^\top AT$ の符号数は等しい．□

注意 4.3 T が直交行列であれば，$T^\top AT = T^{-1}AT$ になるので A と $T^\top AT$ は固有値そのものが等しい．上の定理は T が直交行列とは限らない一般の場合には固有値の値には変化が生じるがその符号は同じであることを述べている．

対称行列 A の正定値性が固有値で判断できるので，Gershgorin の定理から簡単に正定値であることが判定できる場合がある．

定理 4.15 $n \times n$ 行列 $A = [a_{ij}]$ は

$$|a_{ii}| > \sum_{j \neq i} |a_{ij}|, \quad i = 1, 2, \cdots, n \tag{4.44}$$

のとき**厳密に対角優勢**であるという．対称行列 A は対角成分が正で厳密に対角優勢ならば正定値である．

（証明） A の任意の固有値を λ とすると，Gershgorin の定理（定理 2.7）からある i に対して

$$|\lambda - a_{ii}| \leq \sum_{j \neq i} |a_{ij}|$$

となる．よって $a_{ii} > 0$ に注意すると

$$\lambda > a_{ii} - \sum_{j \neq i} |a_{ij}| > 0$$

が成り立つ．□

4.4 錐線形計画と半正定値計画

線形計画に対してはこの章の最初に古典的な単体法について，その幾何学的な意味について説明した．これに対し，多項式時間の解法としての内点法が近

年活発に研究がなされ，その有効性が立証されてきた．それに伴い内点法が同様に有効に拡張できる問題の対象として，凸計画の一種であるが線形計画のような構造をもった錐線形計画が注目を浴びている．中には「21 世紀の線形計画」と呼ぶ人もいる．この節では，錐線形計画とはどのようなものであるか説明し，その中でも特に有用といわれている半正定値計画について述べる．

線形計画問題は行列 A の第 i 行ベクトルを $\boldsymbol{a}^{i\top}$ とすると，Euclid 内積と $\mathbf{R}^n$ の非負象限

$$\mathbf{R}^n_+ = \{\boldsymbol{x} \in \mathbf{R}^n \mid \boldsymbol{x} \geq \mathbf{0}\}$$

を用いて

$$\begin{array}{ll} \text{minimize} & \langle \boldsymbol{c}, \boldsymbol{x} \rangle \\ \text{subject to} & \langle \boldsymbol{a}^i, \boldsymbol{x} \rangle = b_i, \quad i = 1, 2, \cdots, m \\ & \boldsymbol{x} \in \mathbf{R}^n_+ \end{array} \tag{4.45}$$

と表すことができる．$\boldsymbol{x}$ をより一般の内積空間で考え，非負象限をその空間の閉凸錐にとれば，次のような問題が定義できる．

$$\begin{array}{ll} \text{minimize} & \langle \boldsymbol{c}, \boldsymbol{x} \rangle \\ \text{subject to} & \langle \boldsymbol{a}^i, \boldsymbol{x} \rangle = b_i, \quad i = 1, 2, \cdots, m \\ & \boldsymbol{x} \in K \end{array} \tag{4.46}$$

この問題を**錐線形計画問題**という．錐線形計画に対しては，線形計画における双対性などの理論を拡張的に示すことができる．

錐線形計画の中でも 2 次錐と呼ばれる錐

$$K_i = \left\{ \boldsymbol{x}^i \in \mathbf{R}^{n_i} \mid x^i_1 \geq \sqrt{\sum_{j=2}^{n_i} (x^i_j)^2} \right\} \tag{4.47}$$

を用いた問題

$$\begin{array}{ll} \text{minimize} & \boldsymbol{c}^\top \boldsymbol{x} \\ \text{subject to} & A\boldsymbol{x} = \boldsymbol{b} \\ & \boldsymbol{x}^i \in K_i, \quad i = 1, 2, \cdots, p \end{array} \tag{4.48}$$

を **2 次錐計画問題**という．ただし $\boldsymbol{x}^\top = [\boldsymbol{x}^{1\top}\ \boldsymbol{x}^{2\top}\ \cdots\ \boldsymbol{x}^{p\top}]$ で $\sum_{i=1}^p n_i = n$ である．この問題に対しては最近有効なアルゴリズムの研究が進んでいる．

さて，$n \times n$ 実対称行列の空間を $\mathcal{S}(n)$ を考えると，これは通常の行列の和とスカラー倍によって線形空間となる．さらに $A = [a_{ij}], B = [b_{ij}] \in \mathcal{S}(n)$ に対する内積 $A \bullet B$ を

$$A \bullet B = \mathrm{trace}\ AB = \sum_{i=1}^{n} \sum_{j=1}^{n} a_{ij} b_{ij}$$

で定義すればこの空間は内積空間にもなる．$n \times n$ 半正定値対称行列全体の集合 $\mathcal{P}(n)$ を考えると，$\mathcal{P}(n)$ は $\mathcal{S}(n)$ における閉凸錐になる．したがって錐線形計画の 1 つの場合として

$$\begin{aligned} &\text{minimize} && C \bullet X \\ &\text{subject to} && A_i \bullet X = b_i, \quad i = 1, 2, \cdots, m \\ &&& X \in \mathcal{P}(n) \end{aligned} \tag{4.49}$$

なる問題が定義できる．ここで $A_i\ (i = 1, 2, \cdots, m), C$ は与えられた $\mathcal{S}(n)$ の要素であり，$\boldsymbol{b} \in \mathbf{R}^m$ である．この問題を半正定値計画問題という．

この問題の双対問題は

$$\begin{aligned} &\text{maximize} && \boldsymbol{b}^\top \boldsymbol{y} \\ &\text{subject to} && \sum_{i=1}^{m} y_i A_i - C \preceq O \end{aligned} \tag{4.50}$$

となる．この問題の制約条件はいわゆる行列不等式と呼ばれるもので，制御理論において注目されているものであり半正定値計画が制御理論と結びつくことが示されている．

この線形行列不等式は，対称行列 $A_0, A_1, \cdots, A_n$ を用いて $\boldsymbol{x} \in \mathbf{R}^n$ に対し

$$A_0 + x_1 A_1 + \cdots + x_n A_n \preceq O \tag{4.51}$$

の形に表される．$A_0, A_1, \cdots, A_n$ をうまくとると $\mathbf{R}^n$ の凸集合を表現できる．例えば $\mathbf{R}^n$ の凸多面体

$$S = \{\boldsymbol{x} \in \mathbf{R}^n \mid A\boldsymbol{x} + \boldsymbol{b} \leq \mathbf{0}\}, \quad A : m \times n \text{ 行列}, \quad \boldsymbol{b} \in \mathbf{R}^m \tag{4.52}$$

は

$$A_0 = \begin{bmatrix} b_1 & 0 & \cdots & 0 \\ 0 & b_2 & \cdots & 0 \\ \vdots & \vdots & \ddots & \vdots \\ 0 & 0 & \cdots & b_m \end{bmatrix}, \quad A_i = \begin{bmatrix} a_{1i} & 0 & \cdots & 0 \\ 0 & a_{2i} & \cdots & 0 \\ \vdots & \vdots & \ddots & \vdots \\ 0 & 0 & \cdots & a_{mi} \end{bmatrix},$$
$$i = 1, 2, \cdots, n \tag{4.53}$$

ととればよい．このことは対角行列が半負定値となることとすべての対角成分が非正になることとが同値であることから明らかである．

また $\mathbf{R}^n$ における楕円体

$$S = \{\boldsymbol{x} \in \mathbf{R}^n \mid \boldsymbol{x}^\top A\boldsymbol{x} \leq r^2\}, \quad A : \text{正定値}, \quad r \in \mathbf{R} \tag{4.54}$$

は

$$\begin{bmatrix} I & \mathbf{0} \\ \boldsymbol{x}^\top A & 1 \end{bmatrix} \begin{bmatrix} -A^{-1} & \boldsymbol{x} \\ \boldsymbol{x}^\top & -r^2 \end{bmatrix} \begin{bmatrix} I & A\boldsymbol{x} \\ \mathbf{0}^\top & 1 \end{bmatrix} = \begin{bmatrix} -A^{-1} & \mathbf{0} \\ \mathbf{0}^\top & \boldsymbol{x}^\top A\boldsymbol{x} - r^2 \end{bmatrix}$$

に注意すると（あるいは補題 4.1 から），S を定める不等式が

$$\begin{bmatrix} -A^{-1} & \boldsymbol{x} \\ \boldsymbol{x}^\top & -r^2 \end{bmatrix} \preceq O \tag{4.55}$$

と等価なので，$(n+1) \times (n+1)$ 行列

$$A_0 = -\begin{bmatrix} A^{-1} & \mathbf{0} \\ \mathbf{0}^\top & r^2 \end{bmatrix}, \quad A_i = \begin{bmatrix} O & \boldsymbol{e}_i \\ \boldsymbol{e}_i^\top & 0 \end{bmatrix}, \quad i = 1, 2, \cdots, n \tag{4.56}$$

をとればよい．もちろん $\boldsymbol{e}_i$ は $\mathbf{R}^n$ の i 番目の単位ベクトルである．

4.5　多目的最適化と AHP

最適化問題においては，例えば製品を作るときのコストといった目的関数が考えられる．現実の最適化においてはこれに加えてその製品の品質のような別の視点も重要視される．すなわち同時に複数の目的を考えることが望まれることがよくある．そのような状況を扱うのが**多目的最適化**である．この節では，次のような多目的最適化問題を扱う：

$$
\text{(MP)} \qquad \begin{array}{ll} \text{minimize} & \boldsymbol{f}(\boldsymbol{x}) = \begin{bmatrix} f_1(\boldsymbol{x}) \\ f_2(\boldsymbol{x}) \\ \vdots \\ f_p(\boldsymbol{x}) \end{bmatrix} \\ \text{subject to} & \boldsymbol{x} \in S \subseteq \mathbf{R}^n \end{array} \tag{4.57}
$$

通常の1目的最適化（スカラー最適化）では，実行可能集合 S を目的関数 f で写した集合 $f(S)$ は実数空間 $\mathbf{R}$ の部分集合である．$\mathbf{R}$ における大小関係 $\leq$ は全順序であるから，最小の意味は明らかで解が自然に定義できる．しかし多目的最適化（ベクトル最適化）の場合 $\boldsymbol{f}(S)$ は多次元空間 $\mathbf{R}^p$ の部分集合となり，$\mathbf{R}^p$ における大小関係 $\leq$ は半順序でしかない．このため最適化問題の解の意味を再考する必要がある．通常多目的最適化では次のような **Pareto 最適解**（有効解，非劣解）が考えられる．

定義 4.4 多目的最適化問題 (MP) において $\boldsymbol{x}^* \in S$ が

$$
\boldsymbol{x} \in S,\ \boldsymbol{f}(\boldsymbol{x}) \leq \boldsymbol{f}(\boldsymbol{x}^*) \implies \boldsymbol{f}(\boldsymbol{x}) = \boldsymbol{f}(\boldsymbol{x}^*) \tag{4.58}
$$

いいかえると

$$
\nexists \boldsymbol{x} \in S : \boldsymbol{f}(\boldsymbol{x}) \leq \boldsymbol{f}(\boldsymbol{x}^*),\ \boldsymbol{f}(\boldsymbol{x}) \neq \boldsymbol{f}(\boldsymbol{x}^*) \tag{4.59}
$$

を満たすとき，$\boldsymbol{x}^*$ は (MP) の Pareto 最適解であるといわれる．

Pareto 最適解は一般に目的空間においてすら一意には定まらない．実際に Pareto 最適解を求めるには (MP) の目的関数をスカラー化することが多い（多目的遺伝的アルゴリズムのような手法もあるが）．スカラー化は Pareto 最適解の中で特別な1つを定めるのにも用いられる．スカラー化の代表的なしかも最も簡単なものが重み和最小化である．

$$
\text{(SP}(\boldsymbol{w})) \qquad \begin{array}{ll} \text{minimize} & w_1 f_1(\boldsymbol{x}) + w_2 f_2(\boldsymbol{x}) + \cdots + w_p f_p(\boldsymbol{x}) \\ \text{subject to} & \boldsymbol{x} \in S \subseteq \mathbf{R}^n \end{array} \tag{4.60}
$$

ここで $\boldsymbol{w} \in \mathbf{R}^p$，$\boldsymbol{w} > \mathbf{0}$ は目的関数に対する重みベクトルである．この方法が正当化されるのは次の定理による．

定理 4.16 重みベクトル $\boldsymbol{w} \in \mathbf{R}^p$, $\boldsymbol{w} > \mathbf{0}$ に対するスカラー最適化問題 (SP($\boldsymbol{w}$)) の最適解は，多目的最適化問題 (MP) の Pareto 最適解である．

実は，この方法では凸性の仮定が成立しないときにはすべての Pareto 最適解を求めることはできないが，それでも実際に頻繁に用いられるのは，何といっても簡単で重みの意味がすっきりしているからである．実際入学試験などでも，数学，英語，理科などに重みをつけて和を取ることで総合点としている．

さて，では重みはどのようにして定めるのかを考えてみる．その1つの方法が AHP(Analytic Hyerarchical Process) によるものである．AHP そのものは，有限の実行可能集合を仮定して，以下に説明する考え方だけでそれら有限個の解の評価を行うが，ここでは複数目的に対する重みを求める部分について説明する．各目的 f_i の重みを $w_i > 0$ とし，意思決定者に一対比較により w_i と w_j の比を答えてもらう．整合的な回答であれば

$$\frac{w_i}{w_j} = \frac{1}{\frac{w_j}{w_i}}, \quad \frac{w_i}{w_j}\frac{w_j}{w_k} = \frac{w_i}{w_k} \tag{4.61}$$

が成り立つ（あるいは一部の回答から上の関係により計算できるものを計算することもある）．したがってわれわれは $p \times p$ 行列

$$A = \begin{bmatrix} 1 & \dfrac{w_1}{w_2} & \cdots & \dfrac{w_1}{w_p} \\ \dfrac{w_2}{w_1} & 1 & \cdots & \dfrac{w_2}{w_p} \\ \vdots & \vdots & \ddots & \vdots \\ \dfrac{w_p}{w_1} & \dfrac{w_p}{w_2} & \cdots & 1 \end{bmatrix} \tag{4.62}$$

を得る．この行列はランクが1であり

$$A\boldsymbol{w} = p\boldsymbol{w} \tag{4.63}$$

である．すなわち A の 0 でない固有値は p のみであり対応する固有ベクトルが $\boldsymbol{w}$ である．

実際に意思決定者の回答によって行列 A を作ると，不整合な回答が含まれているから最大固有値 λ は必ずしも p にはならず，一貫性指数

$$\mathrm{C.I.} = \frac{\lambda - p}{p - 1} \tag{4.64}$$

で回答の整合性を測る．この値が 0.1 以下であれば問題はないとされている．

4.6 第 4 章のまとめと参考書

この章では最適化を取り上げた．最初の線形計画は最適化においても最もポピュラーなものであり，高速で解けることもよく知られている．理論的には第 3 章で述べた凸多面体が重要な役割を果たす好例でもある．また双対定理という美しい結果も有用である．非線形計画では，集合や関数の 1 次近似および 2 次近似が重要である．これらの概念は最適化のみならず種々の非線形解析でも必要不可欠である．さらに，対称行列と 2 次形式という線形代数において重要なテーマをこの章で最適化との関連に留意しながら説明した．加えて近年発展してきた錐線形計画と半正定値計画についても紹介した．最後に多目的最適化についても触れた．

最適化あるいは数理計画にはいくつか良書が存在する．比較的最近のものである福島[3)]，田村・村松[11)]，矢部[12)]，加藤[6)]，山下・福島[13)] などを以下に挙げておく．線形計画の内点法について触れていないので小島ら[8)] などを読んでほしい．凸多面体との関連については布川ら[2)] や岩堀[5)] を参考にした．非線形計画については触りだけしか述べていないので，興味のある人は参考文献に挙げた本などでさらに学んで欲しい．非線形最適化の数学的な理論に興味のある人には福島[4)] が面白いと思う．多目的計画は中山・谷野[10)] が参考になる．AHP については木下[7)] などがある．また様々な最適化問題について知りたい人には久保ら[9)]，藤澤・梅谷[1)] を薦めておく．

文　　献

1) 藤澤克樹・梅谷俊治,『応用に役立つ 50 の最適化問題』, 朝倉書店 (2009)
2) 布川 昊・中山弘隆・谷野哲三,『線形代数と凸解析』, コロナ社 (1991)

3)　福島雅夫,『新版数理計画入門』, 朝倉書店 (2011)
4)　福島雅夫,『非線形最適化の基礎』, 朝倉書店 (2001)
5)　岩堀長慶,『線型不等式とその応用』, 岩波講座基礎数学, 岩波書店 (1977)
6)　加藤直樹,『数理計画法』, コロナ社 (2008)
7)　木下栄蔵（編),『AHP の理論と実際』, 日科技連 (2000)
8)　小島政和・水野眞治・土谷 隆・矢部 博,『内点法』, 朝倉書店 (2001)
9)　久保幹雄・田村明久・松井知己（編)『応用数理計画ハンドブック』, 朝倉書店 (2002)
10)　中山弘隆・谷野哲三,『多目的計画法の理論と応用』, 計測自動制御学会 (1994)
11)　田村明久・村松正和,『最適化法』, 共立出版 (2002)
12)　矢部 博,『工学基礎　最適化とその応用』, 数理工学社 (2006)
13)　山下信雄・福島雅夫,『数理計画法』, コロナ社 (2008)

5

現代制御理論への応用

5.1　線形動的システムの状態空間表現

この章では線形動的システムの表現とその制御に関する話題を取り扱う．一般に時刻を t で表したとき，n 個の状態変数 $x_1(t), x_2(t), \cdots, x_n(t)$，$m$ 個の入力変数 $u_1(t), u_2(t), \cdots, u_m(t)$，$l$ 個の出力変数 $y_1(t), y_2(t), \cdots, y_l(t)$ をもつ動的システムを考える．状態変数ベクトル，入力変数ベクトル，出力変数ベクトルをそれぞれ

$$\boldsymbol{x}(t) = \begin{bmatrix} x_1(t) \\ x_2(t) \\ \vdots \\ x_n(t) \end{bmatrix}, \quad \boldsymbol{u}(t) = \begin{bmatrix} u_1(t) \\ u_2(t) \\ \vdots \\ u_m(t) \end{bmatrix}, \quad \boldsymbol{y}(t) = \begin{bmatrix} y_1(t) \\ y_2(t) \\ \vdots \\ y_l(t) \end{bmatrix}$$

とすると，このシステムは連立 1 階常微分方程式を用いて

$$\dot{\boldsymbol{x}}(t) = f(\boldsymbol{x}(t), \boldsymbol{u}(t), t) \tag{5.1}$$

$$\boldsymbol{y}(t) = g(\boldsymbol{x}(t), \boldsymbol{u}(t), t) \tag{5.2}$$

と表される．ここでは特に線形時不変システムと呼ばれる

$$\dot{\boldsymbol{x}}(t) = A\boldsymbol{x}(t) + B\boldsymbol{u}(t) \tag{5.3}$$

$$\boldsymbol{y}(t) = C\boldsymbol{x}(t) \tag{5.4}$$

の形のシステムを扱う．ここで A, B, C はそれぞれ $n \times n, n \times m, l \times n$ の実

定数行列である．式 (5.1) あるいは式 (5.3) を**状態方程式**，式 (5.2) あるいは式 (5.4) を**出力方程式**と呼ぶ．最も基本的な現代制御理論の基礎は，この形のシステムに対し展開されている．より進んでは A, B, C が時間的に変化する場合が扱われるが本書では触れない．

なお，古典制御理論では，このような状態変数という概念を用いず，システムを入力と出力を関連付けるブラックボックスとして捉えている．この場合，入力変数ベクトルと出力変数ベクトルの Laplace 変換をそれぞれ，$U(s), Y(s)$ とし，

$$Y(s) = G(s)U(s) \tag{5.5}$$

なる関係を与える $l \times m$ 行列 $G(s)$ をこのシステムの**伝達関数行列**という．状態方程式と出力方程式を初期値をゼロとおいて Laplace 変換すると，状態変数ベクトルの Laplace 変換 $X(s)$ を用いて

$$sX(s) = AX(s) + BU(s) \tag{5.6}$$

$$Y(s) = CX(s) \tag{5.7}$$

なる関係が得られる．これらから $X(s)$ を消去すれば，

$$G(s) = C(sI - A)^{-1}B \tag{5.8}$$

となることがわかる．

古典制御では伝達関数に基づき，ボード線図，ベクトル軌跡，根軌跡といった様々な図的表示を駆使して制御系の解析，設計がなされる．これに対し現代制御では状態空間に着目することで，線形代数が大活躍する．もちろん両方のアプローチには密接な関連があり制御工学を学ぶ人は相補的に両方に熟達することが望ましい．

5.2　状態方程式の解とシステムの安定性

この節では，状態方程式

$$\dot{\boldsymbol{x}}(t) = A\boldsymbol{x}(t) + B\boldsymbol{u}(t) \tag{5.9}$$

について考える．まずこのシステムにおいて入力がゼロ，すなわち $\boldsymbol{u}(t) \equiv \boldsymbol{0}$ である場合，状態方程式は

$$\dot{\boldsymbol{x}}(t) = A\boldsymbol{x}(t) \tag{5.10}$$

となる（自由システムと呼ばれる）．

この微分方程式の解を考えるのだが，状態変数が 1 次元すなわち実数の場合には，状態方程式は実係数 a を用いて

$$\dot{x}(t) = ax(t)$$

で表される．この解が，$t = 0$ での初期値 $x(0)$ に対し

$$x(t) = e^{at}x(0)$$

で与えられることはよく知られている（というより簡単に確認できる）．では，多次元の場合にはどうなるであろうか．

このため指数関数のべき級数展開

$$e^x = 1 + x + \frac{1}{2!}x^2 + \cdots + \frac{1}{k!}x^k + \cdots \tag{5.11}$$

において x に正方行列 A を代入した

$$e^A = I + A + \frac{1}{2!}A^2 + \cdots + \frac{1}{k!}A^k + \cdots \tag{5.12}$$

を考える．この級数は e^x の収束半径が ∞ であることから，任意の A に対し定義できることが知られている．これから時間パラメータ t も含んだ行列指数関数

$$e^{At} = I + At + \frac{1}{2!}A^2t^2 + \cdots + \frac{1}{k!}A^kt^k + \cdots \tag{5.13}$$

が定義できる．

この e^{At} のことを状態推移（遷移）行列という．状態推移行列が次の性質をもつことは直ちにわかる．

1）$e^O = I$

2）$e^{At}e^{At'} = e^{A(t+t')}$

3）$(e^{At})^{-1} = e^{-At}$

4) $\dfrac{d}{dt}e^{At} = e^{At}A = Ae^{At}$

5) $A = TBT^{-1}$ のとき $e^{At} = Te^{Bt}T^{-1}$

自由システムにおいて，$t = 0$ における初期値 $\boldsymbol{x}(0)$ が与えられたときの，状態変数ベクトル $\boldsymbol{x}(t)$ の挙動は

$$\boldsymbol{x}(t) = e^{At}\boldsymbol{x}(0) \tag{5.14}$$

で与えられることは，行列関数 e^{At} の時間微分を考えた上の 4) から明らかである．すなわち，ある状態に行列 e^{At} をかけることにより，時間 t だけ経過したときの新しい状態が得られる．e^{At} を状態推移行列と呼ぶ所以である．

なお，Laplace 変換 $\mathcal{L}$ を用いると $\mathcal{L}(e^{at}) = \frac{1}{s-a}$ であることを利用すると

$$e^{At} = \mathcal{L}^{-1}(sI - A)^{-1} \tag{5.15}$$

となる（補題 5.1 参照）．もとの自由システムの状態方程式を Laplace 変換して

$$sX(s) - \boldsymbol{x}(0) = AX(s)$$

より，

$$X(s) = (sI - A)^{-1}\boldsymbol{x}(0)$$

であるから，これを Laplace 逆変換しても $\boldsymbol{x}(t) = e^{At}\boldsymbol{x}(0)$ となることがわかる．

さらに，実際に行列指数関数を考えてみれば，次の補題が容易に得られる．

補題 5.1　1) 行列 A がブロック対角行列

$$A = \begin{bmatrix} A_1 & O & \cdots & O \\ O & A_2 & \cdots & O \\ \vdots & \vdots & \ddots & \vdots \\ O & O & \cdots & A_k \end{bmatrix}$$

のとき

$$e^{At} = \begin{bmatrix} e^{A_1 t} & O & \cdots & O \\ O & e^{A_2 t} & \cdots & O \\ \vdots & \vdots & \ddots & \vdots \\ O & O & \cdots & e^{A_k t} \end{bmatrix}$$

2) 固有値 λ に対する p 次の Jordan ブロック

$$J(\lambda) = \begin{bmatrix} \lambda & 1 & 0 & \cdots & 0 \\ 0 & \lambda & 1 & \cdots & 0 \\ \vdots & \vdots & \ddots & \ddots & \vdots \\ 0 & 0 & 0 & \cdots & 1 \\ 0 & 0 & 0 & \cdots & \lambda \end{bmatrix}$$

に対して

$$e^{J(\lambda)t} = \begin{bmatrix} e^{\lambda t} & te^{\lambda t} & \frac{t^2}{2!}e^{\lambda t} & \cdots & \frac{t^{p-1}}{(p-1)!}e^{\lambda t} \\ 0 & e^{\lambda t} & te^{\lambda t} & \cdots & 0 \\ \vdots & \vdots & \vdots & \ddots & \vdots \\ 0 & 0 & 0 & \cdots & te^{\lambda t} \\ 0 & 0 & 0 & \cdots & e^{\lambda t} \end{bmatrix}$$

定義 5.1　線形時不変自由システム $\dot{\boldsymbol{x}}(t) = A\boldsymbol{x}(t)$ において，すべての初期ベクトル $\boldsymbol{x}(0)$ に対して

$$\lim_{t \to \infty} \boldsymbol{x}(t) = \boldsymbol{0} \tag{5.16}$$

となるとき，このシステムは**漸近安定**であるという．

定理 5.1　システム $\dot{\boldsymbol{x}}(t) = A\boldsymbol{x}(t)$ が漸近安定になるための必要十分条件は，A のすべての固有値の実部が負になることである．

（証明）　このシステムの解は $\boldsymbol{x}(t) = e^{At}\boldsymbol{x}(0)$ となるが，Jordan 標準形 J を用いて $A = TJT^{-1}$ と表された場合に，

$$\boldsymbol{x}(t) = Te^{Jt}T^{-1}\boldsymbol{x}(0) \tag{5.17}$$

となる．すべての $\boldsymbol{x}(0)$ に対し $\lim_{t\to\infty} \boldsymbol{x}(t) = \boldsymbol{0}$ が成り立つことと $Te^{Jt}T^{-1} \to O\ (t \to \infty)$ とは明らかに等価であるが，T が正則であることに注意すると，これは $e^{Jt} \to O\ (t \to \infty)$ とも等価である．補題 5.1 の e^{Jt} の表現から，そうなるための必要十分条件は A のすべての固有値の実部が負になることである．□

このようにシステム $\dot{\boldsymbol{x}}(t) = A\boldsymbol{x}(t)$ の漸近安定性は行列 A に完全に依存する．そこで，すべての固有値の実部が負になる行列 A を**安定行列**という．なお，行列 A の固有値をこのシステムの**極**という．

次に入力 $\boldsymbol{u}(t)$ が存在するときの，初期値 $\boldsymbol{x}(0)$ に対する状態方程式 (5.5) の解は

$$\boldsymbol{x}(t) = e^{At}\boldsymbol{x}(0) + \int_0^t e^{A(t-\tau)}B\boldsymbol{u}(\tau)d\tau \tag{5.18}$$

で与えられる．これは実際に上式を時間微分してみると

$$\dot{\boldsymbol{x}}(t) = Ae^{At}\boldsymbol{x}(0) + B\boldsymbol{u}(t) + A\int_0^t e^{A(t-\tau)}B\boldsymbol{u}(\tau)d\tau$$

となることから確かめられる．

なお，A が安定行列であるような入力の存在するシステム $\dot{\boldsymbol{x}}(t) = A\boldsymbol{x}(t) + B\boldsymbol{u}(t)$ に対しては，$\boldsymbol{u}(t) =$ 一定ならば $t \to \infty$ において $\boldsymbol{x}(t)$ はある一定値に近づく（古典制御でいうステップ応答）．このシステムに対しても A の固有値をシステムの極という．

5.3 システムの可制御性

さて，制御入力を適切に選ぶことによりある時刻 t に状態 $\boldsymbol{x}(t)$ を希望する値に設定するのが，制御の目標である．この節ではシステムの状態を思い通りに制御できるための条件について考察する．

定義 5.2 式 (5.3) のシステムにおいて，すべての初期状態ベクトル $\boldsymbol{x}(0)$ と任意に与えられたベクトル $\bar{\boldsymbol{x}}$ に対し，有限な時刻 $\bar{t}$ と入力 $\boldsymbol{u}(t)$ $(0 \leq t \leq \bar{t})$ が存在して $\boldsymbol{x}(\bar{t}) = \bar{\boldsymbol{x}}$ とできるならば，このシステムは**可制御**であるといい，そうでないとき不可制御であるという．

前節で述べたように状態の挙動は推移行列 e^{At} によって記述される．e^{At} は A のべき乗からなる無限級数であるが，Cayley-Hamilton の定理によれば A^n 以上のべきは $I, A, \cdots, A^{n-1}$ を用いて

$$e^{At} = q_1(t)I + q_2(t)A + \cdots + q_n(t)A^{n-1} = \sum_{i=1}^{n} q_i(t)A^{i-1} \tag{5.19}$$

と表現できる.

定義 5.3 式 (5.3) の状態方程式をもつシステムに対する $n \times (n \times m)$ 行列

$$U_c = [B\ AB\ A^2B\ \cdots\ A^{n-1}B] \tag{5.20}$$

をこのシステムの**可制御性行列**という.

このとき

$$\begin{aligned} \mathrm{Im}\ U_c &= \mathrm{Im}\ B + \mathrm{Im}\ AB + \cdots + \mathrm{Im}\ A^{n-1}B \\ &= \mathrm{Im}\ B + A(\mathrm{Im}\ B) + \cdots + A^{n-1}(\mathrm{Im}\ B) \end{aligned} \tag{5.21}$$

のことを**可制御部分空間**という. 上の等号が成り立つことは, $\boldsymbol{x} \in \mathrm{Im}\ U_c$ となることが, 適当な $\boldsymbol{u}_1, \boldsymbol{u}_2, \cdots, \boldsymbol{u}_n \in \mathbf{R}^m$ が存在して

$$\boldsymbol{x} = B\boldsymbol{u}_1 + AB\boldsymbol{u}_2 + \cdots + A^{n-1}B\boldsymbol{u}_n$$

となることを意味していることから明らかである. $\mathrm{Im}\ U_c$ が A 不変な部分空間であることもやはり Cayley-Hamilton の定理から明らかである. またこの空間を可制御部分空間と呼ぶことは以下のように説明できる.

まず $\boldsymbol{x}$ が初期状態 $\boldsymbol{x}(0) = \mathbf{0}$ から適当な入力 $\boldsymbol{u}$ によりある時刻 t に到達可能であるとすると

$$\boldsymbol{x} = \int_0^t e^{A(t-\tau)}B\boldsymbol{u}(\tau)d\tau$$

$$= \sum_{i=1}^{n} A^{i-1}B \int_0^t q_i(t-\tau)\boldsymbol{u}(\tau)d\tau \in \mathrm{Im}\ U_c$$

である. この逆を示そう.

補題 5.2 時刻 t に依存する $n \times n$ 対称行列 W_t を

$$W_t = \int_0^t e^{A\tau}BB^\top e^{A^\top\tau}d\tau = \int_0^t e^{A(t-\tau)}BB^\top e^{A^\top(t-\tau)}d\tau \tag{5.22}$$

で定義する．このとき $t>0$ ならば

$$\mathrm{Im}\ W_t = \mathrm{Im}\ U_c \tag{5.23}$$

が成立する．

（証明） W_t が対称なので，式 (5.23) は定理 1.29 から

$$\mathrm{Ker}\ W_t = (\mathrm{Im}\ U_c)^{\perp} \tag{5.24}$$

と同値である．式 (5.24) を示そう．まず $\boldsymbol{x} \in \mathrm{Ker}\ W_t$ とすると，$\boldsymbol{x}^{\top} W_t \boldsymbol{x} = 0$ より

$$\int_0^t \|B^{\top} e^{A^{\top}\tau} \boldsymbol{x}\|^2 d\tau = 0$$

が得られる．したがって

$$B^{\top} e^{A^{\top}\tau} \boldsymbol{x} = 0, \quad 0 \le \tau \le t$$

が成り立つ．$\tau = 0$ での微分を繰り返すと

$$B^{\top} A^{\top(i-1)} \boldsymbol{x} = 0, \quad i = 1, 2, \cdots$$

なので定理 1.29 および定理 1.28 を用いると

$$\begin{aligned}\boldsymbol{x} \in \bigcap_{i=1}^{n} \mathrm{Ker}\ (B^{\top} A^{\top(i-1)}) &= \bigcap_{i=1}^{n} (\mathrm{Im}\ (A^{i-1}B))^{\perp} \\ &= \left(\sum_{i=1}^{n} \mathrm{Im}\ (A^{i-1}B) \right)^{\perp} = (\mathrm{Im}\ U_c)^{\perp}\end{aligned}$$

逆に，$\boldsymbol{x} \in (\mathrm{Im}\ U_c)^{\perp}$ のときは，上の推論を逆にたどることにより $\boldsymbol{x}^{\top} W_t \boldsymbol{x} = 0$ が示せる．W_t が半正定値であることは自明なので，これは $\boldsymbol{x} \in \mathrm{Ker}\ W_t$ を意味する．□

今 $\bar{\boldsymbol{x}} \in \mathrm{Im}\ U_c$ として $t > 0$ を固定すると，上の補題を用いることにより，ある $\boldsymbol{z} \in \mathbf{R}^n$ に対し $\bar{\boldsymbol{x}} = W_t \boldsymbol{z}$ である．入力 $\boldsymbol{u}$ を

$$\boldsymbol{u}(\tau) = B^{\top} e^{A^{\top}(t-\tau)} \boldsymbol{z}, \quad 0 \le \tau \le t$$

ととれば，初期状態を $\boldsymbol{x}(0) = \mathbf{0}$ とすると $\boldsymbol{x}(t) = W_t \boldsymbol{z} = \bar{\boldsymbol{x}}$ となる．以上で Im U_c が適当な入力により初期状態 $\boldsymbol{x}(0) = \mathbf{0}$ から到達可能な状態の空間であることが示された．

定理 5.2　式 (5.3) のシステムが可制御であるための必要十分条件は，$\mathrm{Im}\, U_c = \mathbf{R}^n$ すなわち $\mathrm{rank}\, U_c = n$ となることである．特に $m = 1$（1 入力）の場合，U_c は正方行列となりこの条件は $\det U_c \neq 0$ と等価である．

（証明）　まずシステムが可制御であるとすると初期状態 $\mathbf{0}$ から到達可能な状態は当然全空間になるので，必要性は明らかである．十分性について示す．$\mathrm{Im}\, U_c = \mathbf{R}^n$ のとき補題から任意の $t > 0$ に対して W_t は正則となる．そこで

$$\boldsymbol{u}(\tau) = B^\top e^{A^\top(t-\tau)} W_t^{-1}(\bar{\boldsymbol{x}} - e^{At}\boldsymbol{x}(0)), \quad 0 \le \tau \le t$$

ととると

$$\begin{aligned}\boldsymbol{x}(t) &= e^{At}\boldsymbol{x}(0) + \int_0^t e^{A(t-\tau)} B B^\top e^{A^\top(t-\tau)} W_t^{-1}(\bar{\boldsymbol{x}} - e^{At}\boldsymbol{x}(0)) d\tau \\ &= e^{At}\boldsymbol{x}(0) + W_t W_t^{-1}(\bar{\boldsymbol{x}} - e^{At}\boldsymbol{x}(0)) = \bar{\boldsymbol{x}}\end{aligned}$$

が得られる．□

このようにシステム (5.3) の可制御性は行列対 (A, B) のみに依存する．したがって上の定理の条件が成り立つとき，対 (A, B) を可制御といい，そうでないとき不可制御という．

注意 5.1　可制御性の条件 $\mathrm{rank}\, U_c = n$ はしばしば次の同値な条件で与えられる：

$$\mathrm{rank}\, [A - \lambda I \ \ B] = n, \quad \forall \lambda \in \mathbf{C}^n \tag{5.25}$$

実際上の条件は

$$\mathrm{rank}\, [A - \lambda I \ \ B] = n, \quad \forall \lambda : A \text{ の固有値} \tag{5.26}$$

と同値であるが，これは

$$\mathrm{Ker} \begin{bmatrix} A^\top - \lambda I \\ B^\top \end{bmatrix} = \{\mathbf{0}\}, \quad \forall \lambda : A \text{ の固有値} \tag{5.27}$$

と同値である．一方で $\mathrm{rank}\, U_c = n$ は

$$\mathrm{Ker}\begin{bmatrix} B^\top \\ B^\top A^\top \\ \vdots \\ B^\top A^{(n-1)\top} \end{bmatrix} = \{\mathbf{0}\} \tag{5.28}$$

と同値である．式 (5.28) から式 (5.27) は容易に導出される．逆に式 (5.28) を否定して式 (5.27) の否定を導出しよう．すなわち式 (5.28) の左辺の部分空間を V とし，それが $\mathbf{0}$ でないベクトルを含むとする．V が $A^\top$ 不変部分空間であることに注意すると，V の基底を並べた行列 T_1 に $\mathbf{R}^n$ の残りの基底を付け加えて正則な行列 $T = [T_1\ T_2]$ を考えれば

$$T^{-1}A^\top T = \begin{bmatrix} A_{11}^\top & A_{12}^\top \\ O & A_{22}^\top \end{bmatrix}$$

となる．$A_{11}^\top$ の固有値，固有ベクトルを $A_{11}^\top \boldsymbol{y} = \lambda \boldsymbol{y}$，$\boldsymbol{y} \neq \mathbf{0}$ とする．$\boldsymbol{x} = T_1 \boldsymbol{y}$ とおけば，

$$\begin{aligned} A^\top \boldsymbol{x} &= A^\top [\ T_1\ T_2\ ] \begin{bmatrix} \boldsymbol{y} \\ \mathbf{0} \end{bmatrix} = [\ T_1\ T_2\ ] \begin{bmatrix} A_{11}^\top & A_{12}^\top \\ O & A_{22}^\top \end{bmatrix} \begin{bmatrix} \boldsymbol{y} \\ \mathbf{0} \end{bmatrix} \\ &= [\ T_1\ T_2\ ] \begin{bmatrix} \lambda \boldsymbol{y} \\ \mathbf{0} \end{bmatrix} = \lambda \boldsymbol{x} \end{aligned}$$

である．また T_1 が列フルランクなので $\boldsymbol{x} \neq \mathbf{0}$ であり，また $\boldsymbol{x} \in V$ より $B^\top \boldsymbol{x} = \mathbf{0}$ も成り立つ．すなわち

$$\boldsymbol{x} \in \mathrm{Ker}\begin{bmatrix} A^\top - \lambda I \\ B^\top \end{bmatrix}$$

となり，式 (5.27) が否定された．

5.4 システムの可観測性

定義 5.4 式 (5.3)，(5.4) のシステムにおいて，ある有限の時刻 s があり，$0 \leq t \leq s$ の間の $\boldsymbol{y}(t)$ と $\boldsymbol{u}(t)$ の測定から $\boldsymbol{x}(0)$ が一意に決定できるとき，このシステムは**可観測**であるといい，そうでないとき**不可観測**であるという．

定義 5.5　式 (5.3), (5.4) のシステムに対し,

$$U_o = \begin{bmatrix} C \\ CA \\ CA^2 \\ \vdots \\ CA^{n-1} \end{bmatrix} \tag{5.29}$$

で定義される $(n \times l) \times n$ 行列 U_o をこのシステムの**可観測性行列**という.

このとき

$$\text{Ker } U_o = \bigcap_{i=1}^{n} \text{Ker } (CA^{i-1}) \tag{5.30}$$

を**不可観測部分空間**という. これが A 不変な部分空間であることは Cayley-Hamilton の定理から直ちにわかる. また, この名称は次の補題により正当化される.

補題 5.3　式 (5.3), (5.4) のシステムにおいて時刻 0 における 2 つの状態 $\boldsymbol{x}(0), \bar{\boldsymbol{x}}(0)$ に対して

$$\boldsymbol{x}(0) - \bar{\boldsymbol{x}}(0) \in \text{Ker } U_o$$

ならば, 任意の同じ入力 $\boldsymbol{u}$ に対する出力 $\boldsymbol{y}(t), \bar{\boldsymbol{y}}(t)$ は

$$\boldsymbol{y}(t) = \bar{\boldsymbol{y}}(t), \quad t \geq 0$$

となる.

(証明)　出力は

$$\boldsymbol{y}(t) = C\left(e^{At}\boldsymbol{x}(0) + \int_0^t e^{A(t-\tau)}B\boldsymbol{u}(\tau)d\tau\right)$$

なので,

$$\begin{aligned} \boldsymbol{y}(t) - \bar{\boldsymbol{y}}(t) &= Ce^{At}(\boldsymbol{x}(0) - \bar{\boldsymbol{x}}(0)) \\ &= \sum_{i=1}^{n} q_i(t)CA^{i-1}(\boldsymbol{x}(0) - \bar{\boldsymbol{x}}(0)) = \boldsymbol{0}, \quad t \geq 0 \end{aligned}$$

が成り立つ. □

補題 5.4 Ker $U_o = \{\mathbf{0}\}$ となるのは，対称行列

$$V_t = \int_0^t e^{A^\top \tau} C^\top C e^{A\tau} d\tau \tag{5.31}$$

がすべての $t > 0$ に対し正則になるときかつそのときに限る．

（証明） Ker $U_o \neq \{\mathbf{0}\}$ となるのは

$$CA^i \boldsymbol{x} = 0, \quad i = 0, 1, \cdots, n-1$$

となる $\boldsymbol{x} \neq \mathbf{0}$ が存在するときかつそのときに限ることに注意すれば補題 5.2 と同様にして

$$\boldsymbol{x} \in \mathrm{Ker}\ U_o \iff \boldsymbol{x} \in \mathrm{Ker}\ V_t, t > 0$$

となることを容易に示すことができる．□

定理 5.3 式 (5.3)，(5.4) のシステムが可観測であるための必要十分条件は，Ker $U_o = \{\mathbf{0}\}$ すなわち rank $U_o = n$ となることである．特に $l = 1$（1 出力）の場合，U_o は正方行列となりこの条件は det $U_o \neq 0$ と等価である．

（証明） 必要性は 2 つ上の補題 5.3 から明らかである．十分性は，入力 u に対し

$$\boldsymbol{y}(\tau) = Ce^{A\tau}\boldsymbol{x}(0) + C\int_0^\tau e^{A(\tau - s)} B\boldsymbol{u}(s) ds$$

より

$$Ce^{A\tau}\boldsymbol{x}(0) = \boldsymbol{y}(\tau) - C\int_0^\tau e^{A(\tau - s)} B\boldsymbol{u}(s) ds = \boldsymbol{z}(\tau)$$

とすると $\boldsymbol{z}(\tau)$ は入力と出力の観測から既知である．これに $e^{A^\top \tau} C^\top$ を掛けて 0 から t まで積分すると

$$V_t \boldsymbol{x}(0) = \int_0^t e^{A^\top \tau} C^\top \boldsymbol{z}(\tau) d\tau$$

となるので，V_t が正則なことから $\boldsymbol{x}(0)$ を一意的に決定することができる．□

式 (5.3)，(5.4) のシステムが可観測であるかどうかは，行列対 (C, A) にのみ依存するので，(C, A) が可観測という言い方をする．

注意 5.2　可観測性の条件 rank $U_c = n$ はしばしば次の同値な条件で与えられる：

$$\mathrm{rank}\begin{bmatrix} A-\lambda I \\ C \end{bmatrix} = n, \quad \forall\lambda \in \mathbf{C}^n \tag{5.32}$$

可制御性と可観測性についての結果を見ればわかるように，これらの間には次のような「双対性」が成り立つ（最適化での双対性とは異なるが同じ用語を用いる．そもそも双対という言葉はいろいろな場面で使われる）．

定理 5.4　対 (A, B) が可制御であることと，$(B^\top, A^\top)$ が可観測であることとは等価である．同様に対 (C, A) が可観測であることと，$(A^\top, C^\top)$ が可制御であることとは等価である．

5.5　システムの正準形式

さて，式 (5.3)，(5.4) で表されたシステムの状態変数変換を考えてみる．すなわち $n \times n$ 正則行列 T を用いて，

$$\boldsymbol{x}(t) = T\boldsymbol{z}(t), \quad \boldsymbol{z}(t) = T^{-1}\boldsymbol{x}(t) \tag{5.33}$$

なる新しい状態変数ベクトル $\boldsymbol{z}(t)$ を導入してみる．簡単に

$$\dot{\boldsymbol{z}}(t) = T^{-1}AT\boldsymbol{z}(t) + T^{-1}B\boldsymbol{u}(t) \tag{5.34}$$

$$\boldsymbol{y}(t) = CT\boldsymbol{z}(t) \tag{5.35}$$

となることがわかる．こちらの表現を用いた場合でも伝達関数行列は

$$CT(sI - T^{-1}AT)^{-1}T^{-1}B = C(sI - A)^{-1}B$$

と変化のないことは当然である．さらにシステムの可制御性，可観測性も（当然予想されるとおり）影響を受けない．

定理 5.5　対 (A, B) が可制御であれば $(T^{-1}AT, T^{-1}B)$ も可制御である．対

(C, A) が可観測であれば $(CT, T^{-1}AT)$ も可観測である．

（証明）　可制御行列を考えると

$$\begin{aligned}&[T^{-1}B \;\; T^{-1}ATT^{-1}B \;\cdots\; (T^{-1}AT)^{n-1}T^{-1}B]\\ &= T^{-1}[B \; AB \; A^2B \;\cdots\; A^{n-1}B]\end{aligned}$$

なので可制御性行列のランクに変化はない，すなわち可制御性に変化はない．同様のことは可観測性行列についてもいえる．□

したがって，適当な相似変換を用いてシステムを扱いやすい形で記述することが望ましい．この節では，1 入力 1 出力システムを例にとって，そのような正準形式のいくつかを紹介する．

まず A が重複した固有値をもたない場合を考える．A の固有値を $\lambda_1, \lambda_2, \cdots, \lambda_n$，対応する固有ベクトルを $\boldsymbol{v}_1, \boldsymbol{v}_2, \cdots, \boldsymbol{v}_n$ とするとこれらは 1 次独立である（定理 2.3）．そこで正則行列

$$T = [\boldsymbol{v}_1 \; \boldsymbol{v}_2 \;\cdots\; \boldsymbol{v}_n]$$

を用いて状態変数変換を行うとシステムの方程式は，

$$\begin{aligned}\begin{bmatrix} \dot{z}_1(t) \\ \dot{z}_2(t) \\ \vdots \\ \dot{z}_n(t) \end{bmatrix} &= \begin{bmatrix} \lambda_1 & 0 & \cdots & 0 \\ 0 & \lambda_2 & \cdots & 0 \\ \vdots & \vdots & \ddots & \vdots \\ 0 & 0 & \cdots & \lambda_n \end{bmatrix} \begin{bmatrix} z_1(t) \\ z_2(t) \\ \vdots \\ z_n(t) \end{bmatrix} + \begin{bmatrix} \tilde{b}_1 \\ \tilde{b}_2 \\ \vdots \\ \tilde{b}_n \end{bmatrix} u(t) \\ \boldsymbol{y}(t) &= [\tilde{c}_1 \; \tilde{c}_2 \;\cdots\; \tilde{c}_n] \begin{bmatrix} z_1(t) \\ z_2(t) \\ \vdots \\ z_n(t) \end{bmatrix}\end{aligned} \tag{5.36}$$

となり，1 次元のシステムが n 個並列に並んだ形になっている．この形で表されるシステムを**対角正準形**という．この場合の伝達関数は

$$G(s) = \sum_{i=1}^{n} \frac{\tilde{c}_i \tilde{b}_i}{s - \lambda_i} \tag{5.37}$$

で，モードと呼ばれる各 z_i の挙動は

$$z_i(t) = e^{\lambda_i t} z_i(0) \tag{5.38}$$

で与えられる．したがって

$$\boldsymbol{x}(t) = e^{\lambda_1 t} z_1(0)\boldsymbol{v}_1 + e^{\lambda_2 t} z_2(0)\boldsymbol{v}_2 + \cdots + e^{\lambda_n t} z_n(0)\boldsymbol{v}_n \tag{5.39}$$

である．可制御性，可観測性も次の定理のように簡単に判定できる．

定理 5.6　対角正準形のシステムが可制御であるための必要十分条件は，$\tilde{b}_i \neq 0$ $(i = 1, 2, \cdots, n)$ となることである．また，可観測となるための必要十分条件は，$\tilde{c}_i \neq 0$ $(i = 1, 2, \cdots, n)$ となることである．

（証明）　この場合可制御性行列は

$$\begin{bmatrix} \tilde{b}_1 & \lambda_1\tilde{b}_1 & \cdots & \lambda_1^{n-1}\tilde{b}_1 \\ \tilde{b}_2 & \lambda_2\tilde{b}_2 & \cdots & \lambda_2^{n-1}\tilde{b}_2 \\ \vdots & \vdots & \ddots & \vdots \\ \tilde{b}_n & \lambda_n\tilde{b}_n & \cdots & \lambda_n^{n-1}\tilde{b}_n \end{bmatrix}$$

$$= \begin{bmatrix} \tilde{b}_1 & 0 & \cdots & 0 \\ 0 & \tilde{b}_2 & \cdots & 0 \\ \vdots & \vdots & \ddots & \vdots \\ 0 & 0 & \cdots & \tilde{b}_n \end{bmatrix} \begin{bmatrix} 1 & \lambda_1 & \cdots & \lambda_1^{n-1} \\ 1 & \lambda_2 & \cdots & \lambda_2^{n-1} \\ \vdots & \vdots & \ddots & \vdots \\ 1 & \lambda_n & \cdots & \lambda_n^{n-1} \end{bmatrix}$$

となる．右辺後の行列は Vandermonde 行列であり，$\lambda_i \neq \lambda_j (i \neq j)$ のときは正則になるので，この可制御性行列が正則になるための必要十分条件は $\tilde{b}_i \neq 0$ $(i = 1, 2, \cdots, n)$ となることである．可観測性についても同様に証明できる．□

次に (A, b) が可制御な 1 入力システムにおいて，A の特性多項式が

$$\varphi_A(\lambda) = \lambda^n + a_1\lambda^{n-1} + \cdots + a_{n-1}\lambda + a_n \tag{5.40}$$

であるとしよう．この場合 $b, Ab, \cdots, A^{n-1}b$ が 1 次独立になるので，第 2 章で説明した随伴形に変形することができる．すなわち

$$T = U_c W = [b\ Ab\ \cdots\ A^{n-1}b]\begin{bmatrix} a_{n-1} & a_{n-2} & \cdots & a_1 & 1 \\ a_{n-2} & a_{n-3} & \cdots & 1 & 0 \\ \vdots & \vdots & \ddots & \vdots & \vdots \\ a_1 & 1 & \cdots & 0 & 0 \\ 1 & 0 & \cdots & 0 & 0 \end{bmatrix} \tag{5.41}$$

とすると可制御正準形と呼ばれるシステム

$$\begin{bmatrix} \dot{z}_1(t) \\ \dot{z}_2(t) \\ \vdots \\ \dot{z}_n(t) \end{bmatrix} = \begin{bmatrix} 0 & 1 & 0 & \cdots & 0 \\ 0 & 0 & 1 & \cdots & 0 \\ \vdots & \vdots & \vdots & \ddots & \vdots \\ 0 & 0 & 0 & \cdots & 1 \\ -a_n & -a_{n-1} & -a_{n-2} & \cdots & -a_1 \end{bmatrix} \begin{bmatrix} z_1(t) \\ z_2(t) \\ \vdots \\ z_n(t) \end{bmatrix} + \begin{bmatrix} 0 \\ 0 \\ \vdots \\ 0 \\ 1 \end{bmatrix} u(t)$$

$$\boldsymbol{y}(t) = [\tilde{c}_1\ \tilde{c}_2\ \cdots\ \tilde{c}_n] \begin{bmatrix} z_1(t) \\ z_2(t) \\ \vdots \\ z_n(t) \end{bmatrix} \tag{5.42}$$

を得る．この場合の伝達関数は

$$G(s) = \frac{\tilde{c}_n s^{n-1} + \cdots + \tilde{c}_2 s + \tilde{c}_1}{s^n + a_1 s^{n-1} + \cdots + a_{n-1} s + a_n} \tag{5.43}$$

である．

これと双対な形で，(c, A) が可観測な 1 出力システムにおいて，A の特性多項式が

$$\varphi_A(\lambda) = \lambda^n + a_1 \lambda^{n-1} + \cdots + a_{n-1}\lambda + a_n \tag{5.44}$$

であるとしよう．今度は

$$T^{-1} = W U_o = \begin{bmatrix} a_{n-1} & a_{n-2} & \cdots & a_1 & 1 \\ a_{n-2} & a_{n-3} & \cdots & 1 & 0 \\ \vdots & \vdots & \ddots & \vdots & \vdots \\ a_1 & 1 & \cdots & 0 & 0 \\ 1 & 0 & \cdots & 0 & 0 \end{bmatrix} \begin{bmatrix} c \\ cA \\ \vdots \\ cA^{n-1} \end{bmatrix} \tag{5.45}$$

とすると可観測正準形と呼ばれるシステム

$$
\begin{bmatrix} \dot{z}_1(t) \\ \dot{z}_2(t) \\ \vdots \\ \dot{z}_n(t) \end{bmatrix} = \begin{bmatrix} 0 & 0 & \cdots & 0 & -a_n \\ 1 & 0 & \cdots & 0 & -a_{n-1} \\ \vdots & \vdots & \ddots & \vdots & \vdots \\ 0 & 0 & \cdots & 0 & -a_2 \\ 0 & 0 & \cdots & 1 & -a_1 \end{bmatrix} \begin{bmatrix} z_1(t) \\ z_2(t) \\ \vdots \\ z_n(t) \end{bmatrix} + \begin{bmatrix} \tilde{b}_1 \\ \tilde{b}_2 \\ \vdots \\ \tilde{b}_n \end{bmatrix} u(t)
$$

$$
\boldsymbol{y}(t) = [0\ 0\ \cdots\ 1] \begin{bmatrix} z_1(t) \\ z_2(t) \\ \vdots \\ z_n(t) \end{bmatrix} \tag{5.46}
$$

を得る．この場合の伝達関数は

$$
G(s) = \frac{\tilde{b}_n s^{n-1} + \cdots + \tilde{b}_2 s + \tilde{b}_1}{s^n + a_1 s^{n-1} + \cdots + a_{n-1} s + a_n} \tag{5.47}
$$

である．

注意 5.3　力学システムや電気システムでよく見られるように，元の線形動的システムが n 階の線形微分方程式

$$
x^{(n)}(t) + a_1 x^{(n-1)}(t) + \cdots + a_{n-1}\dot{x}(t) + a_n x(t) = u(t) \tag{5.48}
$$

によって記述されているときには，

$$
z_1(t) = x(t), \quad z_2(t) = \dot{x}(t), \quad \cdots, \quad z_n(t) = x^{(n-1)}(t) \tag{5.49}
$$

ととると，このシステムは連立 1 階線形微分方程式

$$
\begin{bmatrix} \dot{z}_1 \\ \dot{z}_2 \\ \vdots \\ \dot{z}_n \end{bmatrix} = \begin{bmatrix} 0 & 1 & 0 & \cdots & 0 \\ 0 & 0 & 1 & \cdots & 0 \\ \vdots & \vdots & \vdots & \ddots & \vdots \\ 0 & 0 & 0 & \cdots & 1 \\ -a_n & -a_{n-1} & -a_{n-2} & \cdots & -a_1 \end{bmatrix} \begin{bmatrix} z_1 \\ z_2 \\ \vdots \\ z_n \end{bmatrix} + \begin{bmatrix} 0 \\ 0 \\ \vdots \\ 0 \\ 1 \end{bmatrix} u
$$

と自然に可制御正準形の状態方程式で記述される．

5.6 正　準　構　造

動的システムの可制御性，可観測性に関連して可制御部分空間 $\mathrm{Im}\ U_c$ と不可観測部分空間 $\mathrm{Ker}\ U_o$ を考えた．この節では，これらに基づいたシステムの内部構造の表現について説明する．

式 (5.3)，(5.4) で記述されたシステムの状態変数空間 $\mathbf{R}^n$ において，$\mathrm{Im}\ U_c$ と $\mathrm{Ker}\ U_o$ を基に次の条件を満たす 4 つの部分空間 $W_{cu}, W_{co}, W_{uu}, W_{uo}$ を定義する．各空間に属する状態のもつ意味も併せて述べる．

$$\begin{aligned}
&W_{cu} = \mathrm{Im}\ U_c \cap \mathrm{Ker}\ U_o && W_{cu}：\text{可制御だが不可観測}\\
&\mathrm{Im}\ U_c = W_{cu} \oplus W_{co} && W_{co}：\text{可制御かつ可観測}\\
&\mathrm{Ker}\ U_o = W_{cu} \oplus W_{uu} && W_{uu}：\text{不可制御かつ不可観測}\\
&\mathbf{R}^n = W_{cu} \oplus W_{co} \oplus W_{uu} \oplus W_{uo} && W_{uo}：\text{不可制御だが可観測}
\end{aligned} \tag{5.50}$$

ただしこれらの空間のうち W_{cu} は一意に定まるが，後の 3 つは必ずしも一意ではない．このとき，$\mathrm{Im}\ U_c$ と $\mathrm{Ker}\ U_o$ がいずれも A 不変であることに注意すると

$$\begin{aligned}
&AW_{cu} \subseteq W_{cu}\\
&AW_{co} \subseteq W_{cu} \oplus W_{co}\\
&AW_{uu} \subseteq W_{cu} \oplus W_{uu}\\
&AW_{uo} \subseteq W_{cu} \oplus W_{co} \oplus W_{uu} \oplus W_{uo}
\end{aligned} \tag{5.51}$$

である．さらに行列 B の各列ベクトルは $W_{cu} \oplus W_{co}$ に属しており，C の各行ベクトルは $W_{co} \oplus W_{uo}$ に属している．

以上のことから，まず W_{cu} の基底を取り，それに W_{co} の基底を付け加えればそれらは全体として $\mathrm{Im}\ U_c$ の基底を構成する．同様に考えて W_{uu}, W_{uo} の基底をとると全空間 $\mathbf{R}^n$ の基底が得られる．これらの基底に関してシステムの方程式を記述するとその表現は式 (5.51) に注意すると

$$\begin{bmatrix} \dot{\boldsymbol{x}}_{cu} \\ \dot{\boldsymbol{x}}_{co} \\ \dot{\boldsymbol{x}}_{uu} \\ \dot{\boldsymbol{x}}_{uo} \end{bmatrix} = \begin{bmatrix} A^{cu,cu} & A^{cu,co} & A^{cu,uu} & A^{cu,uo} \\ O & A^{co,co} & O & A^{co,uo} \\ O & O & A^{uu,uu} & A^{uu,uo} \\ O & O & O & A^{uo,uo} \end{bmatrix} \begin{bmatrix} \boldsymbol{x}_{cu} \\ \boldsymbol{x}_{co} \\ \boldsymbol{x}_{uu} \\ \boldsymbol{x}_{uo} \end{bmatrix} + \begin{bmatrix} B^{cu} \\ B^{co} \\ O \\ O \end{bmatrix} \boldsymbol{u}$$

$$\boldsymbol{y} = [O\ C^{co}\ O\ C^{uo}] \begin{bmatrix} \boldsymbol{x}_{cu} \\ \boldsymbol{x}_{co} \\ \boldsymbol{x}_{uu} \\ \boldsymbol{x}_{uo} \end{bmatrix} \tag{5.52}$$

となる．これをシステムの**正準構造表現**という．

可制御なシステムにおいては，$W_{uu} = W_{uo} = \{\mathbf{0}\}$ となるので，システムの構造的表現は

$$\begin{bmatrix} \dot{\boldsymbol{x}}_{cu} \\ \dot{\boldsymbol{x}}_{co} \end{bmatrix} = \begin{bmatrix} A^{cu,cu} & A^{cu,co} \\ O & A^{co,co} \end{bmatrix} \begin{bmatrix} \boldsymbol{x}_{cu} \\ \boldsymbol{x}_{co} \end{bmatrix} + \begin{bmatrix} B^{cu} \\ B^{co} \end{bmatrix} \boldsymbol{u} \tag{5.53}$$

$$\boldsymbol{y} = [O\ C^{co}] \begin{bmatrix} \boldsymbol{x}_{cu} \\ \boldsymbol{x}_{co} \end{bmatrix} \tag{5.54}$$

となる．可観測なシステムにおいては，$W_{cu} = W_{uu} = \{\mathbf{0}\}$ となるので，システムの構造的表現は

$$\begin{bmatrix} \dot{\boldsymbol{x}}_{co} \\ \dot{\boldsymbol{x}}_{uo} \end{bmatrix} = \begin{bmatrix} A^{co,co} & A^{co,uo} \\ O & A^{uo,uo} \end{bmatrix} \begin{bmatrix} \boldsymbol{x}_{co} \\ \boldsymbol{x}_{uo} \end{bmatrix} + \begin{bmatrix} B^{co} \\ O \end{bmatrix} \boldsymbol{u} \tag{5.55}$$

$$\boldsymbol{y} = [C^{co} C^{uo}] \begin{bmatrix} \boldsymbol{x}_{co} \\ \boldsymbol{x}_{uo} \end{bmatrix} \tag{5.56}$$

となる．

また，この正準構造表現に対応してシステムの伝達関数は，可制御可観測な部分のみを反映するので，

$$G(s) = C^{co}(sI - A^{co,co})^{-1} B^{co} \tag{5.57}$$

で与えられる．

5.7 レギュレータとオブザーバの設計

この節では，状態あるいは観測出力からのフィードバック入力を用いてシステムを安定化する機構であるレギュレータと，制御入力と観測出力から状態の時間的挙動を再現する機構であるオブザーバについて述べる．

まず，(A, B) が可制御であるシステム

$$\dot{\boldsymbol{x}}(t) = A\boldsymbol{x}(t) + B\boldsymbol{u}(t) \tag{5.58}$$

においてすべての状態が直接観測可能である最も簡単な場合を扱う．この場合はいわゆる状態フィードバック入力

$$\boldsymbol{u}(t) = -F\boldsymbol{x}(t) \tag{5.59}$$

を用いることができる．これを状態方程式に代入すると

$$\dot{\boldsymbol{x}}(t) = (A - BF)\boldsymbol{x}(t) \tag{5.60}$$

となる．システムの挙動を本質的に定めているのは極であるから，F をうまく選んで $A - BF$ の固有値を望ましい値に設定できるかどうかが重要な問題である．実はこの問題に肯定的な答えを与えるのがシステムの可制御性である．

定理 5.7 $A - BF$ の固有値を任意に設定する行列 F が存在するための必要十分条件は (A, B) が可制御であることである．ただし，極の設定においては複素共役な極は必ず同時に設定するものとする．

（証明） まず可制御であることが必要であることを背理法を用いて示す．そのために (A, B) が可制御でないと仮定すると，前節の結果から適当な状態変数変換により状態方程式は

$$\dot{\boldsymbol{x}}(t) = \begin{bmatrix} A_{11} & A_{12} \\ O & A_{22} \end{bmatrix} + \begin{bmatrix} B_1 \\ O \end{bmatrix} \tag{5.61}$$

とおける．このときのフィードバック係数行列も対応して $[F_1\ F_2]$ とすると

$$\begin{aligned}\det\,(sI-(A-BF)) &= \det\begin{bmatrix} sI-A_{11}+B_1F_1 & -A_{12}+B_1F_2 \\ O & sI-A_{22}\end{bmatrix}\\ &= \det\,(sI-A_{11}+B_1F_1)\det\,(sI-A_{22})\end{aligned} \tag{5.62}$$

となり，A_{22} の固有値は F によって移動させることができない．このことから $A-BF$ の固有値を自由に設定するには (A,B) が可制御であることが必要となる．

次に (A,B) が可制御であれば $A-BF$ の固有値が自由に設定できることを構成的に示す．ただし，一般の多入力の場合はかなり長く難しくなるので制御の専門書にゆずることとし，1 入力の場合を考え $(A,\boldsymbol{b})$ が可制御であるときに $A-\boldsymbol{bf}$ の固有値を自由に設定するための $\boldsymbol{f}$ の定め方を示すことにする．まず A の特性方程式を

$$\det\,(sI-A)=s^n+a_1s^{n-1}+\cdots+a_{n-1}s+a_n \tag{5.63}$$

とする．これから可制御性行列 U_c を求め可制御正準形式への変換行列 T を作る．

$$\tilde{A}=T^{-1}AT=\begin{bmatrix} 0 & 1 & 0 & \cdots & 0\\ 0 & 0 & 1 & \cdots & 0\\ \vdots & \vdots & \vdots & \ddots & \vdots\\ 0 & 0 & 0 & \cdots & 1\\ -a_n & -a_{n-1} & -a_{n-2} & \cdots & -a_1\end{bmatrix},\ \tilde{\boldsymbol{b}}=T^{-1}\boldsymbol{b}=\begin{bmatrix}0\\0\\\vdots\\0\\1\end{bmatrix} \tag{5.64}$$

となる．与えられたフィードバック極を $\mu_1,\mu_2,\cdots,\mu_n$ とするとき

$$(s-\mu_1)(s-\mu_2)\cdots(s-\mu_n)=s^n+d_1s^{n-1}+\cdots+d_{n-1}s+d_n \tag{5.65}$$

を求める．$d_1,d_2,\cdots,d_n$ が $A-\boldsymbol{bf}$ が満たすべき特性多項式の係数になる．したがって

$$\tilde{\boldsymbol{f}}=\boldsymbol{f}T=[\tilde{f}_n\ \tilde{f}_{n-1}\ \cdots\ \tilde{f}_1] \tag{5.66}$$

とおくと

$$\det\,(sI-(A-\boldsymbol{b}\boldsymbol{f}))=\det\,(sI-(\tilde{A}-\tilde{\boldsymbol{b}}\tilde{\boldsymbol{f}}))$$

$$=\det\begin{bmatrix} s & -1 & 0 & \cdots & 0 \\ 0 & s & -1 & \cdots & 0 \\ \vdots & \vdots & \vdots & \ddots & \vdots \\ 0 & 0 & 0 & \cdots & -1 \\ a_n+\tilde{f}_n & a_{n-1}+\tilde{f}_{n-1} & a_{n-2}+\tilde{f}_{n-2} & \cdots & s+a_1+\tilde{f}_1 \end{bmatrix}$$

$$=s^n+(a_1+\tilde{f}_1)s^{n-1}+\cdots+(a_{n-1}+\tilde{f}_{n-1})s+a_n+\tilde{f}_n \tag{5.67}$$

となるので，

$$\boldsymbol{f}=[d_n-a_n, d_{n-1}-a_{n-1},\cdots,d_1-a_1]\,T^{-1} \tag{5.68}$$

と取ればよい．□

さて，次に制御入力と観測出力から状態変数を再現するオブザーバについて述べる．式 (5.3)，(5.4) で与えられるシステムに対し，それと同じ次元のシステム

$$\dot{\hat{\boldsymbol{x}}}(t)=(A-KC)\hat{\boldsymbol{x}}+K\boldsymbol{y}(t)+B\boldsymbol{u}(t) \tag{5.69}$$

を考える．このとき元のシステムの状態 $\boldsymbol{x}(t)$ と上のシステムの状態 $\hat{\boldsymbol{x}}(t)$ の誤差を

$$\boldsymbol{e}(t)=\hat{\boldsymbol{x}}(t)-\boldsymbol{x}(t) \tag{5.70}$$

とおくと，直ちに

$$\dot{\boldsymbol{e}}(t)=(A-KC)\boldsymbol{e}(t) \tag{5.71}$$

であることがわかる．したがって，$A-KC$ を安定行列にできればどのような初期状態誤差 $\boldsymbol{e}(0)=\hat{\boldsymbol{x}}(0)-\boldsymbol{x}(0)$ に対しても，$t\to\infty$ で $\boldsymbol{e}(t)\to\boldsymbol{0}$ となり，十分大きな時刻で $\hat{\boldsymbol{x}}(t)$ を $\boldsymbol{x}(t)$ の近似値として用いることが可能である．これを**同一次元オブザーバ**といい，$A-KC$ の固有値をオブザーバの極という．極を自由に設定できるかどうかは，ちょうどレギュレータの極を自由に設定できるかどうかという問題と双対であり，したがって次の定理が成り立つ．

定理 5.8 $A-KC$ の固有値を任意に設定する行列 K が存在するための必要十分条件は，(C,A) が可観測であることである．ただし，極の設定においては複素共役な極は必ず同時に設定するものとする．

実はより低次元のオブザーバを構成することも可能であるが，これについてもやはり制御工学の専門書に委ねることとする．

5.8 最適レギュレータ

(A,B) が可制御であるシステム

$$\dot{\boldsymbol{x}}(t)=A\boldsymbol{x}(t)+B\boldsymbol{u}(t) \tag{5.72}$$

に対し，評価関数

$$J=\int_0^\infty(\boldsymbol{x}(t)^\top Q\boldsymbol{x}(t)+\boldsymbol{u}(t)^\top R\boldsymbol{u}(t))dt \tag{5.73}$$

を最小にする制御入力 $\boldsymbol{u}(t)$ を求める問題を考える．ここで Q は半正定値 $n\times n$ 行列，R は正定値 $m\times m$ 行列で $(Q^{1/2},A)$ は可観測であるとする．

この最適制御入力は，状態フィードバックの形で次のように与えられる．

$$\boldsymbol{u}^*(t)=-R^{-1}B^\top P\boldsymbol{x}(t) \tag{5.74}$$

ただし，$n\times n$ 行列 P は次の **Riccati 方程式**の正定値解である．

$$PA+A^\top P-PBR^{-1}B^\top P+Q=O \tag{5.75}$$

この入力 $\boldsymbol{u}^*(t)$ を状態方程式に代入すると

$$\dot{\boldsymbol{x}}(t)=(A-BR^{-1}B^\top P)\boldsymbol{x}(t) \tag{5.76}$$

となるが，これを**最適レギュレータ**という．このシステムは漸近安定となる．なお，J の最小値は

$$J_{\min}=\boldsymbol{x}(0)^\top P\boldsymbol{x}(0) \tag{5.77}$$

で与えられる．

この結果の導出には一般に変分法や動的計画法が用いられる（より簡便な方法もあるが）ので，本書では割愛する．

5.9 第5章のまとめと参考書

本文中にも述べたが，現代制御では「状態」の概念が重要となる．これはいわゆる集中定数系では有限次元の線形空間（Euclid 空間）の要素すなわちベクトルとして扱われる．分布定数系では，無限次元空間を考える必要があり，関数解析の知識が必要となってくるが，線形代数で学んだことはその基礎としてきわめて有用である（というより有限次元をきちんと理解せずに無限次元には進めない）．線形システムでは，状態の推移のダイナミクスが微分方程式あるいは差分方程式で表され，行列が自然に現れる．システムの極は行列の固有値そのものであり，行列の対角形，Jordan 標準形への変換なども有用である．可制御部分空間，不可観測部分空間といった概念の導入はシステムの全体構造を理解する上で大きな助けとなる．

この章で参考にした本を参考文献にあげておく．制御理論は広い応用があり，工学の様々な分野で用いられる．この章では線形代数の応用としてその簡単な導入を行ったが，よい成書もいくつかあるのでさらに進んだ勉学には不自由しないと思う．

文　献

1) 有本 卓,『システムと制御の数理』, 岩波講座応用数学, 岩波書店 (1993)
2) 古田勝久,『線形システム制御理論』, 昭晃堂 (1973)
3) 伊藤正美,『自動制御概論　上・下』, 昭晃堂 (1983, 1985)
4) 木村英紀,『動的システムの理論』, 産業図書 (1974)
5) 小郷 寛・美多 勉,『システム制御理論入門』, 実教出版 (1979)
6) 大住 晃,『線形システム制御理論』, 森北出版 (2003)
7) 太田快人,『システム制御のための数学 (1) 線形代数編』, コロナ社 (2000)
8) 吉川恒夫, 井村順一,『現代制御論』, 昭晃堂 (1994)

6 グラフ・ネットワークへの応用

6.1 グラフ理論の基礎

定義 6.1 頂点（あるいは点，ノード）と呼ばれる要素の集合 V と，枝（あるいは辺，弧）と呼ばれる頂点の順序対の集合 $E \subseteq V \times V$ からなる組 (V, E) をグラフという．

以下では，頂点集合を V とし，枝 $e = (v, w)$ に対し v をその枝の始点，w を枝の終点という．始点あるいは終点のことを端点という．このように枝は頂点の順序対を考えているので，方向が定まっている．すなわち上のグラフはいわゆる**有向グラフ**である．枝に方向を考えない場合は順序対ではなく，2 つの頂点からなる集合を考えればよい．この場合のグラフを**無向グラフ**という．無向グラフでは枝を $e = \{v, w\}$ と表すこともあるが，本書では同じ記号 (v, w) を用いる．

グラフ (V, E) において枝 (v, w) が存在するとき（すなわち $(v, w) \in E$ のとき），頂点 w は v に隣接しているという．頂点 v に隣接している頂点の数を v の出次数 $d^+(v)$，また v を隣接頂点にもつ頂点の数を v の入次数 $d^-(v)$ という．無向グラフの場合は当然これらは等しいので，単に次数といい，$d(v)$ で表す．

注意 6.1 上のグラフの定義では，頂点間の多重枝は考えられない．多重枝を考えるためには，より自由な枝集合 E を考え，各枝に対しそれぞれ枝の始点と終点を対応させる写像 ∂^+ と ∂^- を考えればよい．ただし，多くの実際的に重要な応用では多重枝を扱うことは少ないので，本書では上記の定義を採用する．また枝 (v,v) のことをループというが，応用ではループのないグラフを扱うことも多い．

例 6.1 図6.1と図6.2にそれぞれ有向グラフと無向グラフの例を示す．図6.1では例えば $d^+(v_1) = 2$，$d^-(v_1) = 1$ であり，図6.2では $d(v_1) = 2$ である．

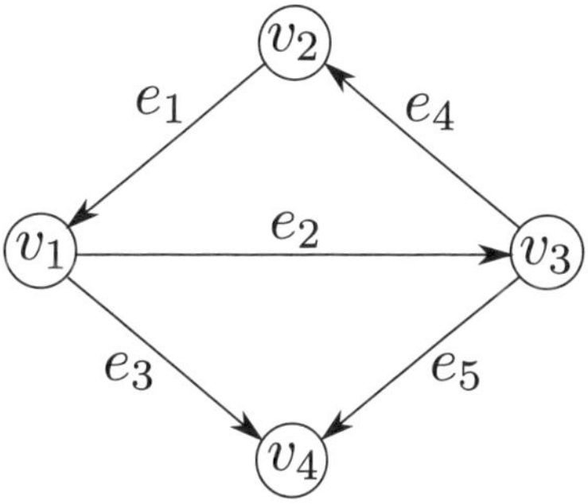

図 6.1 有向グラフ

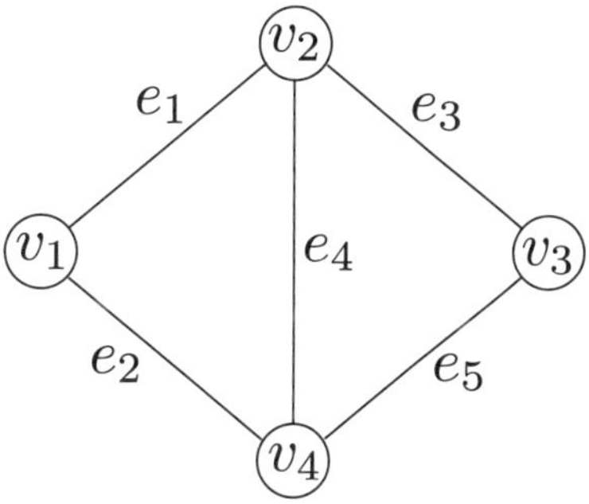

図 6.2 無向グラフ

有向グラフ (V,E) において，頂点と枝が交互に並んだ系列 $(v(0), e(1), v(1), e(2), \cdots, v(k-1), e(k), v(k))$ で，各 $j = 1, 2, \cdots, k$ に対し $e(j) = (v(j-1), v(j))$ あるいは $e(j) = (v(j), v(j-1))$ となるものを，頂点 $v(0)$ から頂点 $v(k)$ への**道**という．前者のとき枝 $e(j)$ はこの道に正の向きに含まれるといい，後者のとき負の方向に含まれるという．$v(0), v(k)$ をそれぞれ道の始点，終点という．すべての枝が正方向に含まれるときその道を**有向道**という．道を簡単に $v(0)v(1)\cdots v(k-1)v(k)$ と表記し，k をこの道の長さという．道は $v(0) = v(k)$ のとき**閉路**であるという．またそれに含まれる頂点がすべて異なる（閉路の場合は $v(0) = v(k)$ だけは許す）とき，**初等的**であるという．初等的有向閉路を**サイクル**という．また道はそれに含まれる枝がすべて異なるとき**単純**であるという．初等的な道はもちろん単純である．単純閉路は枝の集合で表すことも可能であるので，その枝集合のことを**タイセット**ということもある．無向グラフに対しても同様な概念を考えることができる.

グラフ (V,E) において任意の $v,w\in V$ に対し v から w への道が存在するとき，このグラフは連結であるという．また v から w への有向道が存在するとき $v\to w$ と書くことにし，$v\to w$ かつ $w\to v$ のとき $v\leftrightarrow w$ と書く．任意の 2 頂点 v,w に対して $v\to w$（したがって $v\leftrightarrow w$）のとき，グラフは**強連結**であるといわれる．無向グラフの場合は単に連結という．図 6.1 のグラフは連結であるが強連結ではない．図 6.2 のグラフは連結である．

グラフ (V',E') がグラフ (V,E) の**部分グラフ**であるとは，$V'\subseteq V$ かつ $E'\subseteq E$ が成り立つことをいう．V の部分集合 V' に対して，$E'=\{e\in E|e$ の両端点は V' に属する$\}$ としたとき，(V',E') を V' による**誘導部分グラフ**という．グラフ (V,E) において極大な連結部分グラフのことを**連結成分**という．容易にわかるように頂点間の関係 $\leftrightarrow$ は同値関係，すなわち反射律，対称律，推移律を満たすので，頂点の全体をこの関係によって類別することができる．各類を頂点集合にもつ部分グラフをグラフ (V,E) の**強連結成分**という．無向グラフの場合は単に連結成分ということが多い．

無向グラフ (V,E) の部分グラフが連結でどんなタイセットも含まない，すなわち閉路が存在しないとき**木**という．特にこの部分グラフの頂点集合が V に等しいとき，**全域木**という．n 個の頂点をもつ連結なグラフが木になるのは，枝が $n-1$ 本存在するときである．有向グラフの場合は枝の向きを無視して考える．

グラフ (V,E) の頂点集合 V を U と $\bar{U}=V\setminus U$ に分けたとき，一方の頂点が U に含まれ他方が $\bar{U}$ に含まれるような枝の集合を $C(U,\bar{U})$ で表し，カットセットという．カットセット $C(U,\bar{U})$ 内の枝 (v,w) は $v\in U$, $w\in\bar{U}$ のとき正の向き，逆のとき負の向きであるという．カットセットはその真部分集合がカットセットを成さないとき，初等的であるという．

6.2 グラフを表現する行列

グラフを扱うにはそれを表現する行列を利用することが多い．本書では，なかでも代表的な接続行列，隣接行列を中心に説明する．

定義 6.2 頂点集合 $V=\{v_1,v_2,\cdots,v_n\}$ と枝集合 $E=\{e_1,e_2,\cdots,e_m\}$ をもつ有向グラフ (V,E) に対して

$$d_{ij}=\begin{cases}1 & e_j=(v_i,v_k),k\neq i\text{ のとき}\\ -1 & e_j=(v_k,v_i),k\neq i\text{ のとき}\\ 0 & \text{その他のとき}\end{cases} \tag{6.1}$$

で定義される $n\times m$ 行列 D をこのグラフの接続行列という．無向グラフの場合は

$$d_{ij}=\begin{cases}1 & e_j=(v_i,v_k),k\neq i\text{ のとき}\\ 0 & \text{その他のとき}\end{cases} \tag{6.2}$$

で定義される．

ループのない有向グラフでは D の頂点 v_i に対応する行の要素の和をとるとその値は $d^+(v_i)-d^-(v_i)$ に等しくなる．無向グラフの場合はこの値は頂点 v_i の次数 $d(v_i)$ に等しくなる．また有向グラフで D の各列の要素の和を取ると当然 0 になるし，無向グラフでは 2 になる．

例 6.2 図 6.1 および図 6.2 のグラフの接続行列はそれぞれ

$$D=\begin{bmatrix}-1&1&1&0&0\\1&0&0&-1&0\\0&-1&0&1&1\\0&0&-1&0&-1\end{bmatrix},\quad D=\begin{bmatrix}1&1&0&0&0\\1&0&1&1&0\\0&0&1&0&1\\0&1&0&1&1\end{bmatrix}$$

で与えられる．

補題 6.1 (V,E) が連結な有向グラフならば

$$\text{rank } D=n-1$$

が成り立つ．ただし $|V|=n$ である．

（証明） n 次元ベクトル $\boldsymbol{x}\in \text{Ker } D^\top$ に対し，$(v_i,v_j)\in E$ ならば明らかに $x_i=x_j$ である．したがって v_i と v_j の間に道が存在するなら $x_i=x_j$ となる．

(V,E) は連結なのですべての成分が等しくなる．よって $\dim\,(\mathrm{Ker}\ D^\top) \le 1$ である．これから $\mathrm{rank}\ D \ge n-1$ である．ここで，D のすべての行の和は $\mathbf{0}$ ベクトルになることに注意すると $\mathrm{rank}\ D = n-1$ である．□

定理 6.1　グラフ (V,E) が k 個の連結成分をもつなら

$$\mathrm{rank}\ D = n - k$$

である．ただし $n = |V|$ である．

（証明）　D を連結成分に対応してブロック対角行列に分解することができるから，後は上の補題を適用すればよい．□

グラフ (V,E) に対し，その初等的な閉路（タイセット）全体の集合を $\mathcal{L}$ とする．

定義 6.3　グラフ (V,E) において，各 $L_i \in \mathcal{L}$ と枝 $e_j \in E$ に対し，有向グラフでは

$$f_{ij} = \begin{cases} 1 & L_i \text{が } e_j \text{を正の向きに含むとき} \\ -1 & L_i \text{が } e_j \text{を負の向きに含むとき} \\ 0 & \text{その他のとき} \end{cases} \tag{6.3}$$

で，無向グラフでは

$$f_{ij} = \begin{cases} 1 & L_i \text{が } e_j \text{を含むとき} \\ 0 & \text{その他のとき} \end{cases} \tag{6.4}$$

定義される行列 $F = [f_{ij}]$ をこのグラフの**タイセット行列**（閉路行列）という．

例 6.3　例 6.1 の 2 つのグラフに対しては，タイセット行列はそれぞれ次のようになる（タイセットは明らかなので省略する）．

$$F = \begin{bmatrix} 1 & 1 & 0 & 1 & 0 \\ 0 & 1 & -1 & 0 & 1 \\ 1 & 0 & 1 & 1 & -1 \end{bmatrix}, \quad F = \begin{bmatrix} 1 & 1 & 0 & 1 & 0 \\ 0 & 0 & 1 & 1 & 1 \\ 1 & 1 & 1 & 0 & 1 \end{bmatrix}$$

接続行列はタイセット行列の一部に他ならず，次の関係が成り立つ．

定理 6.2 グラフ (V,E) において，その接続行列 D とタイセット行列 F は枝の順番を同じに取ると

$$\begin{aligned} DF^\top &= O && \text{有向グラフの場合} \\ DF^\top &\equiv O \pmod 2 && \text{無向グラフの場合} \end{aligned} \tag{6.5}$$

が成り立つ．

（証明） 有向グラフ (V,E) のタイセット L_i を考える．頂点 v_l が L_i 上にある場合 v_l に接続する 2 つの枝を e_j, e_k とする．このとき

$$(DF^\top)_{li} = \sum_{q=1}^{m} d_{lq} f_{iq} = d_{lj} f_{ij} + d_{lk} f_{ik}$$

である．e_j, e_k が v_l にともに入るかともに出るとき，d_{li}, d_{lk} は同符号で f_{ij}, f_{ik} は異符号である．また e_j, e_k が v_l に入る枝と出る枝の組み合わせのときは，d_{li}, d_{lk} は異符号で f_{ij}, f_{ik} は同符号である．いずれにしろ $(DF^\top)_{li} = 0$ である．グラフが無向グラフの場合，常に $d_{lj} f_{ij} \equiv d_{lk} f_{ik} \equiv 0 \pmod 2$ であるから，$(DF^\top)_{li} \equiv 0 \pmod 2$ となる．□

タイセット行列の階数については次の結果が成り立つ（証明は略する）．

定理 6.3 グラフ (V,E) が k 個の連結成分を持つなら

$$\text{rank } F = m - n + k$$

である．ただし $n = |V|, m = |E|$ である．

グラフ (V,E) に対し，その初等的なカットセット全体の集合を $\mathcal{C}$ とする．

定義 6.4 グラフ (V,E) において，各 $C_i \in \mathcal{C}$ と枝 $e_j \in E$ に対し，有向グラフでは

$$c_{ij} = \begin{cases} 1 & C_i\text{が } e_j\text{を正の向きに含むとき} \\ -1 & C_i\text{が } e_j\text{を負の向きに含むとき} \\ 0 & \text{その他のとき} \end{cases} \tag{6.6}$$

で，無向グラフでは

$$c_{ij} = \begin{cases} 1 & C_i\text{が } e_j \text{を含むとき} \\ 0 & \text{その他のとき} \end{cases} \tag{6.7}$$

定義される行列 $C = [c_{ij}]$ をこのグラフのカットセット行列という．

例 6.4 例 6.1 の 2 つのグラフに対しては，カットセット行列はそれぞれ次のようになる（カットセットは明らかなので省略する）．

$$C = \begin{bmatrix} -1 & 1 & 1 & 0 & 0 \\ 1 & 0 & 0 & -1 & 0 \\ 0 & -1 & 0 & 1 & 1 \\ 0 & 0 & -1 & 0 & -1 \\ 0 & 1 & 1 & -1 & 0 \\ -1 & 1 & 0 & 0 & -1 \end{bmatrix}, \quad C = \begin{bmatrix} 1 & 1 & 0 & 0 & 0 \\ 1 & 0 & 1 & 1 & 0 \\ 0 & 0 & 1 & 0 & 1 \\ 0 & 1 & 0 & 1 & 1 \\ 0 & 1 & 1 & 1 & 0 \\ 1 & 0 & 0 & 1 & 1 \end{bmatrix}$$

接続行列はカットセット行列の一部に他ならず，次の関係が成り立つ．

定理 6.4 グラフ (V, E) において，そのタイセット行列 F とカットセット行列 C は枝の順番を同じに取ると

$$\begin{aligned} FC^\top &= O & &\text{有向グラフの場合} \\ FC^\top &\equiv O \pmod 2 & &\text{無向グラフの場合} \end{aligned} \tag{6.8}$$

が成り立つ．

（証明） 行列 F の第 i 行ベクトル $\boldsymbol{f}_i$ と行列 C の第 j 行ベクトル $\boldsymbol{c}_j$ に対し $\boldsymbol{f}_i\boldsymbol{c}_j^\top = 0$ であることを示す．タイセット L_i とカットセット C_j とは共通な枝をもたないか偶数個の共通枝をもつかのいずれかである．前者の場合すべての枝 e_k に対し $f_{ik}c_{jk} = 0$（無向グラフでは mod 2 で）であるから $\boldsymbol{f}_i\boldsymbol{c}_j^\top = 0$ は明らかである．後者の場合無向グラフでは共通枝についてのみ $f_{ik}c_{jk} = 1$ でその数が偶数であるから $\boldsymbol{f}_i\boldsymbol{c}_j^\top \equiv 0 (\mathrm{mod}\ 2)$ である．有向グラフでは e_k が L_i, C_j で同じ向きなら $f_{ik}c_{jk} = 1$，逆の向きなら $f_{ik}c_{jk} = -1$ である．向きが同じ枝の数と向きが逆の枝の数は同じであるから，$\boldsymbol{f}_i\boldsymbol{c}_j^\top = 0$ となる．□

カットセット行列の階数については次の結果が成り立つ（証明は略する）.

定理 6.5 グラフ (V, E) が k 個の連結成分を持つなら

$$\operatorname{rank} F = n - k$$

である．ただし $n = |V|$ である．

定義 6.5 頂点集合 $V = \{v_1, v_2, \cdots, v_n\}$ と枝集合 $E = \{e_1, e_2, \cdots, e_m\}$ をもつグラフ (V, E) に対して

$$a_{ij} = \begin{cases} 1 & (v_i, v_j) \in E \text{ のとき} \\ 0 & \text{その他のとき} \end{cases} \tag{6.9}$$

で定義される $n \times n$ 行列 A をこのグラフの隣接行列という．

ある頂点からそれ自身への枝をループというが，ループの存在は隣接行列の対角成分を見ればわかる．有向グラフでは隣接行列は必ずしも対称行列ではないが，無向グラフでは対称行列になる．

例 6.5 図 6.1 の 2 つのグラフの隣接行列はそれぞれ次のようになる．

$$A = \begin{bmatrix} 0 & 0 & 1 & 1 \\ 1 & 0 & 0 & 0 \\ 0 & 1 & 0 & 1 \\ 0 & 0 & 0 & 0 \end{bmatrix}, \quad A = \begin{bmatrix} 0 & 1 & 0 & 1 \\ 1 & 0 & 1 & 1 \\ 0 & 1 & 0 & 1 \\ 1 & 1 & 1 & 0 \end{bmatrix}$$

ループのない無向グラフでは，接続行列 D と隣接行列 A の間には

$$DD^\top = A + \Delta \tag{6.10}$$

という関係がある．ここで Δ は対角成分 $d(v_i)$ の対角行列である．

定義 6.6 すべての異なる頂点対間に枝が存在する無向グラフ (V, E) を完全グラフという．特に $|V| = n$ のとき，n 点完全グラフといい，K_n で表す．

完全グラフ K_n に対してその接続行列は任意の $i, j = 1, 2, \cdots, n$, $i \neq j$ に対して $d_{ik} = d_{jk} = 1$ となる列 k の存在する $n \times n(n-1)/2$ 行列である．また隣接行列は

$$a_{ij} = 1 - \delta_{ij} = \begin{cases} 1 & i \neq j \\ 0 & i = j \end{cases}$$

を満たす $n \times n$ 行列である．

定義 6.7　頂点集合 V が 2 つの部分集合 V^+, V^- に分解されて，各枝 $e = (v, w) \in E$ は $v \in V^+, w \in V^-$ を満たすとき，グラフ (V, E) は **2 部グラフ**といい，$(V^+, V^-; E)$ で表す．特に $E = \{(v, w) | v \in V^+, w \in V^-\}$ のとき完全 2 部グラフといい，$|V^+| = m, |V^-| = n$ なら $K_{m,n}$ で表す．

2 部グラフに対する接続行列においては，各列は V^+ に対応する行 1 か所に 1 を，V^- に対応する行 1 か所に -1 をもつ．また隣接行列では V^+ に対応する行と V^- に対応する列からなるブロックのみに 1 が存在する．

注意 6.2　（無向）グラフを行列表現した場合には，その行列の要素は 0 または 1 である．この場合体として実数体ではなく $\{0, 1\}$ の 2 要素からなる，2 を法とする体あるいは位数 2 の有限体 $GF(2)$ を考えると便利なことも多い．$GF(2)$ では和と積はいわゆる Boole 演算で定義される：

$$\begin{aligned} &0 + 0 = 0, \quad 0 + 1 = 1 + 0 = 1, \quad 1 + 1 = 0 \\ &0 \cdot 0 = 0, \quad\ \ 0 \cdot 1 = 1 \cdot 0 = 0, \quad\ \ 1 \cdot 1 = 1 \end{aligned} \tag{6.11}$$

このとき (0, 1) 正方行列 A の行列式は，1 の加法の逆元が 1 になることから

$$\det A = \sum_{\sigma \in \mathcal{S}_n} a_{1\sigma(1)} a_{2\sigma(2)} \cdots a_{n\sigma(n)} \tag{6.12}$$

となる（すなわち置換の符号を考える必要がない）．

例 6.6　行列

$$A = \begin{bmatrix} 1 & 0 & 1 \\ 1 & 1 & 0 \\ 1 & 0 & 0 \end{bmatrix}$$

を実数体で考えると $\det A = -1$ だが，$GF(2)$ で考えると

$$\det A = 1 \cdot 1 \cdot 0 + 0 \cdot 0 \cdot 1 + 1 \cdot 1 \cdot 0 + 1 \cdot 0 \cdot 0 + 0 \cdot 1 \cdot 0 + 1 \cdot 1 \cdot 1 = 1$$

になる．ちなみに A の逆行列は

$$A^{-1} = \begin{bmatrix} 0 & 0 & 1 \\ 0 & 1 & 1 \\ 1 & 0 & 1 \end{bmatrix}$$

である．

6.3 隣 接 行 列

グラフに付随する行列の中でもとりわけ有用なのが隣接行列である．この節では隣接行列を用いてグラフの諸性質がどのように明らかにされるかを述べる．まず次の結果は自明である．

命題 6.1 有向グラフ (V,E) の隣接行列 A に対し

$$A\mathbf{1}_n = \begin{bmatrix} d^+(v_1) \\ \vdots \\ d^+(v_n) \end{bmatrix}, \quad \mathbf{1}_n^\top A = [d^-(v_1) \ \cdots \ d^-(v_n)] \qquad (6.13)$$

が成り立つ．ただし，$V = \{v_1, \cdots, v_n\}$ で $\mathbf{1}_n$ はすべての成分が 1 の n 次元ベクトルである．

定理 6.6 グラフ (V,E) の隣接行列 A に対し A^k の (i,j) 要素 $a_{ij}^{(k)}$ はこのグラフにおける頂点 v_i から頂点 v_j への長さ k の相異なる（有向）道の個数である．

（証明） k に関する数学的帰納法を用いる．$k=1$ のときは明らかであるから

$k-1$ のとき成立すると仮定して k の場合を示す.

$$a_{ij}^{(k)} = a_{i1}^{(n-1)}a_{1j} + a_{i2}^{(n-1)}a_{2j} + \cdots + a_{im}^{(n-1)}a_{mj} \tag{6.14}$$

であり,

$$a_{lj} = \begin{cases} 1 & (v_l, v_j) \in E \\ 0 & (v_l, v_j) \notin E \end{cases}$$

である. v_i から v_j への長さ k の道は, v_i から v_l への長さ $n-1$ の道に枝 (v_l, v_j) をつないで得られるから, $a_{ij}^{(k)}$ は v_i から v_j への長さ k の相異なる（有向）道の個数を表す. □

系 6.1 ループのない無向グラフの隣接行列 $A = [a_{ij}]$ に対し, 次が成り立つ.

1) $a_{ii}^{(2)} = d(v_i)$, $i = 1, 2, \cdots, n$

2) $\frac{1}{6}$ trace A^3 はこのグラフ内に存在する三角形の個数に等しい.

（証明） 1) $a_{ii}^{(2)}$ は v_i からそれ自身への長さ 2 の道の数で, ループが無く $a_{ii} = 0$ ならそれは $v_i v_j v_i$ $(j \neq i)$ の形の道の数に等しいので, $d(v_i)$ と一致する.
2) グラフ内の三角形を作る相異なる 3 頂点を v_i, v_j, v_k とすると, v_i を出発し v_i 自身に戻る長さ 3 の 2 つの道 $v_i v_j v_k v_i$ と $v_i v_k v_j v_i$ が存在する. 同様に v_j, v_k を出発し自分自身に戻る長さ 3 の道もそれぞれ 2 個ずつあるので, この三角形により, $a_{ii}^{(3)} + a_{jj}^{(3)} + a_{kk}^{(3)}$ には値が 6 寄与する. したがって trace A^3 はこのグラフ内に存在する三角形の個数の 6 倍に等しい. □

次に無向グラフの隣接行列の余因子に関する定理（行列–木定理）を証明抜きで述べておく[8)].

定理 6.7 連結な無向グラフ (V, E) の隣接行列を $A = [a_{ij}]$ とする. 行列

$$M = \begin{bmatrix} d(v_1) & -a_{12} & \cdots & -a_{1n} \\ -a_{21} & d(v_2) & \vdots & -a_{2n} \\ \vdots & \vdots & \ddots & \vdots \\ -a_{n1} & -a_{n2} & \cdots & d(v_n) \end{bmatrix} \tag{6.15}$$

とすると，M の余因子はすべて相等しくその値は (V, E) の全域木の個数に等しい．

有向グラフがすべての頂点を通る閉路をもつとき**強連結**であるという（158 ページの定義と同値）．グラフ (V, E) において $W \subset V$ の少なくとも 1 頂点から到達可能な頂点の集合を $R(W)$ で表すと，(V, E) が強連結であるためには，任意の $W \subset V$, $W \neq \emptyset$ に対して $R(W) \subseteq W$ とならないことである．このことを隣接行列を用いて述べよう．

定義 6.8 $n \times n$ 行列 A が**可約**であるとは，ある $n \times n$ 置換行列 P（各行各列に 1 が唯 1 つで残りの成分は 0 である行列）があって

$$P^{-1}AP = \begin{bmatrix} A_1 & O \\ B & A_2 \end{bmatrix} \tag{6.16}$$

の形になることである．ここで A_1, A_2 は正方行列である．このような P が存在しないとき，A は**既約**であるという．

定理 6.8 グラフ (V, E) が強連結であるための必要十分条件は，その隣接行列 A が既約なことである．

（証明） A が可約とすると，適当な置換行列により（すなわち頂点番号を付け替えることにより）

$$A = \begin{bmatrix} A_1 & O \\ B & A_2 \end{bmatrix}$$

の形に書ける．これはグラフが強連結でないことを示している．したがって強連結なグラフの隣接行列は既約である．逆にグラフが強連結でないとすると，番号を適当に付け替えて頂点 v_1 から頂点 v_n（n は頂点の総数）への道が存在しないと仮定できる．このとき

$$a_{1n} = a_{1n}^{(2)} = \cdots = a_{1n}^{(k)} = \cdots = 0$$

である．

$$a_{1n}^{(2)} = \sum_{i=1}^{n} a_{1i}a_{in} = \sum_{i=2}^{n-1} a_{1i}a_{in}$$

なので，各 $i = 2, \cdots, n-1$ に対し $a_{1i}a_{in} = 0$ すなわち $a_{1i} = 0$ または $a_{in} = 0$ である．2 から $n-1$ の番号を適当に付け替えて，ある $q \geq 1$ に対し

$$\begin{aligned} &a_{in} = 0\ (i = 1, \cdots, q), \quad a_{in} = 1\ (i = q+1, \cdots, n-1) \\ &a_{1i} = 0\ (i = q+1, \cdots, n-1) \end{aligned}$$

となるようにできる．さらに 2 から q の番号を付け替えて，ある $t \leq q$ に対し

$$a_{1i} = 1\ (i = 2, \cdots, t), \quad a_{1i} = 0\ (i = t+1, \cdots, n)$$

とできる．次に

$$a_{1n}^{(3)} = \sum_{i=1}^{n} a_{1i}^{(2)} a_{in} = \sum_{i=1}^{n}\sum_{j=1}^{t} a_{1j}a_{ji}a_{in} = \sum_{i=q+1}^{n}\sum_{j=1}^{t} a_{1j}a_{ji}a_{in} = 0$$

なので，$a_{1j} = 1\ (j = 2, \cdots, t)$，$a_{in} = 1\ (i = q+1, \cdots, n-1)$ に注意すると

$$a_{ji} = 0, \quad j = 2, \cdots, t, \quad i = q+1, \cdots, n$$

となる．以下，$a_{1n}^{(4)}$，$a_{1n}^{(5)}$，$\cdots$ に対し同様な考察を繰り返していくと最終的に A は

$$A = \begin{bmatrix} a_{11} & 1 & \cdots & 1 & 0 & \cdots & 0 & \cdots & 0 \\ & & & & & & \vdots & & \vdots \\ & & & & & & 0 & \cdots & 0 \\ & & & & & & & & 0 \\ & & & & & & & & \vdots \\ & & & & & & & & 0 \\ & & & & & & & & 1 \\ & & & & & & & & \vdots \\ & & & & & & & & 1 \\ & & & & & & & & a_{nn} \end{bmatrix} \tag{6.17}$$

の形になり，A が可約であることがわかる．□

この節の最後に，無向グラフの隣接行列の固有値について基本的な事実を紹介しよう．

定義 6.9 グラフ (V, E) の隣接行列 A の固有値をこのグラフの固有値という．

定理 6.9 ループをもたない無向グラフの固有値はすべて実数でその和は 0 である．

（証明） 無向グラフの隣接行列は対称行列で，ループがなければすべての対角成分は 0 であるので，すべての固有値は実数でその和はトレースに等しく 0 である．□

系 6.2 ループをもたない無向グラフ (V, E) の固有値を（重複を許して）$\lambda_1, \lambda_2, \cdots, \lambda_n$（ただし $n = |V|$）とすると

$$\sum_{i=1}^{n} \lambda_i^2 = \text{trace } A^2 = 2|E| \tag{6.18}$$

である．

（証明） A が対称行列なので A^2 の固有値は $\lambda_1^2, \lambda_2^2, \cdots, \lambda_n^2$ である．よって

$$\begin{aligned} \lambda_1^2 + \lambda_2^2 + \cdots + \lambda_n^2 &= \text{trace } A^2 \\ &= a_{11}^{(2)} + a_{22}^{(2)} + \cdots + a_{nn}^{(2)} \\ &= d(v_1) + d(v_2) + \cdots + d(v_n) = 2|E| \end{aligned}$$

が成り立つ．□

系 6.3 系 6.2 と同じ条件の下で，グラフの長さ k の閉路の数は

$$\text{trace } A^k = \sum_{i=1}^{n} \lambda_i^k \tag{6.19}$$

になる．

（証明） $k = 2$ の場合の拡張で同様に示される．□

6.4 非負行列と Frobenius 根

無向グラフの隣接行列に代表されるように，その要素がすべて非負であるような実行列 A を非負行列と呼び，$A \geq O$ で表す．さらに要素がすべて正である場合，$A > O$ と書く．これらは半正定値（正定値）行列 $A \succeq O$ $(A \succ O)$ とは意味が異なるので注意が必要である．

定理 6.10　$n \times n$ 実行列 A が既約でかつ $A \geq O$ であれば，

$$(I + A)^{n-1} > O \tag{6.20}$$

である．

（証明）　任意の非負ベクトル $\boldsymbol{x} \neq \boldsymbol{0} \in \mathbf{R}^n$ に対し $(I + A)^{n-1}\boldsymbol{x} > \boldsymbol{0}$ であることを示せば十分である．$\boldsymbol{x} > \boldsymbol{0}$ なら明らかであるから，必要なら要素の順番を並び替えることにより $\boldsymbol{x} \geq \boldsymbol{0}$，$\boldsymbol{x} \neq \boldsymbol{0}$ を

$$\boldsymbol{x} = \begin{bmatrix} \boldsymbol{x}' \\ \boldsymbol{0} \end{bmatrix}, \quad \boldsymbol{x}' > \boldsymbol{0}$$

と分解して表す．このとき $\boldsymbol{y} = (I + A)\boldsymbol{x}$ の 0 の要素数が少なくとも 1 つ減少することを示せば，$(I + A)^{n-1}\boldsymbol{x}$ の 0 の要素がなくなることは明らかである．上の分解に対応して

$$A = \begin{bmatrix} A_{11} & A_{12} \\ A_{21} & A_{22} \end{bmatrix}$$

とすると

$$\boldsymbol{y} = (I + A)\boldsymbol{x} = \begin{bmatrix} \boldsymbol{x}' + A_{11}\boldsymbol{x}' \\ A_{21}\boldsymbol{x}' \end{bmatrix}$$

$\boldsymbol{x}' > \boldsymbol{0}$ より $\boldsymbol{x}' + A_{11}\boldsymbol{x}' > \boldsymbol{0}$．さらに A が既約であるから $A_{21} \neq O$ で，したがって，$A_{21}\boldsymbol{x}'$ は 0 でない要素を必ず 1 つは含む．□

定理 6.11（**Perron-Frobenius の定理**）　既約でかつ $A \geq O$ である行列 A は次の性質を満たす正の固有値 $\hat{\lambda}$ をもつ：

1) $\hat{\lambda}$ に対応する固有ベクトル $\hat{\boldsymbol{x}}$ は $\hat{\boldsymbol{x}} > \boldsymbol{0}$ を満たす.

2) A の任意の固有値 λ に対し, $|\lambda| \le \hat{\lambda}$ が成り立つ. すなわち A のスペクトル半径は $\rho(A) = \hat{\lambda}$ である.

3) $\hat{\lambda}$ は A の特性方程式の単純根である.

この $\hat{\lambda}$ を A の **Frobenius 根**という.

(証明) $\boldsymbol{x}$ を $\|\boldsymbol{x}\| = 1$ を満たす非負ベクトルとする.

$$\lambda(\boldsymbol{x}) = \min_i \left\{ \frac{(A\boldsymbol{x})_i}{x_i} \mid x_i \neq 0 \right\}$$

とし

$$\hat{\lambda} = \max_{\|\boldsymbol{x}\|=1} \lambda(\boldsymbol{x}) \tag{6.21}$$

とおく. A は既約であるからどの行も $\boldsymbol{0}$ でない非負ベクトルであることに注意すると, $\boldsymbol{x} = \dfrac{1}{\sqrt{n}}[1, 1, \cdots, 1]^\top$ ($A : n \times n$ とする) に対し

$$\lambda(\boldsymbol{x}) = \min_i \sum_{j=1}^{n} a_{ij} > 0$$

である. よって $\hat{\lambda} > 0$ である. $\hat{\lambda}$ を定める最大値を与える $\boldsymbol{x}$ を $\hat{\boldsymbol{x}}$ とおく. $A\hat{\boldsymbol{x}} = \hat{\lambda}\hat{\boldsymbol{x}}$ であることを示す. $\boldsymbol{y} = (I + A)^{n-1}\hat{\boldsymbol{x}}$ とおくと

$$A\boldsymbol{y} - \hat{\lambda}\boldsymbol{y} = (I + A)^{n-1}(A\hat{\boldsymbol{x}} - \hat{\lambda}\hat{\boldsymbol{x}})$$

である. $\hat{\lambda}$ の取り方から $A\hat{\boldsymbol{x}} - \hat{\lambda}\hat{\boldsymbol{x}} \ge \boldsymbol{0}$ であるから, もし $A\hat{\boldsymbol{x}} \neq \hat{\lambda}\hat{\boldsymbol{x}}$ と仮定すると, 定理 6.10 より $A\boldsymbol{y} - \hat{\lambda}\boldsymbol{y} > \boldsymbol{0}$ となる.

$$\min_i \{(A\boldsymbol{y})_i - \hat{\lambda} y_i\} = \xi > 0$$
$$\max_i y_i = \eta > 0$$

とすると

$$(A\boldsymbol{y})_i - \left(\hat{\lambda} + \frac{\xi}{\eta}\right) y_i \ge \xi \left(1 - \frac{y_i}{\eta}\right) \ge 0, \quad \forall i = 1, 2, \cdots, n$$

が成り立つが, $\|\boldsymbol{y}\| = 1$ と正規化しても上の不等式に変化はないので, これは $\lambda(\boldsymbol{y}) \ge \hat{\lambda} + \dfrac{\xi}{\eta}$ を意味し, $\hat{\lambda}$ の定義に矛盾する. よって $A\hat{\boldsymbol{x}} = \hat{\lambda}\hat{\boldsymbol{x}}$ であることが示された. また定理 6.10 より $\boldsymbol{y} > \boldsymbol{0}$ であり, $\boldsymbol{y} = (1 + \hat{\lambda})^{n-1}\hat{\boldsymbol{x}}$ であることに

注意すると，$\hat{\boldsymbol{x}} > \boldsymbol{0}$ が成り立つ．

次に 2)を示すため，λ を A の任意の固有値，$\boldsymbol{x}$ を対応する固有ベクトルとする．すなわち $A\boldsymbol{x} = \lambda\boldsymbol{x}$ とする．A が非負行列なので

$$\left|\sum_{j=1}^{n} a_{ij}x_j\right| \leq \sum_{j=1}^{n} a_{ij}|x_j|, \quad i = 1, 2, \cdots, n$$

であるから，$|\boldsymbol{x}| = [|x_1|, |x_2|, \cdots, |x_n|]^\top$ とすると

$$|\lambda||\boldsymbol{x}| \leq A|\boldsymbol{x}|$$

が成り立つ．$|\boldsymbol{x}| \geq \boldsymbol{0}$ なので必要なら正規化して考えれば $\hat{\lambda}$ の定義から $|\lambda| \leq \hat{\lambda}$ となる．

最後に 3)を示す．$\hat{\lambda}$ が A の特性方程式の $\nu \geq 2$ 重根とし，$\boldsymbol{y} \in \mathrm{Ker}\,(A - \hat{\lambda}I)^2$ とする．$\boldsymbol{z} = (A - \hat{\lambda}I)\boldsymbol{y}$ とおくと $(A - \hat{\lambda}I)\boldsymbol{z} = \boldsymbol{0}$ である．もし $\boldsymbol{z} \neq \boldsymbol{0}$ と仮定すると 1)より $\boldsymbol{z} > \boldsymbol{0}$ であるから十分小さな $\varepsilon > 0$ に対し $\boldsymbol{z} - \varepsilon\boldsymbol{y} > \boldsymbol{0}$ である．よって

$$(A - (\hat{\lambda} + \varepsilon)I)\boldsymbol{y} = \boldsymbol{z} - \varepsilon\boldsymbol{y} > \boldsymbol{0}$$

となり $\hat{\lambda}$ の定義に反する．よって $\boldsymbol{z} = \boldsymbol{0}$ すなわち $\boldsymbol{y} \in \mathrm{Ker}\,(A - \hat{\lambda}I)$ である．したがって $\mathrm{Ker}\,(A - \hat{\lambda}I)^2 = \mathrm{Ker}\,(A - \hat{\lambda}I)$ となり，$\hat{\lambda}$ に対応する固有ベクトルが少なくとも 2 本存在する．それらを $\hat{\boldsymbol{x}}, \hat{\boldsymbol{x}}'$ とすると，α, β を適当に選んで $\boldsymbol{x} = \alpha\hat{\boldsymbol{x}} + \beta\hat{\boldsymbol{x}}'$ が 0 要素をもつようにすることができ，1)に矛盾する．よって $\hat{\lambda}$ は A の特性方程式の単純根である．□

注意 6.3　ここでは既約な非負行列に対する Perron-Frobenius の定理を示したが，A が必ずしも既約でない（すなわち可約な）場合にもほぼ類似の結果が成り立つ[6,7]．すなわち，次の性質を満たす非負の固有値 $\hat{\lambda}$ が存在する．

1) $\hat{\lambda}$ に対応する固有ベクトル $\hat{\boldsymbol{x}}$ で $\hat{\boldsymbol{x}} \geq \boldsymbol{0}$ となるものが存在する．

2) A の任意の固有値 λ に対し，$|\lambda| \leq \hat{\lambda}$ が成り立つ．

このような行列は方程式 $(\lambda I - A)\boldsymbol{x} = \boldsymbol{b}$ の非負可解性の議論において重要な役割を果たす．

注意 6.4　さらに条件を緩めて，非対角成分のみの非負性，すなわち

$$a_{ij} \geq 0, \quad i,j = 1,2,\cdots,n, \quad i \neq j \tag{6.22}$$

を満たす行列を Metzler 行列という．この場合も少し弱い形であるが，Perron-Frobenius の定理と同様な結果が得られる：Metzler 行列 A に対し次の性質をもつ実数固有値 $\hat{\mu}$ が存在する．

1）$\hat{\mu}$ に対応する固有ベクトル $\hat{\boldsymbol{x}}$ で $\hat{\boldsymbol{x}} \geq \boldsymbol{0}$ となるものが存在する．

2）A の $\hat{\mu}$ 以外の任意の固有値 μ に対し，$\mathrm{Re}(\mu) < \hat{\mu}$ が成り立つ．ここで $\mathrm{Re}(\mu)$ は μ の実部である．

6.5 ネットワーク計画問題

グラフ理論においては，頂点と枝を考えそのつながり具合が考察の対象になる．実際世界では，グラフの頂点や枝に何らかの数値が付与される場合がある．それらはしばしばネットワークと呼ばれ，関連する最適化問題は数理計画問題として定式化される．代表的なネットワーク計画問題には最小木問題，最短路問題，最大流問題，最小費用流問題など多くの種類があるが，ここでは線形代数と関連の深い最大流問題と最小費用流問題を紹介する．

その前に，最小木問題，最短路問題について簡単に述べておく．通常，最小木問題は無向グラフ，最短路問題は有向グラフを対象にするが，いずれの場合もグラフの各枝に重み（コストや距離の意味合いをもつことが多い）と呼ばれる数値が与えられる．**最小木問題**ではグラフが連結となるような枝集合のうちでその重みの総和が最小になるものを求める．重みは非負と仮定されるのでそのような枝集合は木（枝数が頂点数より 1 つ少ない連結なグラフ）を与える．すなわち問題はすべての頂点が連結になり枝のコストの総和が最小となる木を求めるものである．この問題は Prim のアルゴリズムや Kruskal のアルゴリズムといったいわゆる貪欲アルゴリズムで容易に解が得られることが知られている．**最短路問題**の方は，各頂点対間の有向道のうちで重みの総和が最小になるものを求める問題であり，Dijkstra 法や Warshall-Floyd 法といった効率的なアルゴリズムが知られている．

さて，**最大流問題**では，有向グラフ (V,E) において各枝に容量と呼ばれる数値が与えられる．頂点 v から w へは枝 (v,w) の容量以下という制限で何らかの物資が輸送可能である．頂点のうちソースと呼ばれる物資の送り元となる頂点と，シンクと呼ばれる物資の受け取り先となる頂点を考え，ソースからシンクへ最大どれだけの物資がグラフの有向道を使って送ることが可能かを考えるのが，最大流問題である．

グラフ (V,E) においてソースを s，シンクを t とする．各頂点 $v \in V$ に対し v を始点にもつ枝の終点集合を A_v，v を終点にもつ枝の始点集合を B_v とする．枝 $(v,w) \in E$ の容量を $c(v,w)$ とし，(v,w) を流れる流量を $f(v,w)$ で表すと，問題は

$$\begin{aligned} \text{maximize} \quad & F \\ \text{subject to} \quad & \sum_{w \in A_v} f(v,w) - \sum_{w \in B_v} f(w,v) = 0, \quad \forall v \neq s,t \\ & \sum_{w \in A_s} f(s,w) = F \\ & \sum_{w \in B_t} f(w,t) = F \\ & 0 \leq f(v,w) \leq c(v,w), \quad \forall (v,w) \in E \end{aligned} \tag{6.23}$$

と定式化できる．この問題の制約は流量均衡（保存）制約と容量制約とからなっている．

この問題は線形計画問題であり双対定理が成り立つが，その具体的意味が興味深い．頂点の部分集合 $W \subset V$ とその補集合 $W' = V \setminus W$ に対し

$$(W,W') = \{(v,w) \in E \mid v \in W, w \in W'\}, \quad s \in W,\ t \in W' \tag{6.24}$$

で定義される (W,W') をカットという．カット (W,W') の容量を

$$c(W,W') = \sum_{(v,w) \in (W,W')} c(v,w) \tag{6.25}$$

で定義する．最大流問題の任意の実行可能解に対するフローの値 F と任意のカット (W,W') の容量の間には

$$F \leq c(W,W') \tag{6.26}$$

が成り立つことは比較的容易にわかるが，より強く次の結果が得られる．

定理 6.12 (最大フロー最小カット定理) 実行可能なフロー f が最大流問題の最適解になるのは, $f(W, W') = \sum_{(v,w) \in (W,W')} f(v, w)$ と定義すると

$$f(W, W') = c(W, W') \tag{6.27}$$

となるときかつそのときに限る.

(証明) ネットワーク計画を扱ったいずれの本にも述べられているので省略する. □

最大流問題を解くには, 1つの実行可能なフローに対し残余ネットワークを構成しそれに基づくフロー増加道を求めるのが効率的であり, 多くのすぐれた研究がなされてきている.

次に**最小費用流問題**について述べよう. 最大流問題と同様各枝 $(v, w) \in E$ に容量 $c(v, w)$ が付与されたネットワーク (V, E) を考える. さらに各頂点 $v \in V$ には物資の供給量 $b(v)$ が与えられている. $b(v) < 0$ となるのは, 頂点 v で $-b(v)$ だけの物資の需要があると解釈される. 需要の総和と供給の総和が等しくなるように

$$\sum_{v \in V} b(v) = 0 \tag{6.28}$$

と仮定する (そう仮定して一般性を失わない). また各枝 $(v, w) \in E$ には1単位の物資を輸送するのに費用 (コスト) $d(v, w)$ がかかるものとし, $f(v, w)$ だけの物資を輸送するのには $d(v, w)f(v, w)$ のコストがかかるものとする. このとき最小費用流問題は次のように定式化される.

$$\begin{aligned}
\text{minimize} \quad & \sum_{(v,w) \in E} d(v, w) f(v, w) \\
\text{subject to} \quad & \sum_{w \in A_v} f(v, w) - \sum_{w \in B_v} f(w, v) = b(v), \quad \forall v \in V \\
& 0 \le f(v, w) \le c(v, w), \quad \forall (v, w) \in E
\end{aligned} \tag{6.29}$$

目的関数はフローに要する総コストで, 上の制約がフロー均衡制約, 下の制約が容量制約である. この最小費用流問題には負閉路除去法, プライマル・デュアル法, 線形計画に基づく方法など様々な解法がある. こういったネットワーク計画法については, 多くの良書がある.

6.6 Markov 連 鎖

この節では，確率過程のうちでも基本的で有用な離散時点での有限 Markov 連鎖について述べる．

定義 6.10 $n \times n$ 正方行列 $A = [a_{ij}]$ は次の 2 つの条件を満足するとき，**確率行列**であるといわれる．

1) $a_{ij} \geq 0, \quad \forall i, j = 1, 2, \cdots, n$
2) $\displaystyle\sum_{j=1}^{n} a_{ij} = 1, \quad \forall i = 1, 2, \cdots, n$

確率行列は，n 個の状態 $s_1, s_2, \cdots, s_n$ があり，ある時刻で状態 s_i にあるとき次の時刻での状態が j になる確率が a_{ij} であるような有限 **Markov 連鎖**を表している．この意味で A のことを**状態推移行列**という．

容易に確かめられるように，$A^2 = [a_{ij}^{(2)}]$ も確率行列になり，もちろん

$$a_{ij}^{(2)} = \sum_{k=1}^{n} a_{ik} a_{kj} \tag{6.30}$$

である．この $a_{ij}^{(2)}$ は，Markov 連鎖が 2 ステップで状態 s_i から s_j に至る推移確率と解釈できる．まったく同様に $A^m = [a_{ij}^{(m)}]$ は m ステップでの推移確率を表す確率行列となっており，m 次状態推移行列といわれる．明らかに $A^{l+m} = A^l A^m$ が成り立つから

$$a_{ij}^{(l+m)} = \sum_{k=1}^{n} a_{ik}^{(l)} a_{kj}^{(m)} \tag{6.31}$$

である．この関係式は **Chapman-Kolmogorov** の等式として知られている．

さてある時点 t において状態 s_i にある確率を $p_i(t)$ とし，行ベクトル

$$\boldsymbol{p}(t) = [p_1(t)\ p_2(t)\ \cdots\ p_n(t)] \tag{6.32}$$

を時点 t における**状態確率分布**という．このとき

$$\boldsymbol{p}(t) = \boldsymbol{p}(t-1)A \tag{6.33}$$

が成立する.

注意 6.5 状態確率分布は行ベクトルとして定義しているが，もちろんこれを列ベクトルすなわち $\mathbf{R}^n$ の要素として考えることもできる．この場合

$$\boldsymbol{p}(t) \in \Delta^n = \left\{ x \in \mathbf{R}^n \mid \sum_{i=1}^{n} x_i = 1,\ x \geq 0 \right\} \tag{6.34}$$

であり，状態確率分布の推移は，$\boldsymbol{p}(t) = A^\top \boldsymbol{p}(t-1)$ となる．したがって最初から $A^\top$ を確率行列としている本もある．すなわち行和が 1 になるという条件を列和が 1 になるという条件で置き換えるのである．しかし，以下に示すように本章ではグラフ理論との関連を生かす意味で通常の定義に従っておく.

Markov 連鎖を規定する推移行列で，正の成分を 1 で置き換えると対応する有向グラフの隣接行列が得られるが，その場合（6.3 節）とほぼ同様な議論が展開できる．一応 Markov 連鎖に即した形で述べていく.

ある m に対して $a_{ij}^{(m)} > 0$ となるとき，状態 s_j は s_i から**到達可能**であるといい，$s_i \to s_j$ と書く．$s_i \to s_j$ で $s_j \to s_i$ のとき状態 s_j と s_i は互いに**連結**しているあるいは移行可能であるといい，$s_i \leftrightarrow s_j$ で表す．$m = 0$ のときに $a_{ij}^{(0)} = \delta_{ij}$（Kronecker のデルタ）とすると，明らかにこの関係 $\leftrightarrow$ は同値関係である．この同値関係によって状態をいくつかの組（同値類）に分けることができる．状態全体の集合だけが唯一の同値な組であるとき，Markov 連鎖は**既約**であるという．以下では，状態をいくつかの種類に分類していく.

定義 6.11 状態 s_i がそれ自身だけで閉じた組を作るとき，s_i を**吸収状態**と呼ぶ.

注意 6.6 自明なことであるが，吸収状態があれば推移行列のそれに対応する対角成分は 1 になっている.

さて，今状態 s_i にあるとき，m ステップ後に初めて状態 s_j に到達する確率

を $t_{ij}(m)$ で表すと，いつかは状態 s_j に到達する確率は

$$t_{ij} = \sum_{m=1}^{\infty} t_{ij}(m) \tag{6.35}$$

で与えられる．

定義 6.12 Markov 連鎖において，$t_{ii} < 1$ であるような状態 s_i を一時的といい，$t_{ii} = 1$ であるような状態 s_i を再帰的という．吸収状態は当然再帰的である．

定理 6.13 Markov 連鎖において，ある状態 s_i が再帰的であれば，それと同じ組に属する他の状態 s_j も再帰的である．同様にある状態が一時的であれば，それと同じ組に属する他の状態 s_j も一時的である．

（証明） 状態 s_i が再帰的で $s_i \leftrightarrow s_j$ であれば，s_j も再帰的となることを示せばよい．詳細は煩雑になるので，専門書に譲り筋道だけ示す．まず，s_i から出発したときに s_j を無限回訪問する確率を g_{ij} とする．s_i が再帰的ならば $g_{ii} = 1$ で一時的なら $g_{ii} = 0$ となる．また $g_{ij} = t_{ij} g_{jj}$ が成り立つ．s_i が再帰的で $s_i \to s_j$ であることから $g_{ji} = 1$ が示せ，$s_i \leftrightarrow s_j$ より $g_{ij} = 1$ も成り立つ．したがって上のことから $g_{jj} = 1$ で s_j は再帰的である．□

定義 6.13 Markov 連鎖の状態 s_i に対し，$a_{ii}^{(m)} > 0$ となる自然数 m 全体の最大公約数を状態 s_i の周期という．周期が 1 のとき，状態 s_i は非周期的であるという．

例 6.7 1 次元のランダムウォークは，数直線上の整数に対応する無限の状態をもち，各ステップである確率 p で右へ，確率 $q = 1 - p$ で左へ推移する．すべての状態は周期 2 をもつ．特に左右のある位置（例えば $\pm m$）に到達すると以降はその位置にとどまるとすると，Markov 連鎖でモデル化が可能で $\pm m$ が吸収状態になる．

定理 6.14 Markov 連鎖において，ある状態 s_i の周期が d_i であれば，それと同じ組に属する他の状態 s_j の周期もやはり d_i である．

（証明） $s_i \leftrightarrow s_j$ であるから，

$$a_{ij}^{(l)} > 0, \quad a_{ji}^{(m)} > 0$$

であるような自然数 l, m が存在する．周期の定義から $a_{ii}^{(d_i)} > 0$ であるから

$$a_{jj}^{(m+d_i+l)} \geq a_{ji}^{(m)} a_{ii}^{(d_i)} a_{ij}^{(l)} > 0$$

となるので，d_j は $m+d_i+l$ の約数でなければならない．同様に d_j は $m+2d_i+l$ の約数でもあり，したがってそれらの差 d_i の約数でもある．したがって $d_j \leq d_i$ である．i と j を入れ替えれば $d_i \leq d_j$ も示せるので，$d_i = d_j$ である．□

定義 6.14 推移行列が A で与えられる Markov 連鎖において，状態確率分布 $\bar{\boldsymbol{p}}$ が

$$\bar{\boldsymbol{p}} A = \bar{\boldsymbol{p}} \tag{6.36}$$

を満たすとき，$\bar{\boldsymbol{p}}$ をこの Markov 連鎖の定常分布という．

定常分布の存在は次の Brouwer の不動点定理から明らかである．

補題 6.2（Brouwer の不動点定理） f を凸コンパクト集合 C から C 自身への連続写像とすると，f の不動点が存在する，すなわち

$$f(x^*) = x^* \tag{6.37}$$

となる点 $x^* \in C$ が存在する．

定理 6.15 Markov 連鎖は常に定常分布をもち，特に既約な Markov 連鎖においてはもし非周期的であれば任意の初期分布から出発した状態確率分布はこの定常分布に収束する．

（証明） Markov 連鎖における状態推移は $\boldsymbol{p}^\top \in \Delta^n$ に $A^\top \boldsymbol{p}^\top \in \Delta^n$ を対応させる写像で与えられる．Δ^n がコンパクト凸集合でこの写像が連続であることは明らかなので，Brouwer の不動点定理により不動点が存在する．それは定常分布に他ならない．定常分布への収束性については，証明の概略のみを示す．

既約で非周期的と仮定すると，時間が経てば A^k のすべての要素が正になるので最初から $A > O$ とする．j を固定して

$$\alpha_k = \max_i a_{ij}^{(k)}, \quad \beta_k = \min_i a_{ij}^{(k)} \tag{6.38}$$

とすると

$$\alpha_1 \geq \alpha_2 \geq \cdots \geq \alpha_k \geq \cdots, \quad \beta_1 \leq \beta_2 \leq \cdots \leq \beta_k \leq \cdots \tag{6.39}$$

が示せる．さらに $\alpha_k - \beta_k \to 0$ も成り立つ．よって $a_{ij}^{(k)}$ は $k \to \infty$ のとき i に依存しない $\bar{p}_j$ に収束する．このとき

$$\lim_{k \to \infty} p_j(k) = \bar{p}_j \tag{6.40}$$

が成り立つ．□

注意 6.7 定常分布は必ずしも一意とは限らない．例えば 2 つの状態をもつ Markov 連鎖で推移行列が

$$\begin{bmatrix} 1 & 0 \\ 0 & 1 \end{bmatrix} \tag{6.41}$$

であれば，どんな状態確率分布も定常分布である．したがって連鎖は初期確率分布にそのままとどまる．一方推移行列が

$$\begin{bmatrix} 0 & 1 \\ 1 & 0 \end{bmatrix} \tag{6.42}$$

で与えられる既約 Markov 連鎖（周期 2 で周期的であることに注意）では，定常分布は $[\frac{1}{2}, \frac{1}{2}]$ だけであるが，例えば初期分布が $\boldsymbol{p}(0) = [1, 0]$ であれば，

$$\boldsymbol{p}(k) = \begin{cases} [0, 1] & k \text{ が奇数} \\ [1, 0] & k \text{ が偶数} \end{cases} \tag{6.43}$$

になり定常分布に収束しない．

次に吸収状態をもつ Markov 連鎖について考える．この場合状態の番号を付け替えれば推移行列は

$$A = \begin{bmatrix} I & O \\ B & C \end{bmatrix} \tag{6.44}$$

の形になる．最初の方の行（列）に対応する状態が吸収状態である．吸収状態はただ 1 つの状態のみからなる再帰的な状態の組である．より一般の Markov 連鎖で再帰的な（複数かもしれない）状態の組と一時的な状態の組が混在する場合には，再帰的な状態の各組を 1 つの吸収状態とみなすことにより，その他の状態は一時的であるとする．

定義 6.15 吸収状態をもつ Markov 連鎖を吸収 **Markov** 連鎖といい，行列

$$D = (I - C)^{-1} \tag{6.45}$$

をこの Markov 連鎖に対する基本行列という．

C は一時的状態間の推移確率を表している部分なので，C^k の各要素は $k \to \infty$ のとき 0 に近づく．すなわち $C^k \to O$ $(k \to \infty)$ である．したがって

$$D = I + C + C^2 + \cdots = \sum_{k=0}^{\infty} C^k \tag{6.46}$$

が成り立つ．この基本行列を用いるとある一時的状態にいる期間の期待値が求められる．Markov 連鎖が状態 s_j にある全時間を τ_j とすると，状態 s_i から出発したときの τ_j の期待値 $E_i(\tau_j)$ を (i, j) 要素とする行列は

$$\begin{aligned} [E_i(\tau_j)] &= \left[\sum_{k=0}^{\infty} ((1 - a_{ij}^{(k)}) \cdot 0 + a_{ij}^{(k)} \cdot 1) \right] \\ &= \sum_{k=0}^{\infty} [a_{ij}^{(k)}] = \sum_{k=0}^{\infty} C^k = D \end{aligned} \tag{6.47}$$

となるので，基本行列がある一時的状態から出発した Markov 連鎖が吸収状態に入るまでに各状態で過ごす平均時間（ステップ）を表していることがわかる．さらに，このことから基本行列の第 i 行和は，状態 s_i から出発して吸収されるまでの時間の期待値を表す．

最後に一時的状態 s_i から出発した Markov 連鎖が，状態 s_j に吸収されてし

まう確率を e_{ij} で表すと，

$$e_{ij} = a_{ij} + \sum_{s_k \in T} a_{ik} a_{kj} \tag{6.48}$$

が成り立つ．ただし，T は一時的状態の集合である．すなわち

$$E = B + CE \tag{6.49}$$

よって

$$E = (I - C)^{-1} B = DB \tag{6.50}$$

が得られる．

例 6.8 状態 s_1 が吸収状態であるような Markov 連鎖

$$A = \begin{bmatrix} 1 & 0 & 0 \\ \frac{1}{2} & 0 & \frac{1}{2} \\ \frac{1}{3} & \frac{2}{3} & 0 \end{bmatrix}$$

を考える．このとき基本行列は

$$D = \begin{bmatrix} 1 & -\frac{1}{2} \\ -\frac{2}{3} & 1 \end{bmatrix}^{-1} = \begin{bmatrix} \frac{3}{2} & \frac{3}{4} \\ 1 & \frac{3}{2} \end{bmatrix}$$

で，一時的状態 s_2, s_3 から出発したときの各々の状態での滞在時間期待値がわかる．また

$$E = \begin{bmatrix} \frac{3}{2} & \frac{3}{4} \\ 1 & \frac{3}{2} \end{bmatrix} \begin{bmatrix} \frac{1}{2} \\ \frac{1}{3} \end{bmatrix} = \begin{bmatrix} 1 \\ 1 \end{bmatrix}$$

になる．当然であるが，s_2, s_3 から出発すれば時間が経てばいつかは s_1 に吸収されることがわかる．

6.7 PageRank

現代では多くの人が情報を得るための手段としてウェブ検索を利用している．

そのためにはサーチエンジンの利用が必要不可欠であり，その代表が Google である．この Google でページの重要性を測るための尺度として PageRank（ページランク）という概念が創始者の Page と Brin により提唱されているが，これこそ確率行列の重要な応用である．この節では PageRank について岩間[3] に従い簡単に述べよう．

ページの重要性を決めるのに，ウェブページのリンク構造（ウェブグラフ）が利用されている．直観的に，多くのページからリンクを張られているページを重要と考えるのである．今ページ p の重要性の指数であるランク $r(p)$ を

$$r(p) = \sum_{q \in T_p} \frac{r(q)}{|q|} \tag{6.51}$$

を満たすような値と定義する．ただし，T_p はページ p にリンクを出しているページの集合である，$|q|$ はページ q から出ているリンクの総数である．上の式が再帰的定義になっていることが要注意である．

さて，すべてのページを $p_1, p_2, \cdots, p_n$ とし，ページ p_i から $p_{i_1}, p_{i_2}, \cdots, p_{i_m}$ にリンクが出ているとき $n \times n$ 行列 P の $(i, i_1), (i, i_2), \cdots, (i, i_m)$ 成分を $1/m$ とし，i 行の他の成分を 0 とすると P は確率行列になる．またランク $r(p_i)$ は

$$\boldsymbol{\pi} = \boldsymbol{\pi} P \tag{6.52}$$

を満たすベクトル $\boldsymbol{\pi}$ の第 i 成分として求められる．まさに前節で述べた Markov 連鎖の定常分布である．$\boldsymbol{\pi}$ は $P^\top$ の固有値 1 に対する固有ベクトルであり，Markov 連鎖が既約でない場合や周期的な場合を除けば他の固有値は 1 より小さな実数である．したがっていわゆるべき乗法を用いて PageRank を求めることができる（実際には工夫が加えられるが）．

なお，PageRank とほぼ同時期に提唱された Kleinberg による hypergraph induced topic search（HITS）も線形代数の視点から説明ができ，その後のウェブマイニングに対するリンク解析のアプローチによる研究の先駆となっている．

6.8　第 6 章のまとめと参考書

この章では，線形代数のグラフ・ネットワークへの応用を扱った．グラフ理

論は離散数学の大きな柱となっておりその有用性は益々高まっている．例えば藤重[9] などを参考にされるとよい．線形代数との関連を直接に取り上げたものとして，竹中[8] があり，本書でも参考にした．伊理・韓[2] も関連が深い．非負行列，Frobenius 行列は線形代数の本では扱いは少ない（齋藤[7] では簡単に説明されている．伊理[1] には比較的詳しい．）が，システム・制御や経済の分野では重要であり，児玉・須田[5] や小山[6] に詳しい．ネットワーク計画は 4.1 節で説明した線形計画とも密接に関連しているが，ここでは問題を紹介するだけにとどめその解法にはまったく触れていない．前述の藤重などを参考にしてほしい．確率行列と Markov 連鎖については，森村[10]，河田[4] を参考にした．Google の PageRank についてはいろいろなところで詳しい解説が見られると思うので，ここでは簡単な紹介にとどめている．

文　　献

1) 伊理正夫，『線形代数汎論』，朝倉書店 (2009)
2) 伊理正夫・韓 太舜，『線形代数』，教育出版 (1977)
3) 岩間一雄，『アルゴリズム・サイエンス：出口からの超入門』，共立出版 (2006)
4) 河田竜夫，『確率と統計』，朝倉書店 (1961)
5) 児玉慎三・須田信英，『システム制御のためのマトリクス理論』，計測自動制御学会 (1978)
6) 小山昭雄，『線型代数と位相　下』，岩波書店 (2010)
7) 齋藤正彦，『線型代数入門』，東京大学出版会 (1966)
8) 竹中淑子，『線形代数的グラフ理論』，培風館 (1989)
9) 藤重 悟，『グラフ・ネットワーク・組合せ論』，共立出版 (2002)
10) 森村英典，『確率・統計』，朝倉書店 (1974)

7 統計・データ解析への応用

7.1 データ行列

この章では，統計・データ解析の代表的な話題である回帰分析，判別分析，主成分分析およびクラスタリングを取り上げ，線形代数がどう役立つのかを概観する．

さまざまな現象を観測した結果は，データとして表現される．観測の視点は属性といい，個々のデータをサンプルということが多い．属性の数を m，サンプルの数を n とするとき，全体のデータは $n \times m$ 行列

$$X = \begin{bmatrix} x_1^1 & x_2^1 & \cdots & x_m^1 \\ \vdots & \vdots & \ddots & \vdots \\ x_1^n & x_2^n & \cdots & x_m^n \end{bmatrix} = [\boldsymbol{x}_1 \ \cdots \ \boldsymbol{x}_m] = \begin{bmatrix} \boldsymbol{x}^1 \\ \vdots \\ \boldsymbol{x}^n \end{bmatrix} \tag{7.1}$$

によって表される．行ベクトルは 1 つのサンプルに対応し，列ベクトルは属性に関するサンプル値を表す．

このとき，

$$\bar{\boldsymbol{x}} = \frac{1}{n}\sum_{i=1}^{n}(\boldsymbol{x}^i)^\top = \begin{bmatrix} \bar{x}_1 \\ \vdots \\ \bar{x}_m \end{bmatrix} \tag{7.2}$$

を平均ベクトル，

$$\tilde{X} = X - \mathbf{1}_n \bar{\boldsymbol{x}}^\top \tag{7.3}$$

を平均偏差行列という．さらに $m \times m$ 行列

$$S = \frac{1}{n}\tilde{X}^\top \tilde{X} \tag{7.4}$$

を (分散) 共分散行列という．S の第 (i,j) 成分 $s_{ij} = \sum_{k=1}^{n}(x_i^k - \bar{x}_i)(x_j^k - \bar{x}_j)/n$ を属性 i, j の**共分散**といい，特に $i = j$ のときの s_{ii} を i の**分散**という．$\sqrt{s_{ii}}$ を**標準偏差**といい，

$$r_{ij} = \frac{s_{ij}}{\sqrt{s_{ii}}\sqrt{s_{jj}}} \tag{7.5}$$

のことを i と j の**相関係数**という．Cauchy-Schwarz の不等式から $-1 \leq r_{ij} \leq 1$ である．r_{ij} を (i,j) 成分にもつ $m \times m$ 行列 R を相関係数行列という．容易にわかるように，S は対称な半正定値行列である．

7.2 重回帰分析

さまざまな要因の関与する現象において，ある 1 つの着目する要因（目的変数）を，他のいくつかの要因（説明変数）で説明しようとするのが**回帰分析**である．説明変数がただ 1 つの最も簡単な場合を単回帰分析，一般の説明変数が複数の場合を重回帰分析という．もちろん一般には目的変数を説明変数の非線形関数で表現することになるが，本書は線形代数をテーマとしていることもあり，実用上よく使われる線形モデルを扱うことにする．

スカラーの目的変数を y，m 個の説明変数を $x_1, x_2, \cdots, x_m$ とすると線形重回帰モデルは

$$y = a_0 + a_1 x_1 + a_2 x_2 + \cdots + a_m x_m \tag{7.6}$$

で与えられる．ここで n 個の観測データ $[x_1^i\ x_2^i\ \cdots\ x_m^i\ y^i]^\top$ $(i = 1, 2, \cdots, n)$ が与えられたとする．すなわち観測誤差を ε^i として，行列形で書くと

$$\begin{bmatrix} y^1 \\ y^2 \\ \vdots \\ y^n \end{bmatrix} = \begin{bmatrix} 1 & x_1^1 & \cdots & x_m^1 \\ 1 & x_1^2 & \cdots & x_m^2 \\ \vdots & \vdots & \ddots & \vdots \\ 1 & x_1^n & \cdots & x_m^n \end{bmatrix} \begin{bmatrix} a_0 \\ a_1 \\ \vdots \\ a_m \end{bmatrix} + \begin{bmatrix} \varepsilon^1 \\ \varepsilon^2 \\ \vdots \\ \varepsilon^n \end{bmatrix} \tag{7.7}$$

となる．$\boldsymbol{y} = [y^1\ y^2\ \cdots\ y^n]^\top \in \mathbf{R}^n$，$\boldsymbol{a} = [a_0\ a_1\ a_2\ \cdots\ a_m]^\top \in \mathbf{R}^{m+1}$，$\boldsymbol{\varepsilon} = [\varepsilon^1\ \varepsilon^2\ \cdots\ \varepsilon^n]^\top \in \mathbf{R}^n$，上式の $n \times (m+1)$ 行列を X として，簡単に

$$\boldsymbol{y} = X\boldsymbol{a} + \boldsymbol{\varepsilon} \tag{7.8}$$

と表すこともある．ここで誤差 ε^i は同一の分布に従う互いに独立な確率変数として扱う．

まず最もよく知られている**最小 2 乗法**について述べよう．これは，最適化の観点からは Euclid 距離での最良近似であり，したがって線形代数の立場からは射影に関連している．誤差 ε^i については互いに相関がなく平均 0，分散 σ^2 であるとするが，まずは統計解析の本に通常説明されている形で述べよう．すなわち E を期待値作用素として

$$\begin{aligned} E[\boldsymbol{\varepsilon}] &= \boldsymbol{0} \\ E[\boldsymbol{\varepsilon}\boldsymbol{\varepsilon}^\top] &= \sigma^2 I \end{aligned} \tag{7.9}$$

であると仮定する．最小 2 乗法では 2 乗誤差

$$s(\boldsymbol{a}) = \boldsymbol{\varepsilon}^\top\boldsymbol{\varepsilon} = (\boldsymbol{y} - X\boldsymbol{a})^\top(\boldsymbol{y} - X\boldsymbol{a}) \tag{7.10}$$

を最小にする $\boldsymbol{a}$ を求める．これは 2 次形式の最小化でありその解は，上の式を $\boldsymbol{a}$ で微分して $\boldsymbol{0}$ とおくことによって得られる．すなわち

$$X^\top X\boldsymbol{a} - X^\top\boldsymbol{y} = \boldsymbol{0} \tag{7.11}$$

を解けばよい．この方程式は**正規方程式**と呼ばれる．もし $(m+1)\times(m+1)$ 行列 $X^\top X$ が正則であれば最小 2 乗推定値は

$$\hat{\boldsymbol{a}} = (X^\top X)^{-1}X^\top\boldsymbol{y} \tag{7.12}$$

で与えられる．

さて，

$$E[\boldsymbol{y}] = X\boldsymbol{a} + E[\boldsymbol{\varepsilon}] = X\boldsymbol{a}$$

であることに注意すると

$$E[\hat{\boldsymbol{a}}] = (X^\top X)^{-1}X^\top E[\boldsymbol{y}] = \boldsymbol{a} \tag{7.13}$$

となる．このことは，最小 2 乗推定量 $\hat{\boldsymbol{a}}$ がいわゆる不偏推定量であることを示している．さらに共分散行列は

$$
\begin{aligned}
E[(\hat{\boldsymbol{a}}-\boldsymbol{a})(\hat{\boldsymbol{a}}-\boldsymbol{a})^\top] &= E[((X^\top X)^{-1}X^\top \boldsymbol{y}-(X^\top X)^{-1}X^\top X\boldsymbol{a}) \\
&\qquad ((X^\top X)^{-1}X^\top \boldsymbol{y}-(X^\top X)^{-1}X^\top X\boldsymbol{a})^\top] \\
&= (X^\top X)^{-1}X^\top E[(\boldsymbol{y}-X\boldsymbol{a})(\boldsymbol{y}-X\boldsymbol{a})^\top]X(X^\top X)^{-1} \\
&= \sigma^2(X^\top X)^{-1}
\end{aligned}
\tag{7.14}
$$

となる.

さて，以上のことを射影の立場から説明する．X の各列ベクトルを $\boldsymbol{x}_0, \boldsymbol{x}_1, \cdots, \boldsymbol{x}_m$ とし，

$$
M = \mathrm{span}\,[\boldsymbol{x}_0, \boldsymbol{x}_1, \cdots, \boldsymbol{x}_m] \tag{7.15}
$$

とする．われわれは $\boldsymbol{a}$ の推定値 $\hat{\boldsymbol{a}}$ を

$$
\|\boldsymbol{y}-X\hat{\boldsymbol{a}}\|^2 = \min\{\|\boldsymbol{y}-X\boldsymbol{a}\|^2 \mid \boldsymbol{a}\in\mathbf{R}^{m+1}\} \tag{7.16}
$$

として求めている．すなわち $\hat{\boldsymbol{y}} = X\hat{\boldsymbol{a}}$ が $\boldsymbol{y}$ の M 上への射影となるように定めている．rank $X = m+1$ を仮定すると，第 1 章の注意 1.10 で述べたように M 上への射影行列は

$$
P = X(X^\top X)^{-1}X^\top \tag{7.17}
$$

で与えられる．したがって，

$$
X\hat{\boldsymbol{a}} = P\boldsymbol{y} = X(X^\top X)^{-1}X^\top \boldsymbol{y}
$$

となるように $\hat{\boldsymbol{a}}$ を定めればよく，

$$
\hat{\boldsymbol{a}} = (X^\top X)^{-1}X^\top \boldsymbol{y} \tag{7.18}
$$

とすればよいことは明らかである．

パラメータ推定でよく用いられる他の方法として**最尤推定**がある．前と同じ線形回帰モデル

$$
\boldsymbol{y} = X\boldsymbol{a} + \boldsymbol{\varepsilon} \tag{7.19}
$$

において，$\boldsymbol{\varepsilon}$ は平均ベクトル $\mathbf{0}$，共分散行列 $\sigma^2 I$ の n 次元正規分布に従うとする．データが与えられたもとで，$\boldsymbol{a}$ の関数としての**尤度関数**は

$$
L(\boldsymbol{a}) = p(\boldsymbol{y}|X;\boldsymbol{a}) = \frac{1}{(2\pi\sigma^2)^{n/2}}\exp\left(-\frac{1}{2\sigma^2}(\boldsymbol{y}-X\boldsymbol{a})^\top(\boldsymbol{y}-X\boldsymbol{a})\right) \tag{7.20}
$$

であり，対数尤度関数は

$$l(\boldsymbol{a}) = \log L(\boldsymbol{a}) = -\frac{n}{2}\log(2\pi\sigma^2) - \frac{1}{2\sigma^2}(\boldsymbol{y} - X\boldsymbol{a})^\top(\boldsymbol{y} - X\boldsymbol{a}) \tag{7.21}$$

である．これを最大にする $\boldsymbol{a}$ を求めると

$$\hat{\boldsymbol{a}} = (X^\top X)^{-1}X^\top \boldsymbol{y} \tag{7.22}$$

となり，この場合は最小 2 乗推定と一致する．

7.3 判 別 分 析

データ点が複数（2 つであることも多い）のクラスのいずれかに属するような状況において，すでにどのクラスに属しているかが知られているデータをもとに今以降に観測されるデータを適切なクラスに分類する方法を構築するのが，**判別分析**である．代表的な方法としては，Mahalanobis 距離最大化の考え方にもとづく線形判別，2 次判別，データの事後確率最大化を目指すロジスティク判別などの統計的判別法がある．これに対し，近年その有効性が着目されているサポートベクターマシンは，最適化の視点からの方法でありそれ故線形代数とも密接に関連している．この節ではまず Fisher の線形判別関数について，次にサポートベクターマシンについて簡単に説明しよう．なお，話を簡単にするためクラスの数は 2 つとする．

クラス K_1 に属しているとわかっている n_1 個のデータ $\boldsymbol{x}^{11}, \boldsymbol{x}^{12}, \cdots, \boldsymbol{x}^{1n_1}$ と K_2 に属しているとわかっている n_2 個のデータ $\boldsymbol{x}^{21}, \boldsymbol{x}^{22}, \cdots, \boldsymbol{x}^{2n_2}$ とが観測されたとする．各データの次元は m であるとする．各クラスでの標本平均および（不偏）標本共分散行列は

$$\begin{aligned}
\bar{\boldsymbol{x}}^1 &= \frac{1}{n_1}\sum_{i=1}^{n_1}\boldsymbol{x}^{1i}, \quad S_1 = \frac{1}{n_1 - 1}\sum_{i=1}^{n_1}(\boldsymbol{x}^{1i} - \bar{\boldsymbol{x}}^1)(\boldsymbol{x}^{1i} - \bar{\boldsymbol{x}}^1)^\top \\
\bar{\boldsymbol{x}}^2 &= \frac{1}{n_2}\sum_{i=1}^{n_2}\boldsymbol{x}^{2i}, \quad S_2 = \frac{1}{n_2 - 1}\sum_{i=1}^{n_2}(\boldsymbol{x}^{2i} - \bar{\boldsymbol{x}}^2)(\boldsymbol{x}^{2i} - \bar{\boldsymbol{x}}^2)^\top
\end{aligned} \tag{7.23}$$

で与えられる．

m 次元空間の $n = n_1 + n_2$ 個の学習データを線形重み和

$$z = w_1x_1 + w_2x_2 + \cdots + w_mx_m = \boldsymbol{w}^\top \boldsymbol{x} \tag{7.24}$$

でできる z 軸上に射影する．z 軸上での各クラス内での分散は

$$\boldsymbol{w}^\top S_1 \boldsymbol{w}, \quad \boldsymbol{w}^\top S_2 \boldsymbol{w} \tag{7.25}$$

で与えられるので，これらをデータ数に合わせて合算するとクラス内分散は

$$S = \frac{1}{n_1 + n_2 - 2}((n_1 - 1)S_1 + (n_2 - 1)S_2) \tag{7.26}$$

で定まる共通の標本共分散行列 S を用いて，$\boldsymbol{w}^\top S \boldsymbol{w}$ と得られる．これに対しクラス間分散は，z 軸上での標本平均がそれぞれ $\bar{z}^1 = \boldsymbol{w}^\top \bar{\boldsymbol{x}}^1$，$\bar{z}^2 = \boldsymbol{w}^\top \bar{\boldsymbol{x}}^2$ になることから

$$(\bar{z}^1 - \bar{z}^2)^2 = [\boldsymbol{w}^\top (\bar{\boldsymbol{x}}^1 - \bar{\boldsymbol{x}}^2)]^2 \tag{7.27}$$

になる．Fisher の判別分析では，これらのクラス間分散とクラス内分散の比を最大にするよう判別関数を定める．すなわち

$$\frac{[\boldsymbol{w}^\top (\bar{\boldsymbol{x}}^1 - \bar{\boldsymbol{x}}^2)]^2}{\boldsymbol{w}^\top S \boldsymbol{w}} \tag{7.28}$$

を最大にする $\boldsymbol{w}$ を求める．これは分母分子がともに 2 次形式の最大化問題であり，

$$\begin{aligned} &\text{maximize} \quad \boldsymbol{w}^\top (\bar{\boldsymbol{x}}^1 - \bar{\boldsymbol{x}}^2)(\bar{\boldsymbol{x}}^1 - \bar{\boldsymbol{x}}^2)^\top \boldsymbol{w} \\ &\text{subject to} \quad \boldsymbol{w}^\top S \boldsymbol{w} = \text{定数} \end{aligned} \tag{7.29}$$

を解くことにより（スケールに自由度のある）最適解

$$\boldsymbol{w}^* = S^{-1}(\bar{\boldsymbol{x}}^1 - \bar{\boldsymbol{x}}^2) \tag{7.30}$$

が得られる．最大値は

$$(\bar{\boldsymbol{x}}^1 - \bar{\boldsymbol{x}}^2)^\top S^{-1} (\bar{\boldsymbol{x}}^1 - \bar{\boldsymbol{x}}^2) \tag{7.31}$$

となるが，これは $\bar{\boldsymbol{x}}^1$，$\bar{\boldsymbol{x}}^2$ 間の Mahalanobis 平方距離といわれ，データの散らばり具合を考慮した距離と考えられる．

この $\boldsymbol{w}^*$ で定まる射影軸 $z = (\bar{\boldsymbol{x}}^1 - \bar{\boldsymbol{x}}^2)^\top S^{-1} \boldsymbol{x}$ 上へ両クラスの標本平均を射影すると $(\bar{\boldsymbol{x}}^1 - \bar{\boldsymbol{x}}^2)^\top S^{-1} \bar{\boldsymbol{x}}_1$，$(\bar{\boldsymbol{x}}^1 - \bar{\boldsymbol{x}}^2)^\top S^{-1} \bar{\boldsymbol{x}}_2$ となるので，その中点は

$$\frac{1}{2}[(\bar{\boldsymbol{x}}^1 - \bar{\boldsymbol{x}}^2)^\top S^{-1} \bar{\boldsymbol{x}}^1 + (\bar{\boldsymbol{x}}^1 - \bar{\boldsymbol{x}}^2)^\top S^{-1} \bar{\boldsymbol{x}}^2] = \frac{1}{2}(\bar{\boldsymbol{x}}^1 - \bar{\boldsymbol{x}}^2)^\top S^{-1} (\bar{\boldsymbol{x}}^1 + \bar{\boldsymbol{x}}^2) \tag{7.32}$$

となる．したがって，判別関数として

$$f(\boldsymbol{x}) = (\bar{\boldsymbol{x}}^1 - \bar{\boldsymbol{x}}^2)^\top S^{-1}\boldsymbol{x} - \frac{1}{2}(\bar{\boldsymbol{x}}^1 - \bar{\boldsymbol{x}}^2)^\top S^{-1}(\bar{\boldsymbol{x}}^1 + \bar{\boldsymbol{x}}^2) \tag{7.33}$$

とし，$f(\boldsymbol{x})$ の正負に応じてクラス K_1, K_2 に分類する．

次にサポートベクターマシンについて説明する．今全部で n 個の m 次元データが $\boldsymbol{x}^i = [x_1^i, x_2^i, \cdots, x_m^i]^\top$ $(i = 1, 2, \cdots, n)$ が与えられているとする．さらに各データ $\boldsymbol{x}^i$ は 2 つのクラス K_1, K_2 のいずれに属するかを示すラベル y^i が付けられているとする．すなわち

$$y^i = \begin{cases} 1 & \boldsymbol{x}^i \in K_1 \text{のとき} \\ -1 & \boldsymbol{x}^i \in K_2 \text{のとき} \end{cases} \tag{7.34}$$

とする．まず簡単な場合として，2 つのクラスのデータが適当な超平面によって分離可能な場合を考える．この場合を線形分離可能であるという．具体的にいうと適当な $\boldsymbol{w} \in \mathbf{R}^m$ と $b \in \mathbf{R}$ に対し

$$\begin{aligned} \boldsymbol{w}^\top \boldsymbol{x}^i + b > 0 \quad & \boldsymbol{x}^i \in K_1 \text{のとき} \\ \boldsymbol{w}^\top \boldsymbol{x}^i + b < 0 \quad & \boldsymbol{x}^i \in K_2 \text{のとき} \end{aligned} \tag{7.35}$$

とできる場合である．なお，上の分離を表す条件はまとめて

$$y^i(\boldsymbol{w}^\top \boldsymbol{x}^i + b) > 0 \tag{7.36}$$

と書くことができる．

この場合でも 2 つのクラスを分離する超平面は無数に存在する．そこで超平面を選ぶ基準として，データと超平面との距離を考える．データ点 $\boldsymbol{x}^i$ から超平面 $\boldsymbol{w}^\top \boldsymbol{x} + b = 0$ への距離は

$$\frac{|\boldsymbol{w}^\top \boldsymbol{x}^i + b|}{\|\boldsymbol{w}\|} \tag{7.37}$$

で与えられる．ノルムはもちろん Euclid ノルムである．したがってこの距離のデータに関する最小値（マージンと呼ぶ）を評価基準として，それを最大化する超平面すなわち $\boldsymbol{w}$ と b を求めることが自然である（図 7.1）．ところで超平面 $\boldsymbol{w}^\top \boldsymbol{x} + b = 0$ の両辺に正の実数を掛けても超平面は不変である．そこで

$$\min_{i=1,\cdots,n} |\boldsymbol{w}^\top \boldsymbol{x}^i + b| = 1 \tag{7.38}$$

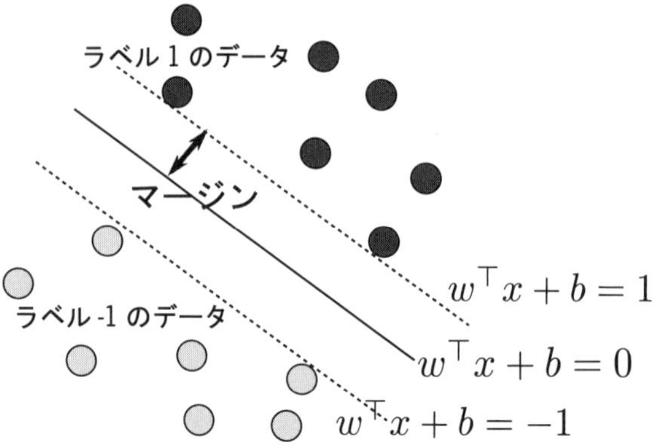

図 **7.1**　サポートベクターマシン

となるような正規化を導入すると，式 (7.37) で与えられる距離は $1/\|\boldsymbol{w}\|$ に等しくなる．したがって，データを正しく分離できる超平面のうちで $\|\boldsymbol{w}\|$ をあるいは $\|\boldsymbol{w}\|^2$ を最小にするようなものを求める，次のような最適化問題が考えられる．

$$
\begin{aligned}
&\text{minimize} \quad && \frac{1}{2}\|\boldsymbol{w}\|^2 \\
&\text{subject to} \quad && y^i(\boldsymbol{w}^\top \boldsymbol{x}^i + b) \geq 1, \quad i = 1, 2, \cdots, n
\end{aligned}
\tag{7.39}
$$

これがサポートベクターマシンのハードマージンモデルである．

この問題は凸 2 次計画問題であるから数理計画の分野では簡単に解ける問題として知られている．ただし，実際にはこの問題の双対問題

$$
\begin{aligned}
&\text{minimize}_\alpha \quad && \frac{1}{2}\sum_{i=1}^n \sum_{j=1}^n \alpha_i \alpha_j y^i y^j \boldsymbol{x}^{i\top} \boldsymbol{x}^j - \sum_{i=1}^n \alpha_i \\
&\text{subject to} \quad && \sum_{i=1}^n \alpha_i y^i = 0 \\
& && \alpha_i \geq 0, \quad i = 1, \cdots, n
\end{aligned}
\tag{7.40}
$$

を解く．こうすれば，決定変数の数は常にデータの数と同じだけになる．サポートベクターマシンでは，$\alpha_i > 0$ に対応するデータ，すなわち

$$
y^i(\boldsymbol{w}^\top \boldsymbol{x}^i + b) = 1 \tag{7.41}
$$

を満たすデータが判別関数の構成に寄与している．そのようなデータのことをサポートベクターという．

では，必ずしも線形分離可能性を仮定しない場合はどうなるであろうか？この際はスラック変数を導入し分離不等式を緩めた

$$y^i(\boldsymbol{w}^\top \boldsymbol{x}^i + b) \geq 1 - \xi_i \tag{7.42}$$

を考える．もちろんスラック変数 $\xi_i \geq 0$ は他のクラスの領域にどの程度入り込んでいるかを表す量なので，小さいほうが好ましい．この場合は，もともとの目的である $\|\boldsymbol{w}\|$ の最小化にスラック変数の最小化に関するペナルティ項を組み込んだ最適化問題

$$\begin{aligned} &\text{minimize} \quad \frac{1}{2}\|\boldsymbol{w}\|^2 + C\sum_{i=1}^{n}\xi_i \\ &\text{subject to} \quad y^i(\boldsymbol{w}^\top \boldsymbol{x}^i + b) \geq 1 - \xi_i,\ \xi_i \geq 0,\ i = 1, 2, \cdots, n \end{aligned} \tag{7.43}$$

を考える．これをソフトマージンモデルという．この問題の双対問題は

$$\begin{aligned} &\text{minimize}_\alpha \quad \frac{1}{2}\sum_{i=1}^{n}\sum_{j=1}^{n}\alpha_i\alpha_j y^i y^j \boldsymbol{x}^{i\top}\boldsymbol{x}^j - \sum_{i=1}^{n}\alpha_i \\ &\text{subject to} \quad \sum_{i=1}^{n}\alpha_i y^i = 0 \\ &\qquad\qquad\quad 0 \leq \alpha_i \leq C, \quad i = 1, \cdots, n \end{aligned} \tag{7.44}$$

となる．

なお，サポートベクターマシンでは，データをより高次元の空間に写すことにより，適切な分類を実施するカーネル法が大きな武器になっているが，本書では割愛している．

7.4 主成分分析

主成分分析は，多次元データをできるだけ情報を失うことなくより低次元のデータに縮約するための方法である．この際元の変数の線形結合で表される新たな変数を導入することになる．

m 次元の変数ベクトルを $\boldsymbol{x} = [x_1\ x_2\ \cdots\ x_m]^\top$ とする．これらの変数に関する n 個の観測データを $\boldsymbol{x}^1, \boldsymbol{x}^2, \cdots, \boldsymbol{x}^n$ とする．その共分散行列を

$$\begin{aligned} S = [s_{jk}] &= \frac{1}{n}\sum_{i=1}^{n}(\boldsymbol{x}^i - \bar{\boldsymbol{x}})(\boldsymbol{x}^i - \bar{\boldsymbol{x}})^\top \\ s_{jk} &= \frac{1}{n}\sum_{i=1}^{n}(x_j^i - \bar{x}_j)(x_k^i - \bar{x}_k) \end{aligned} \tag{7.45}$$

とする．ただし，$\bar{\boldsymbol{x}}$ は $\frac{1}{n}\sum_{i=1}^{n} x_j^i$ を成分にもつ標本平均ベクトルである．

m 個の変数の線形結合

$$y = w_1x_1 + w_2x_2 + \cdots + w_mx_m = \boldsymbol{w}^\top\boldsymbol{x} \tag{7.46}$$

を考えると，その分散は

$$\begin{aligned} s_y^2 &= \frac{1}{n}\sum_{i=1}^{n}(y^i - \bar{y})^2 \\ &= \frac{1}{n}\sum_{i=1}^{n}(\boldsymbol{w}^\top\boldsymbol{x}^i - \boldsymbol{w}^\top\bar{\boldsymbol{x}})^2 \\ &= \boldsymbol{w}^\top\frac{1}{n}\sum_{i=1}^{n}(\boldsymbol{x}^i - \bar{\boldsymbol{x}})(\boldsymbol{x}^i - \bar{\boldsymbol{x}})^\top\boldsymbol{w} = \boldsymbol{w}^\top S\boldsymbol{w} \end{aligned} \tag{7.47}$$

となる．この値を最大にする $\boldsymbol{w}$ を求めればよいが，これは対称行列で与えられる 2 次形式を最大にする問題に他ならない．すなわち

$$\begin{aligned} &\text{maximize} \quad \boldsymbol{w}^\top S\boldsymbol{w} \\ &\text{subject to} \quad \|\boldsymbol{w}\| = 1 \end{aligned} \tag{7.48}$$

を解くことになる．すでに 4.3 節で詳しく述べたように，この問題に対しては標本共分散行列 S の最大の固有値 λ_1 に対応する固有ベクトル $\boldsymbol{w}^1$ が最適解となる．また

$$y_1 = \boldsymbol{w}^{1\top}\boldsymbol{x} = w_1^1x_1 + w_2^1x_2 + \cdots + w_m^1x_m \tag{7.49}$$

を第 1 主成分という．さらに，最大値 λ_1 は第 1 主成分の分散を表している．第 2 主成分以降を求めるには，それまでの成分と直交するという条件の下で分散を最大にする．すなわち第 p 主成分であれば，問題

$$\begin{aligned} &\text{maximize} \quad \boldsymbol{w}^\top S\boldsymbol{w} \\ &\text{subject to} \quad \boldsymbol{w}^\top\boldsymbol{w}^i = 0, \quad i = 1, 2, \cdots, p-1 \\ &\qquad\qquad\quad \|\boldsymbol{w}\| = 1 \end{aligned} \tag{7.50}$$

を解けばよい．得られる固有値を λ_p，固有ベクトルを $\boldsymbol{w}^p$ とする．第 p 主成分は

$$y_p = \boldsymbol{w}^{p\top}\boldsymbol{x} = w_1^p x_1 + w_2^p x_2 + \cdots + w_m^p x_m, \quad p = 1, 2, \cdots, m \tag{7.51}$$

で与えられる．

$\boldsymbol{w}^p$ を見ることにより，第 p 主成分のもつ意味が推測できるが，加えて主成分 y_p と各変数 x_q の間の相関係数は

$$r_{pq} = \frac{\mathrm{cov}(y_p, x_q)}{\sqrt{\mathrm{var}\ y_p}\sqrt{\mathrm{var}\ x_q}} = \frac{\lambda_p w_q^p}{\sqrt{\lambda_p}\sqrt{s_{qq}}} = \frac{\sqrt{\lambda_p} w_q^p}{\sqrt{s_{qq}}} \tag{7.52}$$

で与えられる．さらに S が $\boldsymbol{w}^1, \boldsymbol{w}^2, \cdots, \boldsymbol{w}^m$ で対角化できることから

$$\begin{aligned} &S = \lambda_1 \boldsymbol{w}^1\boldsymbol{w}^{1\top} + \lambda_2 \boldsymbol{w}^2\boldsymbol{w}^{2\top} + \cdots + \lambda_m \boldsymbol{w}^m\boldsymbol{w}^{m\top} \\ &\mathrm{trace}\ S = \lambda_1 + \lambda_2 + \cdots + \lambda_m \end{aligned} \tag{7.53}$$

も成り立つ．

なお，各変数 x_i を測定する単位の取り方によっては，数値の大きさに極端な差が生じている場合もある．そのようなときにはデータの標準化を行い，新たなデータ

$$\boldsymbol{u}^i = [u_1^i\ u_2^i\ \cdots\ u_m^i], \quad u_j^i = \frac{x_j^i - \bar{x}_j}{\sqrt{s_{jj}}}, \quad j = 1, 2, \cdots, m \tag{7.54}$$

を用いることもある．この場合標本共分散は

$$t_{jk} = \frac{1}{n}\sum_{i=1} u_j^i u_k^i = \frac{1}{n}\sum_{i=1}^{n} \frac{(x_j^i - \bar{x}_j)(x_k^i - \bar{x}_k)}{\sqrt{s_{jj}}\sqrt{s_{kk}}} = \frac{s_{jk}}{\sqrt{s_{jj}}\sqrt{s_{kk}}} = r_{jk} \tag{7.55}$$

で与えられる．特に $t_{jj} = 1$ $(j = 1, 2, \cdots, m)$ である．

各主成分が元のデータに含まれる特徴をどの程度表現しているのかを見るための指標として，寄与率

$$\frac{\lambda_p}{\lambda_1 + \lambda_2 + \cdots + \lambda_m} \tag{7.56}$$

がある．また，第 1 主成分から第 p 主成分まででどれだけの特徴が把握できるかは，累積寄与率

$$\frac{\lambda_1 + \lambda_2 + \cdots + \lambda_p}{\lambda_1 + \lambda_2 + \cdots + \lambda_m} \tag{7.57}$$

を見ればよい．

7.5 クラスタリング

クラスタリング（クラスター分析）は，データを似たものの集まり（クラスター）に分類する手法である．クラスタリングの手法は階層的手法と非階層的手法に大きく分かれる．前者では，個々のデータやクラスター間の類似性に基づいて似たものどうしを逐次まとめていくことにより，小さなクラスターから大きなクラスターを形成していく．これに対し，後者の非階層的手法では，データをあらかじめ与えられた数のクラスターに分割していく．その代表的な方法として k-平均法や自己組織化マップ（SOM）が知られている．本書では，線形代数の視点から k-平均法について説明する．

データ点集合 $S = \{\boldsymbol{x}^1, \boldsymbol{x}^2, \cdots, \boldsymbol{x}^n\} \subseteq \mathbf{R}^m$ に対する k-平均法は，k 個のクラスターの核となる点（セントロイドと呼ぶ）を選び，各点 $\boldsymbol{x}^i$ を最も近いセントロイド $\boldsymbol{c}^j$ をもつクラスターに分類する，言い換えると $\boldsymbol{x}^i$ を $\boldsymbol{c}^j$ に割り当てる方法である．C_j をセントロイド $\boldsymbol{c}^j$ に割り当てられる $\boldsymbol{x}^i$ の集合とすると，この割り当てを

$$b_{ij} = \begin{cases} 1 & \boldsymbol{x}^i \in C_j \text{のとき} \\ 0 & \text{その他} \end{cases} \tag{7.58}$$

で定義される $n \times k$ 行列 $B = [b_{ij}]$ で表すことができる．もちろん $\sum_{j=1}^{k} b_{ij} = 1$ が成り立ち，$m_j = \sum_{i=1}^{n} b_{ij}$ はセントロイド $\boldsymbol{c}^j$ に割り当てられるデータ点の数である．このときの割り当て 2 乗誤差 e は

$$e = \sum_{j=1}^{k} \sum_{\boldsymbol{x} \in C_j} \|\boldsymbol{x} - \boldsymbol{c}^j\|^2 = \sum_{i=1}^{n} \sum_{j=1}^{k} b_{ij} \sum_{l=1}^{m} (x_l^i - c_l^j)^2 \tag{7.59}$$

となるので，これを最小にする $c_l^j \ (j = 1, \cdots, k; l = 1, \cdots, m)$ を求めれば，新しいセントロイドを定めることができる．すなわち更新式

$$\boldsymbol{c}^j = \frac{\displaystyle\sum_{i=1}^{n} b_{ij} \boldsymbol{x}^i}{\displaystyle\sum_{i=1}^{n} b_{ij}} \tag{7.60}$$

が得られる．

k-平均法は，簡単で計算量が少ないことからよく用いられるが，最初にとるセントロイド集合に依存して結果が異なるので注意が必要である．

7.6 第 7 章のまとめと参考書

この章では，統計・データ解析特に多変量解析と呼ばれる分野のいくつかの手法を取り上げた．いずれも 2 次形式の最大化を通じて固有値問題と密接に関連しており，線形代数が大いに役立つ．重回帰分析は 1 つの変数を複数の変数の線形関数として構成しようとするものであり，単回帰分析の一般化である．判別分析では，2 つ（一般にはそれ以上の）クラスのいずれかに属するデータを適切に分類する判別関数を構成する．特に最近では最適化と密接に関連したサポートベクターマシンが注目を集めている．さらに，主成分分析ではデータの主軸変換をうまく行うことにより，より低次元の変数で現象をうまく説明することが考えられる．

ここでは，主に小西[3] を参考にしたが，古典的な奥野ら[5,6] も定評がある．また，回帰分析については竹内[8]，主成分分析については金谷[2] も参考になる．サポートベクターマシンについては例えば，赤穂[1] や高橋・堀田[7] などを参照されたい．また統計・データ解析は最近ではデータマイニングとして扱われることも多く，クラスタリングはその中でも基本的な手法である．これについては，宮本[4] が基本的である．

文　　　献

1) 赤穂昭太郎，『カーネル多変量解析』，岩波書店 (2006)
2) 金谷健一，『これなら分かる応用数学教室』，共立出版 (2003)
3) 小西貞則，『多変量解析入門』，岩波書店 (2010)
4) 宮本定明，『クラスター分析入門　ファジィクラスタリングの理論と応用』，森北出版 (1999)
5) 奥野忠一・久米 均・芳賀敏郎・吉澤 正，『多変量解析法』，日科技連 (1971)
6) 奥野忠一・芳賀敏郎・矢島敬二・奥野千恵子，橋本茂司，古河陽子，『続多変量解析法』，日科技連 (1976)

7) 高橋治久・堀田一弘,『学習理論』, コロナ社 (2009)
8) 竹内 啓,『統計的方法』, 岩波講座応用数学, 岩波書店 (1994)

8
ゲーム理論への応用

8.1　2人ゼロ和ゲーム（行列ゲーム）

ゲーム理論は，複数の意思決定者の存在する意思決定状況を数理的に論じるための理論として学際的にきわめて有用である．線形代数との結びつきも大きいので，この章で取り上げることにする．

まず最初にこの節では，2人のプレイヤーが各々いくつかの戦略をもっており，選ばれた戦略の組み合わせに応じて各プレイヤーの利得が定まる戦略形のゲームについて考える．プレイヤー数は3以上の場合に拡張可能であるが，本書では線形代数の応用として最も基本的な2人ゲームの場合について説明する．

2人のプレイヤーをP，Qとし，それぞれの戦略の集合を有限集合 $S = \{s_1, s_2, \cdots, s_m\}$，$T = \{t_1, t_2, \cdots, t_n\}$ で表す．Pが戦略 s_i，Qが戦略 t_j を選んだときに生じる結果に対するプレイヤーPの利得（効用）を a_{ij} とする．もちろんPは自分自身の利得の最大化を目指して戦略を選ぶ．まず2人のプレイヤーの利得の和が常にゼロ，すなわちこの場合のプレイヤーQの利得が $-a_{ij}$ になる2人ゼロ和ゲームについて考える．このとき，Qは先ほどのPの利得を最小化するプレイヤーと考えられる．このことから明らかなように，有限2人ゼロ和ゲームは $m \times n$ 行列 $A = [a_{ij}]$ によって完全に規定されることから行列ゲームと呼ばれる．

プレイヤーPが戦略 s_i を取った場合に最低限保証される利得は

$$\min_{j=1,\cdots,n} a_{ij}, \quad i = 1, \cdots, m$$

で与えられるので，P はこれを最大にする戦略，すなわち

$$v_1 = \max_{i=1,\cdots,m} \min_{j=1,\cdots,n} a_{ij} \tag{8.1}$$

を実現する戦略を取るのが 1 つの考え方である．この戦略をマックスミニ戦略という．同様に，プレイヤー Q の方には

$$v_2 = \min_{j=1,\cdots,n} \max_{i=1,\cdots,m} a_{ij} \tag{8.2}$$

を実現する戦略であるミニマックス戦略が考えられる．このとき，一般にミニマックス不等式 $v_1 \leq v_2$ が成り立つ．実際

$$\min_{j=1,\cdots,n} a_{ij} \leq a_{ij}, \quad \forall i = 1,\cdots,m, \quad \forall j = 1,\cdots,n$$

より

$$v_1 = \max_{i=1,\cdots,m} \min_{j=1,\cdots,n} a_{ij} \leq \max_{i=1,\cdots,m} a_{ij}, \quad \forall j = 1,\cdots,n$$

で，したがって

$$v_1 \leq \min_{j=1,\cdots,n} \max_{i=1,\cdots,m} a_{ij} = v_2 \tag{8.3}$$

が得られる．

では，$v_1 = v_2$ は成り立つかというと，次の例に示すようにそうなるときもそうでないとき（$v_1 < v_2$）もある．

例 8.1　2 つの行列ゲーム A, B を考える．

$$A = \begin{bmatrix} 3 & 0 \\ 2 & 1 \end{bmatrix}, \quad B = \begin{bmatrix} 3 & 0 \\ 2 & 4 \end{bmatrix} \tag{8.4}$$

A では $v_1(A) = v_2(A) = 1$，B では $v_1(B) = 2 < 3 = v_2(B)$ となる．この A のように $v_1 = v_2$ となる場合には戦略組 (s_2, t_2) のように

$$a_{ij^*} \leq a_{i^*j^*} \leq a_{i^*j}, \quad \forall i = 1,\cdots,m, \quad \forall j = 1,\cdots,n \tag{8.5}$$

を満たす戦略の組 (s_{i^*}, t_{j^*}) が存在し，両プレイヤーの最適戦略（均衡戦略）といわれる．あるいは鞍点といわれることもある．

定理 8.1　行列ゲーム A において，$v_1 = v_2$ が成り立つための必要十分条件は，このゲームに均衡戦略が存在することである．

（証明）　（必要性）$v_1 = v_2$ が成り立つとすると，ある i^* と j^* に対し不等式

$$v_1 = \min_j a_{i^*j} \leq a_{i^*j^*} \leq \max_i a_{ij^*} = v_2$$

は等号で成り立つから，

$$\min_j a_{i^*j} = a_{i^*j^*} = \max_i a_{ij^*}$$

となる．よって (s_{i^*}, t_{j^*}) は均衡戦略である．

（十分性）逆に (s_{i^*}, t_{j^*}) が均衡戦略であるとすると

$$a_{i^*j^*} = \min_j a_{i^*j} \leq \max_i \min_j a_{ij} = v_1$$
$$a_{i^*j^*} = \max_i a_{ij^*} \geq \min_j \max_i a_{ij} = v_2$$

となる．これらと $v_1 \leq v_2$ から $v_1 = v_2$ が得られる．□

系 8.1　(s_{i^*}, t_{j^*}) が行列ゲーム A の均衡戦略であれば，s_{i^*} は P のマックスミニ戦略であり，t_{j^*} は Q のミニマックス戦略である．

（証明）　定理の結果から容易に従う．□

さて，上の例 B の場合のように一般には $v_1 < v_2$ となることもあり，均衡戦略は必ずしも存在しない．この問題を解決するために導入されたのが混合戦略の概念である．

定義 8.1　行列ゲーム A において，プレイヤー P の戦略集合 $S = \{s_1, s_2, \cdots, s_m\}$ に対応する確率ベクトル $\boldsymbol{x} = [x_1\ x_2\ \cdots\ x_m]^\top$

$$x_1 \geq 0, \quad \cdots, \quad x_m \geq 0, \quad x_1 + \cdots + x_m = 1 \tag{8.6}$$

を P の混合戦略という．プレイヤー P は戦略 s_i を確率 x_i で採用することを意味する．同様にプレイヤー Q の混合戦略 $\boldsymbol{y} = [y_1\ y_2\ \cdots\ y_n]^\top$ も

$$y_1 \geq 0, \quad \cdots, \quad y_n \geq 0, \quad y_1 + \cdots + y_n = 1 \tag{8.7}$$

を満たす確率ベクトルとして定義される．

注意 8.1　両プレイヤーの混合戦略全体の集合はそれぞれ基本単体 Δ^m, Δ^n である．各プレイヤーのもともとの戦略 s_i, t_j はそれぞれ

$$e_{ik} = \begin{cases} 1 & k = i \\ 0 & k \neq i \end{cases}, \quad e_{jk} = \begin{cases} 1 & k = j \\ 0 & k \neq j \end{cases} \tag{8.8}$$

なる $\boldsymbol{e}_i \in \Delta^m$，$\boldsymbol{e}_j \in \Delta^n$ と同一視できる．これらは純戦略と呼ばれる．

さて，プレイヤーPが混合戦略 $\boldsymbol{x} \in \Delta^m$ を，プレイヤーQが混合戦略 $\boldsymbol{y} \in \Delta^n$ を採ったときのPの利得の期待値は

$$\sum_{i=1}^{m}\sum_{j=1}^{n} a_{ij}x_iy_j = \boldsymbol{x}^\top A\boldsymbol{y} \tag{8.9}$$

で与えられる．プレイヤーP，Qはこの値をそれぞれ最大，最小にするように自分の戦略を選ぼうとする．この場合もミニマックス不等式

$$\max_{\boldsymbol{x}\in\Delta^m}\min_{\boldsymbol{y}\in\Delta^n} \boldsymbol{x}^\top A\boldsymbol{y} \leq \min_{\boldsymbol{y}\in\Delta^n}\max_{\boldsymbol{x}\in\Delta^m} \boldsymbol{x}^\top A\boldsymbol{y} \tag{8.10}$$

が成り立つことは，純戦略の場合と同様にして簡単に示せる．ところが，実は混合戦略まで考えると上の不等式は等式で成り立つのである．このことを以下に示そう．

まず $m \times n$ 行列 $A = [A_{ij}]$ のすべての成分に定数 α を加えて $m \times n$ 行列 $B = [b_{ij}] = [a_{ij} + \alpha]$ をつくると，$\boldsymbol{x} \in \Delta^m$，$\boldsymbol{y} \in \Delta^n$ に対し

$$\boldsymbol{x}^\top B\boldsymbol{y} = \boldsymbol{x}^\top A\boldsymbol{y} + \alpha \tag{8.11}$$

となることは直ちにわかる．したがって行列ゲーム A を考察することと行列ゲーム B を考察することに本質的な違いはない．したがって最初から $A > O$（A の各成分は正）と仮定しておく．$\mathbf{R}^m$ あるいは $\mathbf{R}^n$ のベクトル $[1\ 1\ \cdots\ 1]^\top$ を単に $\mathbf{1}$ と記する．このとき線形計画問題

$$\begin{array}{ll} \text{minimize} & \mathbf{1}^\top \boldsymbol{u} \\ \text{subject to} & A^\top \boldsymbol{u} \geq \mathbf{1} \\ & \boldsymbol{u} \geq \mathbf{0} \end{array} \tag{8.12}$$

とその双対問題

$$\begin{array}{ll} \text{maximize} & \mathbf{1}^\top \boldsymbol{w} \\ \text{subject to} & A\boldsymbol{w} \leq \mathbf{1} \\ & \boldsymbol{w} \geq \mathbf{0} \end{array} \tag{8.13}$$

を考える．$A > O$ より主問題は実行可能解をもつし，$\boldsymbol{w} = \mathbf{0}$ を考えれば双対問題も実行可能解をもつ．したがって線形計画の双対定理（系 4.1）により，それぞれに最適解 $\boldsymbol{u}^*, \boldsymbol{w}^*$ が存在し，$\mathbf{1}^\top \boldsymbol{u}^* = \mathbf{1}^\top \boldsymbol{w}^*$ が成り立つ．この値を θ とすると，$A^\top \boldsymbol{u}^* \geq \mathbf{1}$ より $\boldsymbol{u}^* \neq \mathbf{0}$ で $\theta > 0$ である．そこで

$$\boldsymbol{x}^* = \frac{1}{\theta}\boldsymbol{u}^*, \quad \boldsymbol{y}^* = \frac{1}{\theta}\boldsymbol{w}^*$$

ととれば，$\boldsymbol{x}^* \in \Delta^m$，$\boldsymbol{y}^* \in \Delta^n$ である．さて，任意の $\boldsymbol{x} \in \Delta^m$ に対し

$$\boldsymbol{x}^\top A\boldsymbol{y}^* = \frac{1}{\theta}\boldsymbol{x}^\top A\boldsymbol{w}^* \leq \frac{1}{\theta}\boldsymbol{x}^\top \mathbf{1} = \frac{1}{\theta}$$

である．同様に任意の $\boldsymbol{y} \in \Delta^n$ に対し

$$\boldsymbol{x}^{*\top} A\boldsymbol{y} = \frac{1}{\theta}\boldsymbol{u}^{*\top} A\boldsymbol{y} \geq \frac{1}{\theta}\mathbf{1}^\top \boldsymbol{y} = \frac{1}{\theta}$$

で，かつ $\boldsymbol{x} = \boldsymbol{x}^*$，$\boldsymbol{y} = \boldsymbol{y}^*$ とおくと上の 2 つの式の最左辺が一致するから $\boldsymbol{x}^{*\top} A\boldsymbol{y}^* = \dfrac{1}{\theta}$ となる．よって

$$\boldsymbol{x}^\top A\boldsymbol{y}^* \leq \boldsymbol{x}^{*\top} A\boldsymbol{y}^* \leq \boldsymbol{x}^{*\top} A\boldsymbol{y}, \quad \forall \boldsymbol{x} \in \Delta^m, \quad \forall \boldsymbol{y} \in \Delta^n \tag{8.14}$$

が成り立つ．さらにこれから

$$\min_{\boldsymbol{y}} \max_{\boldsymbol{x}} \boldsymbol{x}^\top A\boldsymbol{y} \leq \max_{\boldsymbol{x}} \boldsymbol{x}^\top A\boldsymbol{y}^* = \boldsymbol{x}^{*\top} A\boldsymbol{y}^* = \min_{\boldsymbol{y}} \boldsymbol{x}^{*\top} A\boldsymbol{y} \leq \max_{\boldsymbol{x}} \min_{\boldsymbol{y}} \boldsymbol{x}^\top A\boldsymbol{y}$$

が成り立つが，これとミニマックス不等式から

$$\min_{\boldsymbol{y}} \max_{\boldsymbol{x}} \boldsymbol{x}^\top A\boldsymbol{y} = \max_{\boldsymbol{x}} \min_{\boldsymbol{y}} \boldsymbol{x}^\top A\boldsymbol{y} = \boldsymbol{x}^{*\top} A\boldsymbol{y}^*$$

が得られる．よって次の定理が示された．

定理 8.2　行列ゲーム A においては

$$\max_{\boldsymbol{x} \in \Delta^m} \min_{\boldsymbol{y} \in \Delta^n} \boldsymbol{x}^\top A\boldsymbol{y} = \min_{\boldsymbol{y} \in \Delta^n} \max_{\boldsymbol{x} \in \Delta^m} \boldsymbol{x}^\top A\boldsymbol{y} \tag{8.15}$$

が成り立つ．

注意 8.2 上の定理で定まる共通の値を行列ゲームの値といい，不等式 (8.14) を満たす組 $(\boldsymbol{x}^*, \boldsymbol{y}^*) \in \Delta^m \times \Delta^n$ を均衡戦略という．

例 8.2 ジャンケンを考えてみる．両方のプレイヤーのもつ戦略はグー，チョキ，パーであるから利得行列は

$$A = \begin{bmatrix} 0 & 1 & -1 \\ -1 & 0 & 1 \\ 1 & -1 & 0 \end{bmatrix} \tag{8.16}$$

となる．このままでは負の成分が含まれるので，すべての成分に 2 を加えて

$$B = \begin{bmatrix} 2 & 3 & 1 \\ 1 & 2 & 3 \\ 3 & 1 & 2 \end{bmatrix} \tag{8.17}$$

とすると，線形計画の主問題は

$$\begin{array}{ll} \text{minimize} & u_1 + u_2 + u_3 \\ \text{subject to} & 2u_1 + u_2 + 3u_3 \geq 1 \\ & 3u_1 + 2u_2 + u_3 \geq 1 \\ & u_1 + 3u_2 + 2u_3 \geq 1 \\ & u_1 \geq 0, \quad u_2 \geq 0, \quad u_3 \geq 0 \end{array} \tag{8.18}$$

となる．この最適解は $u_1^* = u_2^* = u_3^* = 1/6$ で与えられ，1/2 が最小値になる．よって最適な戦略では $x_1^* = x_2^* = x_3^* = 1/3$ とグー，チョキ，パーを均等な確率で選ぶという予想通りの結果が得られる．このときの期待利得は $2 - 2 = 0$，すなわちこの最適戦略を選べば損も得もしないという自然な結論が導かれる．

8.2 2 人非ゼロ和ゲーム（双行列ゲーム）

前節では 2 人のプレイヤーの利害が完全に反する場合を扱った．しかし一般には必ずしもそうでないことが多い．そこでこの節では，前節同様 2 人のプレイヤーの戦略集合は $S = \{s_1, s_2, \cdots, s_m\}$，$T = \{t_1, t_2, \cdots, t_n\}$ とするが，P

が戦略 s_i，Q が戦略 t_j をとったときの P の利得 a_{ij} と Q の利得 b_{ij} の両方を考える．すなわち 2 つの利得行列 $A=[a_{ij}]$，$B=[b_{ij}]$ を同時に考え，これらをまとめて

$$(A,B)=[(a_{ij},b_{ij})] \tag{8.19}$$

と表したゲームを扱う．これが（有限）2 人非ゼロ和ゲーム（双行列ゲーム）である．

双行列ゲームにおいてもプレイヤー P，Q それぞれの混合戦略 $\boldsymbol{x}\in\Delta^m$，$\boldsymbol{y}\in\Delta^n$ を考える．各プレイヤーの期待利得はそれぞれ $\boldsymbol{x}^\top A\boldsymbol{y}$，$\boldsymbol{x}^\top B\boldsymbol{y}$ で与えられ，両プレイヤーは各々の利得を最大にするよう行動する．

両プレイヤーの均衡戦略として有名なものが Nash 均衡である．

定義 8.2　双行列ゲーム (A,B) に対し，その **Nash** 均衡は次の条件を満たす戦略対 $(\boldsymbol{x}^*,\boldsymbol{y}^*)\in\Delta^m\times\Delta^n$ である：

$$\begin{aligned}\boldsymbol{x}^\top A\boldsymbol{y}^* &\le \boldsymbol{x}^{*\top}A\boldsymbol{y}^*, \quad \forall\boldsymbol{x}\in\Delta^m\\ \boldsymbol{x}^{*\top}B\boldsymbol{y} &\le \boldsymbol{x}^{*\top}B\boldsymbol{y}^*, \quad \forall\boldsymbol{y}\in\Delta^n\end{aligned} \tag{8.20}$$

注意 8.3　上の定義の意味するところは，相手プレイヤー Q が自分で戦略を変えない（つまり $\boldsymbol{y}^*$ のままでいる）限り，プレイヤー P はその戦略（つまり $\boldsymbol{x}^*$）を取るのがベストであるということである．Q についても同じことが成り立っている．この意味で $(\boldsymbol{x}^*,\boldsymbol{y}^*)$ は 1 つの均衡状態を作っている．

例 8.3　双行列ゲームにはいくつか興味深いものがある．その代表が囚人のジレンマゲームである．これは対称性のあるゲームで，両プレイヤーの戦略集合はともに｛協調，裏切り｝である．利得を表す双行列は，例えば

$$\begin{bmatrix}(3,3) & (1,4)\\ (4,1) & (2,2)\end{bmatrix} \tag{8.21}$$

で与えられる（第 1 行と第 1 列が協調，第 2 行と第 2 列が裏切りに対応する）．このゲームでは相手が協調を選ぼうが裏切りを選ぼうが，自分は裏切りを選ぶのが得策である（実際 $4>3, 2>1$ である）．対称性を考えれば（裏切り，裏

切り）の対がNash均衡になるのは明らかである．しかしながらこのときの両プレイヤーの利得は $(2,2)$ で，両者が協調を選んだ場合の $(3,3)$ にともに劣る．つまり両方が自分にとっては最適と思われる行動をとることが両方に不利益をもたらすのが，「ジレンマ」と呼ばれる所以である．

もう1つNash均衡が複数存在するゲームを紹介する．恋人同士であるサッカーの好きな男性Pとバレエの好きな女性Qが，サッカーの観戦あるいはバレエの鑑賞に出かけるものとする．両プレイヤーの選択は，サッカーに行くかバレエに行くかであり，彼らが恋人同士であることを考えれば利得双行列は

$$\begin{bmatrix} (2,1) & (0,0) \\ (0,0) & (1,2) \end{bmatrix} \tag{8.22}$$

となる．この場合（サッカー，サッカー）の対も（バレエ，バレエ）の対もともにNash均衡になる．実はこれら以外にも混合戦略対 $([2/3,1/3],[1/3,2/3])$ もNash均衡になる．

双行列ゲームのNash均衡は必ず存在することが知られている．ただし，それは必ずしも1つではなく，さらに一般に異なるNash均衡は異なる利得を与える．Nash均衡の存在証明には何通りかの方法がある．以下では，線形代数の範疇を超えるかもしれないがシステム科学においては非常に有用と思われる集合値写像の不動点定理を用いた証明を与える．

X, Y を集合とする．通常の写像 $f : X \to Y$ は各 $\boldsymbol{x} \in X$ に Y の1つの要素 $f(\boldsymbol{x})$ を対応させる．これに対し，各 $\boldsymbol{x} \in X$ に Y の部分集合 $F(\boldsymbol{x})$ を対応させる写像を，X から Y への**集合値写像**（多価写像）といい，$F : X \rightrightarrows Y$ と表す．数理科学の分野では非常に有用である．もちろんこれは Y のべき集合（部分集合全体からなる集合）を 2^Y としたときの X から 2^Y への写像であるが，上のような捉え方をした方が好ましいことが多い．もともと $X \times Y$ の部分集合 R は**関係**といわれるが，関係から

$$F(\boldsymbol{x}) = \{\boldsymbol{y} \in Y \mid (\boldsymbol{x}, \boldsymbol{y}) \in R\} \tag{8.23}$$

と定めることにより集合値写像が得られるので，集合値写像自体はきわめて自然な概念である．一方，関係 $R \subseteq X \times Y$ が写像 $f : X \to Y$ を定めるためには

1）任意の $\boldsymbol{x} \in X$ に対し $(\boldsymbol{x}, \boldsymbol{y}) \in R$ となる $\boldsymbol{y} \in Y$ が存在する．

2）$(\boldsymbol{x}, \boldsymbol{y}), (\boldsymbol{x}, \boldsymbol{y}') \in R$ ならば $\boldsymbol{y} = \boldsymbol{y}'$ が成り立つ．

の 2 つの条件が満足される必要がある．もちろんこの場合 $\boldsymbol{x} \in X$ に対し $\boldsymbol{y} \in Y$ が一意に定まるので，それを $f(\boldsymbol{x})$ とする．X と Y の役割を入れ替えた

3）任意の $\boldsymbol{y} \in Y$ に対し $(\boldsymbol{x}, \boldsymbol{y}) \in R$ となる $\boldsymbol{x} \in X$ が存在する．

4）$(\boldsymbol{x}', \boldsymbol{y}), (\boldsymbol{x}, \boldsymbol{y}) \in R$ ならば $\boldsymbol{x} = \boldsymbol{x}'$ が成り立つ．

を考えて，写像 f がさらに 3)を満足するなら**全射**で，4)を満足するなら**単射**である．

写像に対する **Brouwer の不動点定理**（補題 6.2）を集合値写像に拡張したのが**角谷の不動点定理**である．まず集合値写像の不動点を定義する．

定義 8.3　集合値写像 $F: X \rightrightarrows X$ において，$\boldsymbol{x} \in F(\boldsymbol{x})$ を満たす点 $\boldsymbol{x} \in X$ を F の**不動点**という．

集合値写像の不動点が存在するための十分条件が次のように与えられる．

定理 8.3（角谷の不動点定理）　X を $\mathbf{R}^n$ の部分集合とする．集合値写像 $F: X \rightrightarrows X$ に対し次の条件が満足されるとする．

1）X は空でない凸コンパクト集合

2）各 $\boldsymbol{x} \in X$ に対し $F(\boldsymbol{x})$ は空でない凸集合

3）$\boldsymbol{x}^k \to \bar{\boldsymbol{x}}$，$\boldsymbol{y}^k \in F(\boldsymbol{x}^k)$，$\boldsymbol{y}^k \to \bar{\boldsymbol{y}}$ ならば $\bar{\boldsymbol{y}} \in F(\bar{\boldsymbol{x}})$

このとき F には不動点 $\boldsymbol{x}^* \in X$ が存在する．

双行列ゲームに戻ると，集合値写像 $\Phi: \Delta^m \rightrightarrows \Delta^n$，$\Psi: \Delta^n \rightrightarrows \Delta^m$ を

$$\begin{aligned} \Phi(\boldsymbol{x}) &= \{\hat{\boldsymbol{y}} \in \Delta^n \mid \boldsymbol{x}^\top B\hat{\boldsymbol{y}} = \max_{\boldsymbol{y} \in \Delta^n} \boldsymbol{x}^\top B\boldsymbol{y}\} \\ \Psi(\boldsymbol{y}) &= \{\hat{\boldsymbol{x}} \in \Delta^m \mid \hat{\boldsymbol{x}}^\top A\boldsymbol{y} = \max_{\boldsymbol{x} \in \Delta^m} \boldsymbol{x}^\top A\boldsymbol{y}\} \end{aligned} \tag{8.24}$$

で定義する．さらに，集合値写像 $T: \Delta^m \times \Delta^n \rightrightarrows \Delta^m \times \Delta^n$ を

$$T(\boldsymbol{x}, \boldsymbol{y}) = \Psi(\boldsymbol{y}) \times \Phi(\boldsymbol{x}) \tag{8.25}$$

で定義する．次の補題は明らかである．

補題 8.1　$(\boldsymbol{x}^*, \boldsymbol{y}^*) \in \Delta^m \times \Delta^n$ が双行列ゲーム (A, B) の Nash 均衡になるための必要十分条件はそれが集合値写像 T の不動点になることである.

以上の準備のもとで双行列ゲームにおける Nash 均衡の存在が示される.

定理 8.4　双行列ゲーム (A, B) には Nash 均衡が存在する.

（証明）　集合値写像 T を考えれば，角谷の不動点定理の条件はすべて満足される．実際 1) は $\Delta^m \times \Delta^n$ は空でないコンパクト凸集合であり，2) は $\Phi(\boldsymbol{x})$ と $\Psi(\boldsymbol{y})$ はそれぞれ $\boldsymbol{x}, \boldsymbol{y}$ を固定したときコンパクト集合上での線形関数の最大解集合であるから空でない凸集合であることからしたがい，3) は $\boldsymbol{x}^\top A\boldsymbol{y}$ や $\boldsymbol{x}^\top B\boldsymbol{y}$ が連続であることからしたがう．したがって，T には不動点が存在する．補題よりそれは双行列ゲーム (A, B) の Nash 均衡になる．□

注意 8.4　Nash 均衡の概念はより一般の戦略形 n 人ゲームの場合へと自然に拡張できる．また混合戦略の範囲で必ず Nash 均衡が存在することも，同様に不動点定理を用いて証明できる.

8.3　提携形ゲーム（特性関数形ゲーム）

戦略形ゲームにおいては，基本的に各プレイヤーは他のプレイヤーと提携を結ぶことなく，独立に個々の利得を最大にするように行動する状況を扱う．これに対し，プレイヤーが積極的に提携を結びその結果得られたより大きな利得を適当な方法で分配するような状況を扱うのが提携形ゲーム（特性関数形ゲーム）である.

定義 8.4　有限集合 $N = \{1, 2, \cdots, n\}$ に対し，2^N 上で定義された実数値関数 v で $v(\emptyset) = 0$ を満たすものを N 上の**提携形ゲーム**あるいは**特性関数形ゲーム**という．N の要素をプレイヤー，$S \subseteq N$ を提携，v を**特性関数**，$v(S)$ を提携 S に対する値と呼ぶ.

N 上の提携形ゲーム全体の集合を $\mathcal{G}^N$ で表すと，通常の関数の和とスカラー倍に関して $\mathcal{G}^N$ は線形空間となる．べき集合の要素数と $v(\emptyset)=0$ であることを考えれば次元が 2^n-1 であることは直ちにわかる．この空間の基底としてはもちろん $\mathbf{R}^n$ における標準基底に相当するゲーム

$$b_T(S)=\begin{cases}1 & S=T\text{ のとき}\\ 0 & S\neq T\text{ のとき}\end{cases},\quad T\neq\emptyset\subseteq N \tag{8.26}$$

を考えれば

$$v=\sum_{\emptyset\neq T\subseteq N} v(T)b_T \tag{8.27}$$

となるが，このゲームは実際的に興味深くない．通常，次のような有意義なゲームが考えられる．

定義 8.5　空でない提携 $T\subseteq N$ に対し，

$$u_T(S)=\begin{cases}1 & S\supseteq T\text{ のとき}\\ 0 & \text{そうでないとき}\end{cases} \tag{8.28}$$

で定義される提携形ゲームを T に対する**満場一致ゲーム**と呼ぶ．

定理 8.5　$\mathcal{G}^N$ は通常の和とスカラー倍に関して，実数体上の 2^n-1 次元線形空間をなし，その基底として満場一致ゲーム $u_T(T\subseteq N, T\neq\emptyset)$ を取ることができる．

（証明）　$\mathcal{G}^N$ が線形空間となることは明らかである．満場一致ゲームが 1 次独立であることも容易に示される．さらに，任意のゲーム $v\in\mathcal{G}^N$ は係数

$$c_T(v)=\sum_{S\subseteq T}(-1)^{|T|-|S|}v(S) \tag{8.29}$$

を用いて（$|T|$ は集合 T の要素数）

$$v=\sum_{T\subseteq N, T\neq\emptyset} c_T(v)u_T \tag{8.30}$$

と表される．実際 $c_\emptyset(v)=0$ とおくと，任意の $S\subseteq N$ に対し

$$
\begin{aligned}
\sum_{T\subseteq N} c_T(v)u_T(S) &= \sum_{T\subseteq S} c_T(v) \\
&= \sum_{T\subseteq S}\left(\sum_{R\subseteq T}(-1)^{|T|-|R|}v(R)\right) \\
&= \sum_{R\subseteq S}\left(\sum_{R\subseteq T\subseteq S}(-1)^{|T|-|R|}\right)v(R) \\
&= \sum_{R\subseteq S}\left(\sum_{|T|=|R|}^{|S|}\begin{pmatrix}|S|-|R|\\|S|-|T|\end{pmatrix}(-1)^{|T|-|R|}\right)v(R) \\
&= \sum_{R\subseteq S}(1-1)^{|S|-|R|}v(R) \\
&= v(S)
\end{aligned}
$$

が成り立つ．□

注意 8.5 上の定理のようにゲームを満場一致ゲームの 1 次結合で表現したときの係数 $c_T(v)$ は回帰式

$$
c_T(v) = \begin{cases} 0 & T=\emptyset \\ v(T) - \displaystyle\sum_{S\subset T} c_S(v) & T\neq\emptyset \end{cases} \tag{8.31}
$$

によって求めることも可能で，(Harsanyi) **dividend** と呼ばれる．分野によっては **Möbius** 変換といわれることもある．

定義 8.6 提携形ゲーム v は

$$
v(S)+v(T)\leq v(S\cup T),\quad \forall S,T\subseteq N,\quad S\cap T=\emptyset \tag{8.32}
$$

を満たすとき**優加法的**なゲームであるといわれる．またこれより強い条件である

$$
v(S)+v(T)\leq v(S\cup T)+v(S\cap T),\quad \forall S,T\subseteq N \tag{8.33}
$$

を満たすとき**凸**ゲームであるといわれる．

注意 8.6 ゲーム v が凸であるための必要十分条件は

$$v(S\cup\{i\})-v(S)\leq v(T\cup\{i\})-v(T),\quad \forall i\in N,\quad \forall S\subset T\subseteq N\setminus\{i\}\tag{8.34}$$

が成り立つことである．実際凸ゲームの定義式 (8.33) で S として $S\cup\{i\}$ を，T として T をとれば式 (8.34) が得られる．逆を示すには $S,T\subseteq N$ に対し $S\setminus T=\{i_1,i_2,\cdots,i_p\}$ としたとき

$$\begin{aligned}&v((S\cap T)\cup\{i_1\})-v(S\cap T)\leq v(T\cup\{i_1\})-v(T)\\&v((S\cap T)\cup\{i_1,i_2\})-v((S\cap T)\cup\{i_1\})\leq v(T\cup\{i_1,i_2\})-v(T\cup\{i_1\})\end{aligned}$$

となるので，これを i_p まで続けて両辺をすべて加えるとよい．

一般にゲームには優加法性が仮定され，より大きな提携を形成する動機付けが与えられる．したがって，最終的には全体提携 N が形成されることになる．提携形ゲームの理論においては，このときの値 $v(N)$ をプレイヤー間でどのように分配するかが最も重要な問題となる．すなわち各ゲーム v に対して，利得ベクトル $[x_1\ x_2\ \cdots\ x_n]$ あるいはその集合を定めるルールのことを解と呼ぶ．

ゲームの解は大きく分けて，

1) プレイヤーあるいは提携からの不満に基づく異議が生じないようにするかあるいはそれを小さくするもの
2) プレイヤーの提携への貢献度を評価して利得分配に反映するもの

の 2 つのカテゴリーに分かれる．前者に属する解としてコアや交渉集合，カーネル，仁などがあり，後者に属する解として Shapley 値や Weber 集合などがある．

定義 8.7 N 上の提携形ゲーム v に対して次の集合をコアという．

$$C(v)=\left\{\boldsymbol{x}\in\mathbf{R}^n\ \middle|\ \sum_{i\in N}x_i=v(N),\ \sum_{i\in S}x_i\geq v(S),\forall S\subset N\right\}\tag{8.35}$$

コアを定義している条件のうち $\sum_{i\in N}x_i=v(N)$ は**全体合理性条件**あるいは**有効性条件**といわれ，全体提携で得られる利得をプレイヤーにすべて分配することを意味している．もう 1 つの条件 $\sum_{i\in S}x_i\geq v(S)$ は**提携合理性条件**と呼ばれ，提携 S がこの分配に異議を申し立てないことを意味している．定義から

わかるようにコアは線形方程式と線形不等式で記述されることから $\mathbf{R}^n$ の凸多面体となる．ただしゲームによっては空集合となることもある．コアが空でないゲームは，線形計画の双対性に基づいた平衡ゲームとして特徴づけられる．さらに一般にこの問題に対処するため，$e(S,\boldsymbol{x}) = v(S) - \sum_{i\in S} x_i$ としたとき，提携合理性条件をパラメータ ε を導入した

$$e(S,\boldsymbol{x}) \leq \varepsilon, \quad S \subset N$$

の形に置き換えた ε コアや，さらに進んで S を N の部分集合で動かしたときの $e(S,\boldsymbol{x})$ を値の大きいものから並べて辞書式順序で最小化した解である仁が提案されている．特に仁は一意的な解を与えしかも線形計画問題を解くことで求められるので興味深い（「最大不満の最小化」を与える解といわれることが多い）．

一方各プレイヤーの貢献度を測るためには，プレイヤーの順列を考える．すなわち π を N 上の置換とし，各プレイヤー i に対し $\pi(i)$ をこの置換（順列）での i の順番とする．N 上の置換の全体を $\Pi(N)$ で表す．この順列 π で i より前に並んでいるプレイヤーの集合を

$$P(\pi,i) = \{j \in N \mid \pi(j) < \pi(i)\} \tag{8.36}$$

とする．順列 π にしたがって全体提携 N が形成されるとしたときの各プレイヤーの貢献度を

$$m_i^{\pi}(v) = v(P(\pi,i) \cup \{i\}) - v(P(\pi,i)), \quad i = 1,2,\cdots,n \tag{8.37}$$

で定義し，ベクトル $\boldsymbol{m}^{\pi}(v) = [m_1^{\pi}(v), m_2^{\pi}(v), \cdots, m_n^{\pi}(v)]^{\top}$ を π に対する貢献度ベクトルという．このすべての順列に関する平均が Shapley 値である．

定義 8.8 N 上の提携形ゲーム v に対して

$$\boldsymbol{\phi}(v) = \frac{1}{n!} \sum_{\pi\in\Pi(N)} \boldsymbol{m}^{\pi}(v) \tag{8.38}$$

で定義される $\boldsymbol{\phi}(v) \in \mathbf{R}^n$ を v に対する **Shapley 値**という．

Shapley 値はゲームに関する線形性

$$\boldsymbol{\phi}(\alpha v + \beta w) = \alpha \boldsymbol{\phi}(v) + \beta \boldsymbol{\phi}(w) \tag{8.39}$$

を満たすので，満場一致ゲームに対し

$$\phi_i(u_T) = \begin{cases} \dfrac{1}{|T|} & i \in T \\ 0 & i \notin T \end{cases} \tag{8.40}$$

であることに注意すると

$$\phi_i(v) = \sum_{T \subseteq N} c_T(v) \phi_i(u_T) = \sum_{T \ni i} \frac{c_T(v)}{|T|}, \quad i \in N \tag{8.41}$$

という表現も得られる．実はShapley値は上の線形性に加えて，有効性，ナルプレイヤー性，対称性といった公理により一意的に特徴づけられることがよく知られている．

定義 8.9 N 上の提携形ゲーム v に対して

$$W(v) = \mathrm{co}\,\{\boldsymbol{m}^{\pi}(v) \mid \pi \in \Pi(N)\} \tag{8.42}$$

で定義される集合 $W(v)$ を v に対する **Weber 集合**という．

$W(v)$ も有限個の点の凸包であるから凸多面体になる．一般に $C(v) \subseteq W(v)$ となるが，その逆が成り立つのが凸ゲームである．

定理 8.6 ゲーム v に対して

$$C(v) \subseteq W(v) \tag{8.43}$$

が成り立つ．さらに，ゲーム v が凸であるときかつそのときに限り $C(v) = W(v)$ である．

（証明） まず一般に $C(v) \subseteq W(v)$ であることを示す．そのために $\boldsymbol{x} \in C(v)$ なのに $\boldsymbol{x} \notin W(v)$ であるとして矛盾が生じることを示す．$W(v)$ が凸集合であることから分離定理により，ある $\boldsymbol{p} \neq \boldsymbol{0} \in \mathbf{R}^n$ が存在して

$$\boldsymbol{p}^{\top} \boldsymbol{x} < \boldsymbol{p}^{\top} \boldsymbol{y}, \quad \forall \boldsymbol{y} \in W(v)$$

が成り立つ．必要ならプレイヤーの番号を付け替えることにより

$$p_1 \geq p_2 \geq \cdots \geq p_n$$

であると仮定して一般性を失わない．π^0 を恒等置換（$\pi^0(i) = i$）とし

$$S_k = \{1, 2, \cdots, k\}, \quad k = 1, 2, \cdots, n, \quad S_0 = \emptyset$$

とおくと

$$\begin{aligned} \boldsymbol{p}^\top \boldsymbol{m}^{\pi^0}(v) &= \sum_{i=1}^{n} p_i(v(S_i) - v(S_{i-1})) \\ &= v(N)p_n + \sum_{i=1}^{n-1} v(S_i)(p_i - p_{i+1}) \end{aligned}$$

である．ここで $\boldsymbol{x} \in C(v)$ であるから

$$v(N) = \sum_{k=1}^{n} x_k, \quad v(S_i) \leq \sum_{k=1}^{i} x_k$$

である．$p_i - p_{i+1} \geq 0$ に注意すると

$$\begin{aligned} \boldsymbol{p}^\top \boldsymbol{m}^{\pi^0}(v) &\leq \sum_{k=1}^{n} x_k p_n + \sum_{i=1}^{n-1} \sum_{k=1}^{i} x_k(p_i - p_{i+1}) \\ &= \sum_{i=1}^{n} \sum_{k=1}^{i} x_k p_i - \sum_{i=2}^{n} \sum_{k=1}^{i-1} x_k p_i \\ &= \sum_{i=1}^{n} x_i p_i = p^\top \boldsymbol{x} \end{aligned}$$

となり，$\boldsymbol{p}^\top \boldsymbol{x} < \boldsymbol{p}^\top \boldsymbol{m}^{\pi^0}(v)$ に矛盾する．

次にゲーム v が凸であるとき $W(v) \subseteq C(v)$ であることを示す．$C(v)$ は凸多面体であるから，すべての $\pi \in \Pi(N)$ に対し $\boldsymbol{m}^\pi(v) \in C(v)$ であることを示せばよい．$\sum_{i=1}^{n} m_i^\pi(v) = v(N)$ であるから，任意の $S \subset N$ に対し $\sum_{i \in S} m_i^\pi(v) \geq v(S)$ を示す．

$$S = \{i_1, i_2, \cdots, i_s\}, \quad \pi(i_1) < \pi(i_2) < \cdots < \pi(i_s)$$

であるとすると

$$m_{i_k}^\pi(v) = v(P(\pi, i_k) \cup \{i_k\}) - v(P(\pi, i_k)), \quad k = 1, 2, \cdots, s$$

で v の凸性から

$$v(P(\pi,i_k)\cup\{i_k\})+v(S\cap P(\pi,i_k))\geq v((S\cap P(\pi,i_k))\cup\{i_k\})+v(P(\pi,i_k))$$

であるから

$$\begin{aligned}\sum_{i\in S}m_i^{\pi}(v)&=\sum_{k=1}^{s}m_{i_k}^{\pi}(v)\\&\geq\sum_{k=1}^{s}[v((S\cap P(\pi,i_k))\cup\{i_k\})-v(S\cap P(\pi,i_k))]\\&=\sum_{k=1}^{s}[v(\{i_1,i_2,\cdots,i_k\})-v(\{i_1,i_2,\cdots,i_{k-1}\})]\\&=v(\{i_1,i_2,\cdots,i_s\})=v(S)\end{aligned}$$

が成り立つ．

最後に $W(v)=C(v)$ なら v が凸ゲームであることを示す．$S,T\subseteq N$ に対し π として

$$S\cap T=P(\pi,j)\cup\{j\},\quad S\cup T=P(\pi,j')\cup\{j'\}$$

が適当な $j,j'\in N$ に対して成り立つようなものをとる（$S\cap T=\emptyset$ のときは j' だけをとる）．このとき明らかに

$$\sum_{i\in S\cap T}m_i^{\pi}(v)=v(S\cap T),\quad\sum_{i\in S\cup T}m_i^{\pi}(v)=v(S\cup T)$$

が成り立つ．仮定より $\boldsymbol{m}^{\pi}(v)\in C(v)$ であるから

$$\begin{aligned}v(S)+v(T)&\leq\sum_{i\in S}m_i^{\pi}(v)+\sum_{i\in T}m_i^{\pi}(v)\\&=\sum_{i\in S\cup T}m_i^{\pi}(v)+\sum_{i\in S\cap T}m_i^{\pi}(v)\\&=v(S\cup T)+v(S\cap T)\end{aligned}$$

が示された．□

系 8.2 ゲーム v が凸ならば Shapley 値はコアに含まれる，すなわち

$$\boldsymbol{\phi}(v)\in C(v)\tag{8.44}$$

8.4 第8章のまとめと参考書

この章では，意思決定の最も基本的状況を扱うゲーム理論について述べた．ゲーム理論は大きく分けて，非協力ゲーム理論と協力ゲーム理論とに分かれる．前半では非協力ゲームの代表である行列ゲームと双行列ゲームを扱った．プレイヤーの取りうる戦略が有限であると仮定すると，ゲーム状況は行列を用いて表される．混合戦略を導入することにより均衡戦略が存在することが基本的結果である．後半では協力ゲーム（提携形ゲーム）を扱った．提携形ゲームでは，全体提携を形成した場合に得られた利得をプレイヤー間で分配する方法が最大のテーマとなる．この際，コア，Weber 集合のように凸多面体で表現される解概念が重要な役割を果たす．また提携形ゲーム全体が線形空間をなしその基底として満場一致ゲームを考えることができることから，Shapley 値の別の表現も得られる．

ゲーム理論は大きな学際的研究分野であり，これを扱った本も多いが，数学的にきちんとしたものとしては，鈴木[4]，岡田[3] などが良い．協力ゲームだけなら最近のものとして，中山ら[2] を薦める．小山[1] にはゼロ和2人ゲームについて詳しく述べられている．von Neumann と Morgenstern による記念碑的著作の訳書の文庫版[5] も最近出ているので興味のある人は読んでみられるとよいと思う．

文　献

1) 小山昭雄，『線型代数と位相　下』，新装版 経済数学教室，岩波書店 (2010)
2) 中山幹夫・船木由喜彦・武藤滋夫，『協力ゲーム理論』，勁草書房 (2008)
3) 岡田 章，『ゲーム理論　新版』，有斐閣 (2011)
4) 鈴木光男，『新ゲーム理論』，勁草書房 (1994)
5) J. フォン・ノイマン，O. モルゲンシュテルン，『ゲームの理論と経済行動　1～3』，ちくま学芸文庫，筑摩書房 (2009)

索　引

欧　文

ア　行

カ　行

サ 行

タ　行

ナ 行

ハ 行

マ 行

ヤ 行

ラ 行

著者略歴

谷野哲三（たにの てつぞう）

1951年　大阪府に生まれる
1978年　京都大学大学院工学研究科博士課程修了
現　在　大阪大学大学院工学研究科教授
　　　　工学博士

システム線形代数
—工学系への応用—　　定価はカバーに表示

2013年2月25日　初版第1刷

著　者　谷　野　哲　三
発行者　朝　倉　邦　造
発行所　株式会社　朝　倉　書　店
東京都新宿区新小川町6-29
郵便番号　162-8707
電　話　03(3260)0141
FAX　03(3260)0180
http://www.asakura.co.jp

〈検印省略〉

中央印刷・渡辺製本

ISBN 978-4-254-20153-6　C 3050　Printed in Japan